高等职业教育计算机专业系列教材

网络设备运维

主 编 赵 静 王 盟 张 翔

副主编 汤荣秀 韩维伦 单 峰

西安电子科技大学出版社

内 容 简 介

本书紧跟行业技术发展，从网络技术的实际应用出发，采用"项目导向，教学做一体化"的方式编写而成。本书共包含 5 部分 13 个项目。这 5 个部分分别为计算机网络基础、网络设备基础、路由交换配置、高级 TCP/IP 知识以及网络安全传输，其中每个项目均来自实际工作岗位，有助于学生在做中学、学中做，实现教学做合一，从而更好地掌握基本职业技能，提升实际操作能力。

本书适合作为高等职业教育计算机类、电子信息类专业的教材、实训指导书以及网络技术爱好者和自主学习者的参考用书，同时也可作为继续教育课程的教材以及继续教育人员的学习参考书。

图书在版编目（CIP）数据

网络设备运维 / 赵静，王盟，张翔主编. -- 西安 : 西安电子科技
大学出版社，2024.8. -- ISBN 978-7-5606-7297-7

Ⅰ. TN915.05

中国国家版本馆 CIP 数据核字第 202421X58C 号

策　　划　秦志峰
责任编辑　秦志峰
出版发行　西安电子科技大学出版社（西安市太白南路 2 号）
电　　话　（029）88202421　88201467　　　　邮　　编　710071
网　　址　www.xduph.com　　　　　　　电子邮箱　xdupfxb001@163.com
经　　销　新华书店
印刷单位　陕西博文印务有限责任公司
版　　次　2024 年 8 月第 1 版　　　　　2024 年 8 月第 1 次印刷
开　　本　787 毫米×1092 毫米　1/16　　印　　张　14.5
字　　数　344 千字
定　　价　42.00 元
ISBN　978-7-5606-7297-7
XDUP 7598001-1
*** 如有印装问题可调换 ***

前　言

随着网络技术的不断发展，全球信息化的浪潮不断冲击着现代社会生活的每一个角落。党的二十大报告要求，加快建设制造强国、质量强国、航天强国、交通强国、网络强国、数字中国，这是当前和今后一个时期我国深入贯彻新发展理念、加快构建新发展格局、着力推动高质量发展的重大任务。

为了顺应时代的发展以及响应国家的号召，网络设备运维人员应当持续学习和掌握最新的网络技术与安全知识，并保持对网络设备和服务的深入了解。"网络设备运维"课程就是针对这个要求开设的，该课程不仅是计算机网络技术相关专业的核心课程，而且是一门综合性和实践性很强的课程，主要针对网络管理员或网络运维工程师等岗位而设定，同时培养相关人员的网络规划、网络设备选定、网络设备配置以及网络维护等相关知识和技能。

除了知识和技能，本书为了着重培养学习者的职业素质，特设拓展阅读模块，将网络技术的发展、大国工匠精神、网络安全法律法规等思政元素和本书的知识点以及技能点有机结合，让学生在学习专业知识的同时能够深刻体会到中国网络技术的飞速发展，从而产生对祖国的热爱之情以及强烈的民族自豪感。本书通过讲述大国工匠的故事，进一步弘扬坚韧不拔、吃苦耐劳、精益求精的工匠精神；通过讲述发生在生活中真实的网络安全事件，警醒大家要提高警惕，制定防范措施，提高网络安全意识。

本书是学习网络技术相关知识的教材，全书分为 5 部分，包含 13 个项目，各部分内容安排如下：

第 1 部分为计算机网络基础，主要介绍了计算机网络的概念及发展、网络的参考模型、常见的网络拓扑结构以及 IP 子网划分等，并实践完成网线的制作、IP 地址的配置以及 IP 报文的相关计算。

第 2 部分为网络设备基础，主要介绍了 HCL 软件的安装、交换机和路由器的基本原理、交换机和路由器的基本配置，并实践完成软件安装、交换机和路由器的基本配置。

第 3 部分为路由交换配置，主要介绍了 VLAN、生成树、链路聚合等交换机配置以及静态路由、RIP、OSPF 等路由配置，并实践完成交换机和路由器的相关配置。

第 4 部分为高级 TCP/IP 知识，主要介绍了 FTP、TFTP、DHCP、DHCP 中继以及 IPv6，并实践完成文件传输的过程以及 DHCP 服务器和 DHCP 中继的相关配置等。

第 5 部分为网络安全传输，主要介绍了端口隔离技术、端口安全配置、访问控制列表、网络地址转换等内容，并实践完成端口安全配置、基本 ACL 配置、高级 ACL 配置、静态 NAT 配置、Basic NAT 配置和 NAPT 配置。

本书选用 HCL 虚拟仿真软件进行网络搭建，选取 H3C 网络设备进行相关配置命令的讲解，系统地介绍了网络技术基础知识，网络系统的搭建、调试与运维，网络服务器的搭建以及网络的安全传输等内容。

本书建议学时分配如下：

学 习 内 容	学 时
第 1 部分　计算机网络基础	12
第 2 部分　网络设备基础	6
第 3 部分　路由交换配置	20
第 4 部分　高级 TCP/IP 知识	10
第 5 部分　网络安全传输	16
总　计	64

　　本书由赵静、王盟、张翔担任主编，汤荣秀、韩维伦、单峰担任副主编，具体编写分工为：赵静、王盟、单峰组织规划本书总体架构，赵静编写第 1 部分，韩维伦编写第 2 部分，王盟编写第 3 部分，张翔、韩维伦编写第 4 部分，汤荣秀、王盟编写第 5 部分。

　　由于编者水平有限，书中难免有不妥和疏漏之处，敬请各位读者批评指正。

编　者

2024 年 5 月

目　　录

第1部分
计算机网络基础

　　计算机网络技术是计算机技术与通信技术相结合的产物，随着计算机技术和通信技术的发展，计算机网络技术也在飞速地向前发展。如今，计算机网络已经成为信息存储、传播和共享的有力工具，成为信息交流的最佳平台。

　　计算机网络给人们的工作、学习和生活带来了革命性的变化。随着各种网络应用的发展，人们的工作效率得以提高；随着远程教育的发展，学习变得更加方便，终身教育成为可能；随着微博、网络游戏、虚拟社区等应用的发展，人们的生活增加了许多乐趣。

项目 1　计算机网络基础知识

任务　认识计算机网络

学习目标

1. 知识目标

(1) 掌握计算机网络的基本概念和功能。

(2) 掌握局域网和广域网的概念。

(3) 掌握计算机网络的拓扑结构。

(4) 了解计算机网络的传输介质。

2. 能力目标

(1) 能够制作直连通双绞线。

(2) 能够制作交叉连通双绞线。

3. 素质目标

(1) 培养积极动手的能力。

(2) 培养不怕困难，勇于面对困难的能力。

任务描述

某公司要制作一批直连通双绞线和交叉连通双绞线，试帮助该公司完成任务。

知识引导

1. 计算机网络的定义和功能

计算机网络就是把分布在不同地理区域的独立计算机及专门的外部设备利用通信线路连成的一个规模大、功能强的系统，系统中的众多计算机可以方便地互相传递信息，共享信息资源。

计算机网络主要提供以下功能：

(1) 资源共享。资源分为软件资源和硬件资源。其中，软件资源包括形式多种多样的数据，如数字信息、消息、声音、图像等；硬件资源包括各种设备，如打印机、传真机、调制解调器等。计算机网络的出现使资源共享变得简单，交流的双方可以跨越时空障碍，随时随地传递信息，共享资源。

(2) 数据传输。这里的数据指的是数字、文字、声音、图像、视频信号等媒体信息在计算机中的表示。在计算机世界里，一切事物都可以用 0 和 1 这两个数字的组合表示出来。计算机网络使得各种媒体信息可以通过一条通信线路从甲地传送到乙地。数据传输是计算机网络各种功能的基础，有了数据传输，才会有资源共享，才会有其他各种功能。

(3) 分布式处理与负载均衡。通过计算机网络，海量的处理任务可以分配到分散在全球各地的计算机上完成。

(4) 综合信息服务。网络发展的趋势是应用日益多元化，即在一套系统上提供集成的信息服务，如图像、语音、数据等。在多元化发展的趋势下，新形式的网络应用不断涌现，如电子邮件、IP 电话、视频点播、网上交易、视频会议等。

2. 计算机网络的发展

计算机网络是计算机技术与通信技术两个领域的结合，一直以来它们紧密结合，相互促进，相互影响，共同推动了计算机网络的发展。计算机网络经历了以下几个主要发展阶段：

(1) 主机互联。20 世纪 60 年代初期，基于主机之间的低速串行连接的联机系统是计算机网络的最初雏形。在这种早期的计算机网络中，终端借助电话线路访问计算机，由于计算机发送/接收的为数字信号，电话线传输的是模拟信号，这就要求在终端和主机间加入调制解调器，以进行数/模转换。这是一种非常原始的计算机网络，其主要任务是通过远程终端与计算机进行连接，提供应用程序执行、远程输出和数据服务等功能。

(2) 局域网。20 世纪 70 年代，随着计算机体积、价格的下降，出现了以个人计算机为主的商业计算模式。商业计算的复杂性要求大量终端设备进行资源共享和协同操作，导致对本地大量计算机设备进行网络化连接的需求，局域网(Local Area Network，LAN)由此产生。以太网就是在此时期产生的。

(3) 互联网。由于单一的局域网无法满足对网络的多样性要求，因此 20 世纪 70 年代后期，广域网(Wide Area Network，WAN)技术逐渐发展起来，用于将分布在不同地域的局域网互相连接起来。

(4) Internet。20 世纪 80 年代到 90 年代是网络互联发展时期。在这一时期，网络的规模不断扩大，将全球无数的公司、校园和个人用户等联系起来，最终演变成今天几乎可以延伸到全球每一个角落的 Internet。

3. 局域网、城域网和广域网

按计算机网络覆盖范围的大小，可以将计算机网络分为局域网、城域网(Metropolitan Area Network，MAN)和广域网。

1) 局域网

局域网是指在某一区域内由多台计算机互联而成的计算机组，是一种覆盖一座或几座大楼、一个校园或者一个厂区等地理区域的小范围计算机网络。局域网可以由办公室内的两台计算机组成，也可以由一个公司内的上千台计算机组成。

局域网可以实现文件管理、应用软件共享、打印机共享、工作组内的日程安排、电子邮件和传真通信服务等功能。

局域网与其他网络的区别主要体现在以下几个方面：

(1) 网络覆盖的物理范围；

(2) 网络的拓扑结构；

(3) 网络使用的传输技术。

由于局域网分布范围极小，一方面容易管理与配置，另一方面容易构成简洁规整的拓扑结构，再加上网络延迟小、数据传输速率高、传输可靠、拓扑结构灵活等优点，因此得到了广泛的应用，成为实现有限区域内信息交换与共享的典型有效的途径。

2) 城域网

城域网覆盖范围为中等规模，介于局域网和广域网之间，通常是在一个城市内的网络连接(距离为 10 km 左右)。目前城域网建设主要采用 IP 技术和 ATM(Asynchronous Transfer Mode，异步传输模式)技术。宽带 IP 城域网是根据业务发展和竞争的需要而建设的城市范围内的宽带多媒体通信网络，是宽带骨干网络在城市范围内的延伸。

3) 广域网

广域网是一个地理覆盖范围很大的数据通信网络，面积可覆盖一个城市、一个国家或者整个地球。广域网本身往往不具备规则的拓扑结构。由于广域网速度慢，延迟大，入网站点无法参与网络管理，因此其要包含复杂的互连设备(如交换机、路由器)处理其中的管理工作。互连设备通过通信线路连接，构成网状结构(通信子网)。其中，入网站点只负责数据的收发工作，广域网中的互连设备负责数据包的路由等重要管理工作。广域网的拓扑结构很难进行归类，一般采用网状结构，网络连接往往依赖运营商提供的电信数据网络。

4. 网络拓扑结构

网络拓扑指的是计算机网络的物理布局，简单地说，就是指将一组设备以什么样的结构连接起来，通常也称其为拓扑结构。基本的网络拓扑结构有总线拓扑、星形拓扑、环形拓扑和网状拓扑。

(1) 总线拓扑结构。总线拓扑结构是将各个节点的设备用一根总线连接起来，所有的节点间通信都通过统一的总线完成，如图 1-1-1 所示。在早期的局域网中，这是一种应用很广的拓扑结构。其突出的特点是结构简单，成本低，安装使用方便，消耗的电缆长度短，便于维护。但其也具有固有的致命缺点——存在单点故障，即如果总线出现故障，整个总线网络都会瘫痪。由于总线拓扑结构共享总线带宽，因此当网络负载过重时，会导致总线网络性能下降。

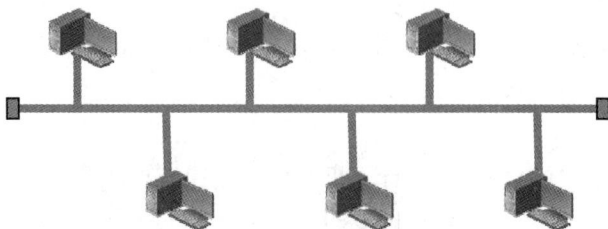

图 1-1-1　总线拓扑结构

(2) 星形拓扑结构。星形拓扑结构是一种以中央节点(如交换机)为中心，把若干个外围节点连接起来的辐射式互连结构，中央节点对各设备间的通信和信息交换进行集中控制和管理，如图 1-1-2 所示。星形拓扑结构的主要特点是系统的可靠性较高，当某一线路发生故障时，不会影响网络中的其他主机；扩充或删除设备较容易，将设备直接连接到中央节点即可；中央节点可以方便地控制和管理网络，并及时发现和处理系统故障。其缺点是需要的连接线缆比总线拓扑结构多，且一旦中央节点发生故障，网络将不能工作。星形拓扑结构是在当前局域网中使用较为广泛的一种拓扑结构，已基本代替早期局域网采用的总线拓扑结构。

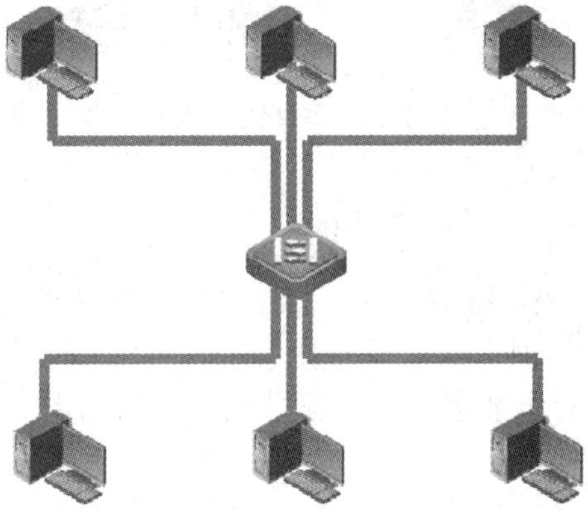

图 1-1-2　星形拓扑结构

(3) 环形拓扑结构。环形拓扑结构中，各节点通过环路接口连在一条首尾相连的闭合环形通信线路中，环路中各节点地位相同，环路上任何节点均可请求发送信息，请求一旦被批准，便可以向环路发送信息，如图 1-1-3 所示。环形网中的数据按照设计主要是单向传输，也可以双向传输(双向环)。由于环线公用，因此一个节点发出的信息必须穿越环中所有的环路接口，当信息流的目的地址与环上某节点地址相符时，信息被该节点的环路接口所接收，并继续流向下一环路接口，一直流回到发送该信息的环路接口为止。

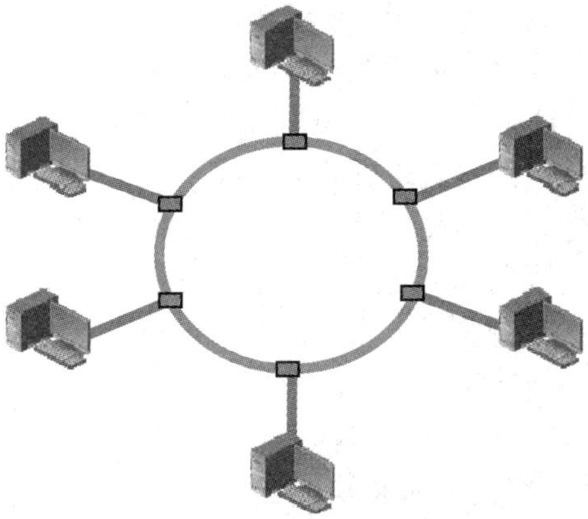

图 1-1-3　环形拓扑结构

(4) 网状拓扑结构。网状拓扑结构中，各节点通过传输线互相连接起来，每一个节点至少与其他两个节点相连，如图 1-1-4 所示。网状拓扑结构具有较高的可靠性，但其结构复杂，实现起来费用较高，不易管理和维护，故不常用于局域网。

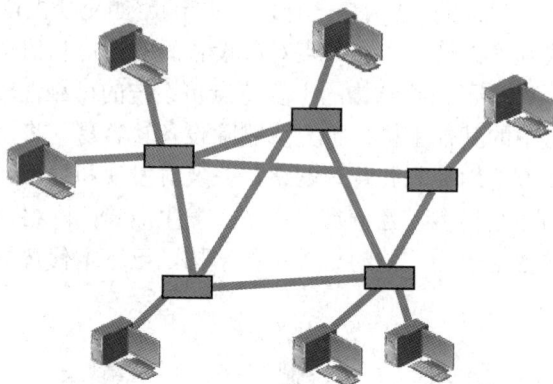

图 1-1-4　网状拓扑结构

5. 传输介质

1) 双绞线

双绞线(Twisted Pair，TP)是综合布线工程中最常用的传输介质，由两根具有绝缘保护层的铜导线组成，如图 1-1-5 所示。把两根绝缘的铜导线按一定密度互相绞在一起，每一根导线在传输中辐射出来的电波会被另一根导线上发出的电波抵消，可有效降低信号干扰的程度。

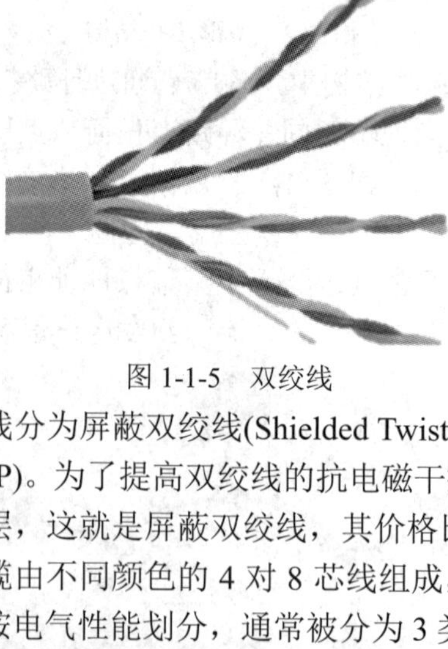

图 1-1-5　双绞线

根据有无屏蔽层，双绞线分为屏蔽双绞线(Shielded Twisted Pair，STP)与非屏蔽双绞线(Unshielded Twisted Pair，UTP)。为了提高双绞线的抗电磁干扰能力，在双绞线外面再加上一个用金属丝编织成的屏蔽层，这就是屏蔽双绞线，其价格比非屏蔽双绞线稍贵。

普通的非屏蔽双绞线电缆由不同颜色的 4 对 8 芯线组成，每两条线按一定规则绞织在一起，成为一对线。双绞线按电气性能划分，通常被分为 3 类、4 类、5 类、超 5 类、6 类双绞线等类型，数字越大技术越先进，带宽越宽，价格也越贵。目前在局域网中常见的是 5 类、超 5 类、6 类非屏蔽双绞线。

与双绞线相接的是 RJ-45 连接器，俗称水晶头。双绞线的两端必须都安装 RJ-45 连接器，以便插在网卡、集线器或交换机的 RJ-45 接口上。双绞线在使用时颜色顺序分成两种，其对应的标准分别为 EIA/TIA 568-A 和 EIA/TIA 568-B，简称 T568A 和 T568B。其中，T568A 的线序定义依次为白绿、绿、白橙、蓝、白蓝、橙、白棕、棕，其标号如表 1-1-1 所示；T568B 的线序定义依次为白橙、橙、白绿、蓝、白蓝、绿、白棕、棕，其标号如表 1-1-2 所示。目前普遍采用的是 T568B 标准，这也是当前公认的 10BASE-T 及 100BASE-TX 双绞线的制作标准。

表 1-1-1　T568A 线序

颜色	白绿	绿	白橙	蓝	白蓝	橙	白棕	棕
标号	1	2	3	4	5	6	7	8

表 1-1-2　T568B 线序

颜色	白橙	橙	白绿	蓝	白蓝	绿	白棕	棕
标号	1	2	3	4	5	6	7	8

(1) 直连通双绞线：两端采用同样的线缆标准制作的线缆，即线缆的一端采用 T568A 接法，另一端也采用 T568A 接法；或者线缆的一端采用 T568B 接法，另一端也采用 T568B 接法。

不同类型的设备连接时使用直连通双绞线，如网卡到交换机、网卡到 ADSL Modem、交换机到路由器等。

(2) 交叉连通双绞线：又称反线(Cooper Cross-over)，按照一端 T568A、一端 T568B 的标准排列好线序，并用 RJ-45 连接器夹好。其具体的线序制作方法为：一端采用 T568A 标准；另一端在该基础上将这 8 根线中的 1 号线和 3 号线、2 号线和 6 号线互换位置，这时网线的线序就变成了 T568B。虽然双绞线有 4 对 8 芯线，但实际上在网络中只用到了其中 4 芯线，即 RJ-45 连接器的第 1、2、3、6 引脚，它们分别起着收、发信号的作用。

交叉连通双绞线一般用于相同设备的连接，如路由器到路由器、计算机到计算机。但因现在设备有智能识别线序功能，故交叉连通双绞线已不常用。

2) 同轴电缆

同轴电缆(Coaxial Cable)一般由 4 层物料组成：最内层是一条导电铜线，铜线外面由一层绝缘材料(作绝缘体、电介质之用)包覆，绝缘体外面为一层薄的网状导电体(一般为铜或合金)，导电体外面为绝缘材料(作为外皮)，如图 1-1-6 所示。

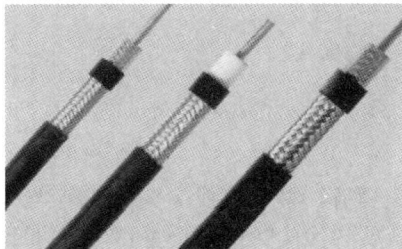

图 1-1-6　同轴电缆

同轴电缆的优点是可以在相对长的无中继器的线路上支持高带宽通信，而其缺点也是显而易见的：一是体积大，细缆的直径就有 3/8 in(约 9.525 mm)，要占用电缆管道的大量空间；二是不能承受缠结、压力和严重的弯曲，这些都会损坏电缆结构，阻止信号的传输；三是成本高。双绞线则不存在这些缺点，因此在现在的局域网环境中，同轴电缆基本已被双绞线所取代。

3) 光纤

光纤是光导纤维的简称，它是一种由玻璃或塑料制成的纤维，如图 1-1-7 所示。光纤可作为光传导工具，其传输原理是光的全反射。

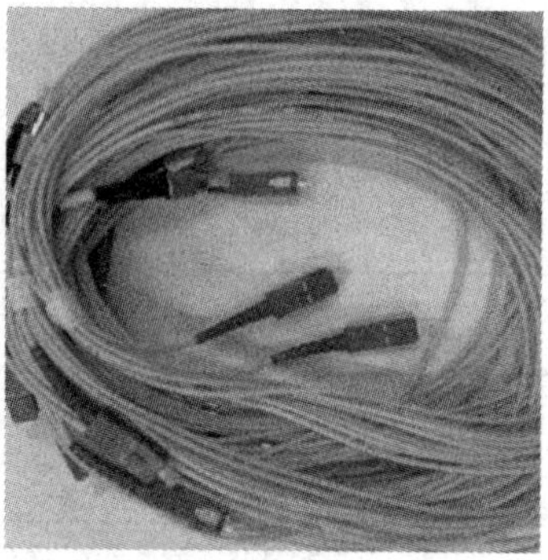

图 1-1-7　光纤

在日常生活中，由于光在光导纤维中的传导损耗要比电在电线中的传导损耗低得多，因此光纤被用作长距离的信息传递。光缆一般由缆皮、芳纶丝、缓冲层和光纤构成。光纤和同轴电缆的结构相似，只是其没有网状屏蔽层，中心则是传播光的玻璃芯。

在多模光纤中，纤芯的直径有 50 μm 和 62.5 μm 两种，大致与人的头发丝粗细相当。单模光纤纤芯的直径为 8～10 μm，常用的是 9 μm。纤芯外面包围着一层折射率比纤芯低的玻璃封套，俗称包层，包层可使光线保持在纤芯内，常用的包层厚度为 125 μm；再外面是一层薄涂覆层，用来保护包层。光纤通常被扎成束，外面有外壳保护。纤芯通常是由石英玻璃制成的横截面积很小的双层同心圆柱体，其质地脆，易断裂，因此需要外加保护层。

因为光在不同物质中的传播速度不同，所以光从一种物质射向另一种物质时，在两种物质的交界面处会产生折射和反射。另外，折射光的角度会随入射光的角度变化而变化。当入射光的角度达到或超过某一角度时，折射光会消失，入射光全部被反射回来，这就是光的全反射。不同的物质对相同波长光的折射角度不同(不同的物质有不同的光折射率)，相同的物质对不同波长光的折射角度也不同，光纤通信就是基于以上原理而形成的。

📑 任务实施

1. 制作直连通双绞线

1) 剥线

用压线钳剪线刀口将线头剪齐，将双绞线端头伸入剥线刀口，线头长度约留 1.4 cm(初学者可将线头留长一些，以备剪齐线头时留出余量)，适度握紧压线钳的同时慢慢旋转双绞线，让刀口划开双绞线的保护皮，取出端头，从而剥下保护皮，如图 1-1-8 所示。这里应注意用力大小，不能在剥掉双绞线外层绝缘的同时损伤内部线芯的绝缘层。

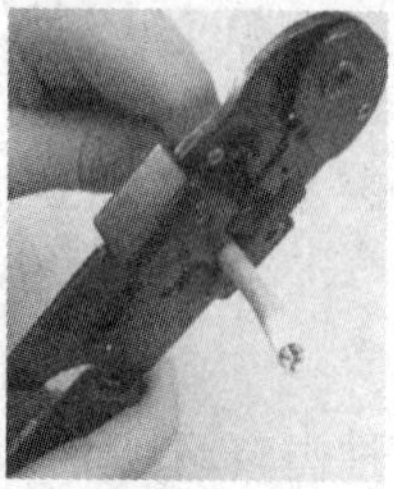

图 1-1-8　剥线

2) 理线

双绞线由 8 根有色导线两两绞合而成,将其一端按白橙、橙、白绿、蓝、白蓝、绿、白棕、棕的线序平行排列,整理完毕后用剪线刀口将前端修齐,另一端也是如此,如图 1-1-9 所示。

图 1-1-9　理线

3) 压线

确认无误之后,即可把水晶头插入压线钳的槽内,用力压紧线钳(若力气较大,可以使用双手一起压),使得水晶头凸出在外面的针脚全部压入水晶头内,受力之后会听到一个轻微的“啪”声,如图 1-1-10 所示。压线完成后,水晶头下部的塑料扣位也压紧在网线的灰色保护层之上。

图 1-1-10　压线

4) 校线

双绞线制作好之后,还不能完全保证网线是通的,需要用网络测试仪(见图 1-1-11)进行检测,指示灯亮代表通路,不亮代表断路。直连通双绞线两端的亮灯顺序应当相同。

图 1-1-11　网络测试仪

2. 制作交叉连通双绞线

1) 剥线

同直连通双绞线制作。

2) 理线

将双绞线的一端按白橙、橙、白绿、蓝、白蓝、绿、白棕、棕的线序平行排列，整理完毕后用剪线刀口将前端修齐；将双绞线的另一端按白绿、绿、白橙、蓝、白蓝、橙、白棕、棕的线序平行排列，整理完毕后用剪线刀口将前端修齐。

3) 压线

同直连通双绞线制作。

4) 校线

交叉连通双绞线两端的亮灯顺序应当不同，一端是按线路顺序亮，另一端是按 3→6→1→4→5→2→7→8 的顺序亮。

总结与提高

计算机网络就是把分布在不同地理区域的独立计算机以及专门的外部设备利用通信线路连成的一个规模大、功能强的网络系统，可以使众多的计算机方便地互相传递信息，共享信息资源。

T568A 的线序定义依次为白绿、绿、白橙、蓝、白蓝、橙、白棕、棕。

T568B 的线序定义依次为白橙、橙、白绿、蓝、白蓝、绿、白棕、棕。

练习与巩固

1. 将一座办公大楼内各个办公室中的计算机进行联网，该网络属于(　　)。

A. WAN　　　　　　B. LAN　　　　　　C. MAN　　　　　　D. GAN

2. 以下(　　)属于计算机网络的拓扑结构。

A. 星形网络　　　　B. 环形网络　　　　C. 局域网　　　　D. 总线网络

3. 试简述局域网和广域网的定义。

项目 2　OSI 参考模型与 TCP/IP 模型

任务 2.1　认识 OSI 参考模型

学习目标

1. 知识目标

(1) 掌握 OSI 参考模型的结构。

(2) 掌握 OSI 参考模型各层的作用。

2. 能力目标

(1) 能够配置 IP 地址。

(2) 能够配置子网掩码。

3. 素质目标

(1) 培养实践动手能力，解决工作中的实际问题，树立爱岗敬业精神。

(2) 培养团队合作能力。

任务描述

某企业局域网中有两台 Windows 计算机，IP 地址分别为 192.168.1.10/24、192.168.1.20/24，现两台计算机都已接入局域网，试配置 IP 地址，使两台计算机能够相互通信。

知识引导

1. OSI 参考模型

在网络发展早期，网络技术的发展变化速度非常快，计算机网络变得越来越复杂，新的协议和应用不断产生。而网络设备大都是按厂商自己的标准生产的，不能兼容，很难相互通信。为了解决网络之间的兼容性问题，实现网络设备间的相互通信，国际标准化组织(International Organization for Standization，ISO)制定了一个网络互连 7 层框架的参考模型，称为开放系统互连参考模型(Open System Internetwork Reference Model OSI/RM)。OSI 参考模型是一个具有 7 层协议结构的模型，是由 ISO 在 20 世纪 80 年代早期制定的一套普遍适用的规范集合，可使全球范围的计算机进行开放式通信。

OSI 参考模型将网络通信过程划分为 7 个相互独立的功能组(层次)，并为每个层次制定了一个标准框架。其上面 3 层(应用层、表示层和会话层)与应用问题有关，通常称为用户资源子网；而下面 3 层(网络层、数据链路层和物理层)则主要处理网络控制和数据传输/接收问题，通常称为通信子网；中间传输层的作用为承上启下，如图 1-2-1 所示。

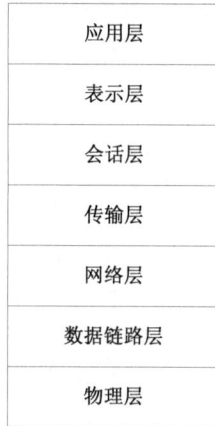

图 1-2-1 OSI 参考模型

OSI 参考模型一个很重要的特性是其分层体系结构。分层设计方法可以将庞大而复杂的问题转换为若干较小且易于处理的子问题。将复杂的网络通信过程分解到各个功能层次，各个层次的设计和测试相对独立，并不依赖于操作系统或其他因素，层次间也无须了解其他层是如何实现的。

OSI 7 层参考模型具有以下优点：

(1) 开放的标准化接口：通过规范各个层次之间的标准化接口，各个厂商可以自由地生产网络产品，这种开放给网络产业的发展注入了活力。

(2) 多厂商兼容性：采用统一的标准层次化模型后，各个设备生产厂商遵循标准进行产品的设计开发，有效地保证了产品间的兼容性。

(3) 易于理解、学习和更新协议标准：由于各层次之间相对独立，因此讨论、制定和学习协议标准变得比较容易，某一层次协议标准的改变也不会影响其他层次的协议。

(4) 实现模块化工程，降低了开发实现的复杂度：每个厂商都可以专注于某一个层次或某一模块，独立开发自己的产品。这样的模块化开发降低了单一产品或模块的复杂度，提高了开发效率，降低了开发费用。

(5) 便于故障排除：一旦发生网络故障，可以比较容易地将故障定位于某一层次，进而快速找出故障根源。

2. OSI 层次结构以及数据封装

OSI 参考模型的每一层都定义了其所实现的功能，完成某些特定的通信任务，并只与紧邻的上层和下层进行数据交换。

物理层涉及在通信信道(Channel)上传输的原始比特流,定义了传输数据所需要的机械、电气、功能及规程的特性等,包括电压、电缆线、数据传输速率、接口的定义等。

数据链路层的主要任务是提供对物理层的控制,检测并纠正可能出现的错误,并且进行流量控制。数据链路层与物理地址、网络拓扑、线缆规划、错误校验和流量控制等有关。

网络层决定传输包的最佳路由,其关键问题是确定数据包从源端到目的端如何选择路由。网络层通过路由选择协议计算路由。

传输层的基本功能是从会话层接收数据,并且在必要时将数据分成较小的单元,传递给网络层,并确保到达对方的各段信息正确无误。

会话层允许不同机器上的用户建立、管理和终止应用程序间的会话关系,在协调不同应用程序之间的通信时会涉及会话层,该层使每个应用程序知道其他应用程序的状态。

表示层关注于所传输的信息的语法和语义,把来自应用层与计算机有关的数据格式处理成与计算机无关的格式,以保证对端设备能够准确无误地理解发送端数据。同时,表示层也负责数据加密等。

应用层是 OSI 参考模型最接近用户的一层,负责为应用程序提供网络服务。这里的网络服务包括文件传输、文件管理和电子邮件的消息处理等。

OSI 参考模型每一层处理的数据是不一样的,每一层协议处理数据的单位称为协议数据单元(Protocol Data Unit,PDU)。物理层的 PDU 是数据位(bit),数据链路层的 PDU 是数据帧(frame),网络层的 PDU 是数据包(packet),传输层的 PDU 是数据段(segment),其他更高层次的 PDU 是数据(data)。

在 OSI 参考模型中,终端主机的每一层都与另一方的对等层进行通信,但这种通信并非直接进行,而是通过下一层为其提供的服务来间接与对端的对等层交换数据。下一层通过服务访问点(Service Access Point,SAP)为上一层提供服务。例如,一个终端设备的传输层和另一个终端设备的传输层利用数据段进行通信。传输层的数据段成为网络层数据包的一部分,网络层数据包又成为数据链路层数据帧的一部分,最后转换成比特流传送到对端物理层,又依次到达对端数据链路层、网络层和传输层,以实现对等层之间的通信。

如图 1-2-2 所示,在 OSI 参考模型中,当一台主机需要传送用户的数据(Data)时,数据首先通过应用层的接口进入应用层。在应用层,用户的数据被加上应用层的报头(Application Header,AH),形成应用层 PDU,并被递交到下一层——表示层。

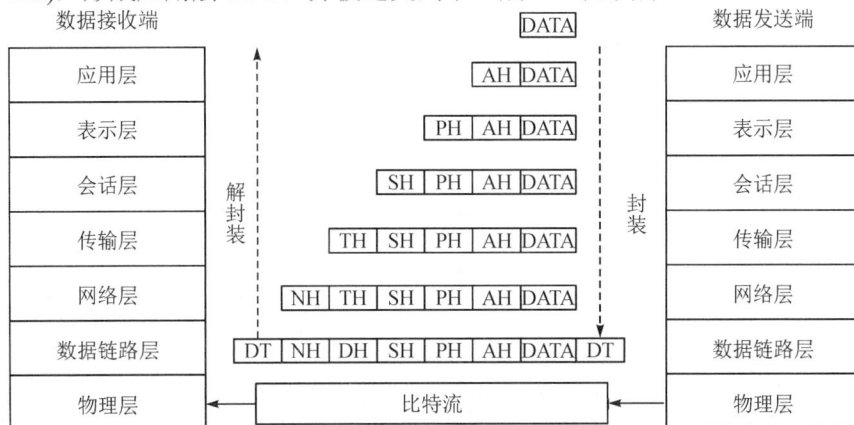

图 1-2-2　数据封装与解封装

表示层并不"关心"上层——应用层的数据格式，而是把整个应用层递交的数据包看成一个整体进行封装，即加上表示层的报头(Presentation Header，PH)，并递交到下层——会话层。

同样，会话层、传输层、网络层、数据链路层也都要分别给上层递交下来的数据加上自己的报头，它们分别是会话层报头(Session Header，SH)、传输层报头(Transport Header，TH)、网络层报头(Network Header，NH)和数据链路层报头(Data link Header，DH)，其中数据链路层还要给网络层递交的数据加上数据链路层报尾(Data link Termination，DT)，形成最终的一帧数据。

当一帧数据通过物理层传送到目标主机的物理层时，该主机的物理层将该帧数据递交到上层——数据链路层，数据链路层负责删除数据帧的帧头部 DH 和尾部 DT(同时进行数据校验)。如果数据没有出错，则数据链路层将该帧数据递交到上层——网络层。

同样，网络层、传输层、会话层、表示层、应用层也要做类似的工作。最终，原始数据被递交到目标主机的具体应用程序中。

封装是指网络节点将要传送的数据用特定的协议打包。大多数协议是通过在原有数据之前加上封装头实现封装的，一些协议还要在数据之后加上封装尾，而原有数据此时便成为载荷。在发送方，OSI 7 层模型的每一层都对上层数据进行封装，以保证数据能够正确无误地到达目的地；而在接收方，每一层又对本层的封装数据进行解封装，并传送给上层，以便数据被上层所理解。

3. OSI 参考模型各层的作用

1) 物理层

物理层是 OSI 参考模型的最底层，也是最基础的一层。物理层并不是指连接计算机的具体的物理设备或具体的传输媒体，其向下是物理设备之间的接口，直接与传输介质相连接，使二进制数据流通过该接口从一台设备传送给相邻的另一台设备；向上为数据链路层提供数据流传输服务。物理层以比特流的方式传送来自数据链路层的数据，而不关心数据的含义或格式；同样，物理层接收数据后直接传送给数据链路层。也就是说，物理层只能看到 0 和 1，其不能理解所处理的比特流的具体意义。

常见的物理层传输介质主要有同轴电缆、双绞线、光纤和无线电波等。

2) 数据链路层

数据链路层是 OSI 参考模型的第 2 层，负责在某一特定的介质或链路上传递数据。因此，数据链路层协议与链路介质有较强的相关性，不同的传输介质需要不同的数据链路层协议给予支持。

数据链路层把物理层传送过来的 0、1 信号组成帧的格式，即把物理层传送过来的原始数据打包成帧，并负责帧在计算机之间进行无差错的传输。因此，数据链路层的作用就是负责数据链路信息从源点传输到目的点的传输与控制，如连接的建立、维护和拆除，异常情况处理，差错控制与恢复等；同时，还要检测和校正物理层可能出现的差错，使两个系统之间构成一条无差错的链路，以在不太可靠的物理链路上通过数据链路层协议实现可靠的数据传输。

为了在对网络层协议提供统一接口的同时，对下层的各种介质进行管理控制，数据链路层又被划分为 LLC(Logic Link Control，逻辑链路控制)和 MAC(Media Access Control，介质访问控制)两个子层。

3) 网络层

网络层将数据分成一定长度的分组(包)，并将分组按选择的路径从信源传到信宿。数据链路层协议是两个直接连接节点间的通信协议，它不能解决数据经过通信子网中多个转接节点的通信问题。设置网络层的主要目的就是为报文分组以最佳路径通过通信子网到达目的主机提供服务。

网络层地址是对通信节点的标识，也是数据在网络中进行转发的依据，其存在于 OSI 参考模型的第 3 层。不同的网络层协议具有不同的地址格式，IP 地址由 4B 组成，通常用点分十进制数字表示。

网络层地址通常具有层次化结构，以便将一个巨大的网络区分成若干小块，便于寻址和管理。一种常见的方法是将网络层地址分为网络地址和主机地址，这样在转发数据包时就可以先将其发送到网络地址所标识的网络，再由所在网络上的网关将其发送给主机地址所标识的目的主机。

网络层地址通常是由管理员从逻辑上进行分配的，因此其也称为逻辑地址。为了唯一地标识通信节点，任何一个网络层地址在网络中应该是唯一的。

4) 传输层

传输层的功能是为会话层提供无差错的传输链路，保证两台设备间传递的信息正确无误。传输层从会话层接收数据，并传递给网络层。如果会话层数据过大，传输层会将其切割成较小的数据单元——数据段进行传送。传输层负责创建端到端的通信连接，通过这一层，通信双方主机上的应用程序之间通过对方的地址信息直接进行对话，而不用考虑其间的网络上有多少个中间节点。

5) 会话层

会话是指在两个会话用户之间为交换信息而按照某种规则建立的一次暂时联系。通过会话，一个终端可以登录到远程计算机，进行文件传输或进行其他应用。会话层位于 OSI 模型面向信息处理的高三层中的最下层，其利用传输层提供的端到端数据传输服务，实施具体的服务请求者与服务提供者之间的通信，属于进程间通信的范畴。会话层还为会话活动提供组织和同步所必需的手段，对数据传输进行控制和管理。

6) 表示层

表示层为应用层提供服务，该服务层处理的是通信双方之间的数据表示问题。网络中，对通信双方的计算机来说，其一般有自己的内部数据表示方法，数据形式常具有复杂的数据结构，它们可能采用不同的代码和文件格式。为使通信双方能相互理解所传送信息的含义，表示层需要把发送方具有的内部格式编码为适于传输的位流，接收方再将其解码为所需要的表示形式。

7) 应用层

应用层是 OSI 参考模型的最高层，其为用户的应用进程访问 OSI 环境提供服务。OSI 参考模型关心的主要是进程之间的通信行为，因而只保留了应用进程之间交互行为的部分，这种现象实际上是对应用进程某种程度上的简化。经过抽象后的应用进程就是应用实体(Application Entity，AE)。与其他 6 层不同，所有的应用协议都使用了一个或多个信息模型来描述信息结构的组织。低层协议实际上没有信息模型，因为低层没有涉及表示数据结构的数据流；而应用层要提供许多低层不支持的功能。

任务实施

(1) 打开控制面板，单击"网络和 Internet"，再单击"网络和共享中心"，如图 1-2-3 所示。

图 1-2-3　单击"网络和共享中心"

(2) 在打开的"网络和共享中心"窗口中单击左侧的"更改适配器设置"，找到要设置的网络连接，如"本地连接"。

(3) 右击该连接，在弹出的快捷菜单中选择"属性"命令，再在弹出的属性对话框中找到"Internet 协议版本 4(TCP/IPv4)"并双击，如图 1-2-4 所示。

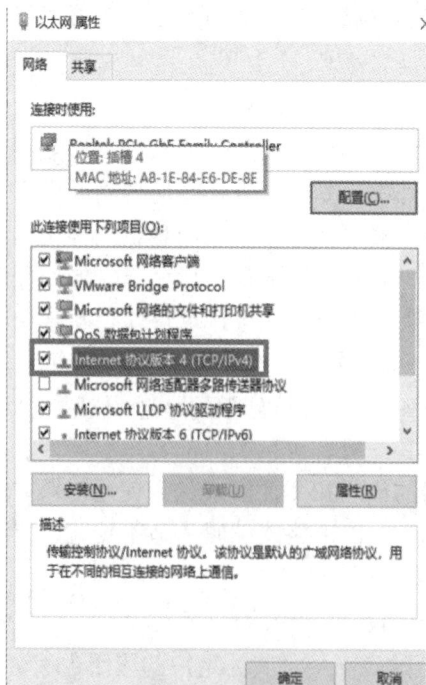

图 1-2-4　双击"Internet 协议版本 4(TCP/IPv4)"

(4) 在弹出的属性对话框中选中"使用下面的 IP 地址"单选按钮，填写本机的 IP 地址 192.168.1.10 和子网掩码 255.255.255.0，并将"默认网关"和"首选 DNS 服务器"设置为空白。

(5) 在另一台计算机上重复以上步骤，但注意应将 IP 地址设置为不同的地址 192.168.1.20。

📖 总结与提高

OSI 参考模型将网络通信过程划分为 7 个相互独立的功能组(层次)，并为每个层次制定了一个标准框架。其上面 3 层(应用层、表示层和会话层)与应用问题有关，通常称为用户资源子网；而下面 3 层(网络层、数据链路层和物理层)则主要处理网络控制和数据传输/接收问题，通常称为通信子网；传输层的作用为承上启下。

OSI 参考模型中，每一层处理的数据是不一样的。每一层协议处理数据的单位称为 PDU，其中物理层的 PDU 是数据位，数据链路层的 PDU 是数据帧，网络层的 PDU 是数据包，传输层的 PDU 是数据段，其他更高层次的 PDU 是数据。

🖥 练习与巩固

1. 在 OSI 参考模型中，(   )负责确定接收程序的可用性和检查是否有足够的资源可用来通信。

    A. 传输层   B. 网络层   C. 表示层

    D. 会话层   E. 应用层

2. 以下属于物理层设备的是(   )。

    A. 中继器   B. 以太网交换机   C. 桥   D. 网关

3. OSI 参考模型中，(   )用于把传输的比特流划分为帧。

    A. 网络层   B. 数据链路层   C. 物理层   D. 传输层

4. 二层交换机工作在 OSI 参考模型的(   )。

    A. 1 层   B. 2 层   C. 3 层   D. 3 层以上

5. 在 OSI 参考模型中，处于数据链路层和传输层之间的是(   )。

    A. 物理层   B. 网络层   C. 会话层   D. 表示层

6. 试用 OSI 参考模型阐述 QQ 好友聊天的通信过程。

任务 2.2 认识 TCP/IP 模型及协议体系

📋 学习目标

⚙ 1. 知识目标

(1) 掌握 TCP/IP 模型的结构。

(2) 掌握 TCP/IP 各层的作用。

(3) 掌握 TCP/IP 协议体系。

2. 能力目标

(1) 能够分析数据报文格式。

(2) 能够重组数据报文。

3. 素质目标

(1) 培养细心、有耐心的科学精神。

(2) 培养克服困难的精神。

任务描述

分析 IP 数据报文 45 00 00 28 C0 07 40 00 40 06 F8 65 C0 A8 00 F1 C0 A8 00 21 1A 90 1A 90 CC E1 56 24 3E D5 C3 8F 各部分的含义。

知识引导

1. TCP/IP 模型

OSI 参考模型的诞生为清晰地理解互联网络、开发网络产品和网络设计等带来了极大的便利。但是，由于 OSI 参考模型过于复杂，难以完全实现，OSI 各层功能具有一定的重复性，效率较低；再加上 OSI 参考模型提出时，TCP/IP(Transfer Control Protocol/Internet Protocol，传输控制协议/网际协议)已逐渐占据主导地位，因此 OSI 参考模型并没有流行开来，也不存在一种完全遵守 OSI 参考模型的协议族。

与 OSI 参考模型一样，TCP/IP 也采用层次化结构，每一层负责不同的通信功能。但是，TCP/IP 模型简化了层次设计，只分为 4 层——应用层、传输层、网络层和网络接口层，如图 1-2-5 所示。

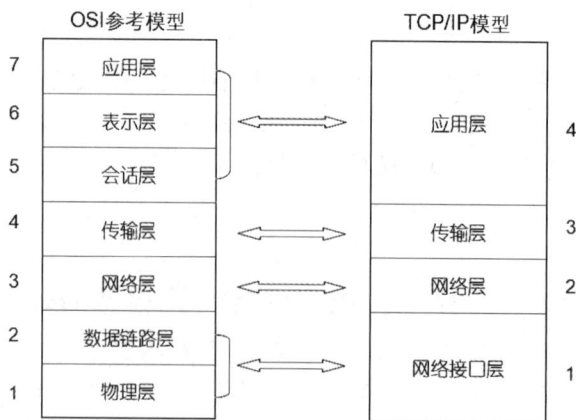

图 1-2-5   OSI 参考模型与 TCP/IP 模型对比

TCP/IP 协议是一个在 Internet 上实际使用的网络协议，其每层都包含了一些相对独立的协议，根据对系统的需要，可以将这些协议配套使用或混合使用。对每层的协议来说，其都被它的一个或多个下层协议所支持，这就是协议分层的概念。表 1-2-1 中列出了 TCP/IP 协议的常用协议。

表 1-2-1　TCP/IP 协议的常用协议

层 次	常 用 协 议
应用层	DNS、FTP、TFTP、SMTP、SNMP
传输层	UDP、TCP
网络层	IP、ICMP、IGMP
网络接口层	以太网、令牌环网、HDLC、PPP

1) 网络接口层

网络接口层通常包含操作系统中的设备驱动程序和对应的网络接口卡，对应于 OSI 参考模型中的数据链路层和物理层。网络接口层负责接收网络层的 IP 数据包并通过网络发送到网络传输介质上，或者从网络中接收物理帧，抽出 IP 数据包，交给网络层。TCP/IP 协议族并没有具体定义数据链路层，只要是在其上能进行 IP 数据包传递的物理网络都可以作为 TCP/IP 中的数据链路层，如以太网、令牌环网等，这就使得 TCP/IP 在数据链路层的选择上有较大的灵活性。

2) 网络层

IP 是 TCP/IP 体系中的网络层协议。网络层也称为互联网层，由于该层的主要协议为 IP，因此通常也简称其为 IP 层。网络层主要负责相邻计算机之间的通信，把某主机上的数据包发送到 Internet 中的任何一台目标主机上，即点到点通信。网络层具有如下 3 方面功能：

(1) 处理来自传输层的数据包发送请求。

(2) 处理接收到的数据包。

(3) 处理路径、流控、拥塞等问题。

网络层还包含一些其他协议，如地址转换协议(Address Resolution Protocol，ARP)、逆地址转换协议(Reverse Address Resolution Protocol，RARP)、Internet 控制报文协议(Internet Control Message Protocol，ICMP)、Internet 组管理协议(Internet Group Management Protocol，IGMP)以及路由选择协议等。

3) 传输层

通常所说的两台计算机之间的通信其实是指两台计算机上对应的应用程序之间的数据通信，传输层提供的就是应用程序间的通信，一般也称为端到端的通信。

4) 应用层

应用层负责处理特定的应用程序细节。应用层包含各种各样的直接针对用户需求的协议，每个应用层协议都是为了解决某一类应用问题的。应用层协议主要包括超文本传输协议(Hyper Text Transfer Protocol，HTTP)、简单网络管理协议(Simple Network Management Protocol，SNMP)、文件传输协议(File Transfer Protocol，FTP)、简单邮件传输协议(Simple Mail Transfer Protocol，SMTP)、域名系统(Domain Name System，DNS)、远程登录协议(Telnet)等。

2. 相关协议

1) IP 协议

IP 协议是 Internet 上使用的一个关键的低层协议，规定了通信双方在通信中所应共同遵守的约定,如每台计算机发送的信息格式和含义、在什么情况下应发送规定的特殊信息,以及接收方的计算机应作出哪些应答等。如果希望在 Internet 上进行交流和通信,则每台接入 Internet 的计算机都必须遵守 IP 协议。因此,使用 Internet 的每台计算机都必须运行 IP 软件,以便时刻准备发送或接收信息。IP 数据报文格式如图 1-2-6 所示。

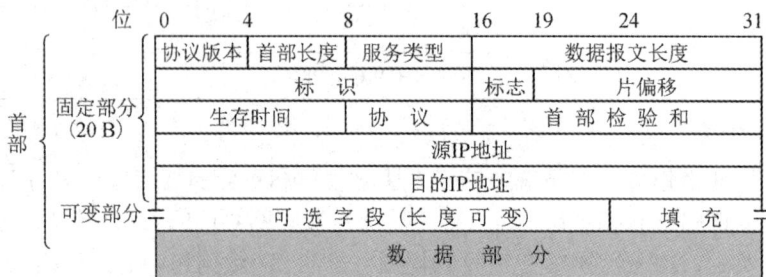

图 1-2-6   IP 数据报文格式

IP 数据报文各部分的具体含义如下:

(1) 协议版本:目前的协议版本号是 4。版本号为 4 的 IP 有时也称为 IPv4。

(2) 首部长度:首部占 32 bit,包括任何选项。普通数据包(不含选项字段)字段的值是 5,所以首部长度为 20 B。

(3) 服务类型(Type of Service,ToS):包括最高 3 bit 的优先权子字段(现在已被忽略)、4 bit 的 ToS 子字段和 1 bit 未用位(但必须置 0)。ToS 子字段的 4 bit 含义分别为最小时延、最大吞吐量、最高可靠性和最小费用,且 4 bit 中只能置其中 1 bit。如果这 4 bit 均为 0,那么就意味着是一般服务。

(4) 数据报文长度:该字段长度为 16 bit,所以 IP 数据报最长可达 65 535 B。实际上只有在超级通道上理论值可以达到该数据,大多数网络中的 MTU(Maximum Transmission Unit,最大传输单元)只能达到 5000。

(5) 标识:唯一地标识主机发送的每一份数据报。通常每发送一份报文,标识的值就会加 1。其起始值是软件生成的随机数。

(6) 标志与片偏移:任何一个物理网络的数据链路层都有其自己的帧格式,在帧格式中规定了一个物理帧中允许传输数据量的上限值,该上限值称为 MTU。当网络中的 IP 数据报文超过 MTU 的大小时,就需要将数据包分片,以满足网络的需求。片偏移与标志位的含义如表 1-2-2 所示。

表 1-2-2   片偏移与标志位的含义

位	作 用
0	保留,一般置 0
1	置 1,表示不允许分片;置 0,表示允许分片
2	置 1,表示数据流未完,后续还有分段。当一个数据包没有分段时,则该位置 0,表示这是唯一的一个分段
3~15	以 8 B 为单位,表示分片位置的先后顺序。分片必须为 8 B 的整数倍

(7) 生存时间(Time-To-Live,TTL):设置数据包可以经过的最多路由器数。TTL 指定了

数据报的生存时间。TTL 的初始值由源主机设置(通常为 32 或 64)，一旦经过一个处理它的路由器，其值就减 1。当该字段的值为 0 时，数据包就被丢弃，并发送 ICMP 报文通知源主机。

(8) 协议：标志着本 IP 数据包的数据使用何种协议进行数据传输。例如，ICMP 为 01、TCP 为 06、UDP(User Datagram Protocol，用户数据报协议)为 11 等。

(9) 首部校验和：为了计算一份数据包的 IP 检验和，首先应把校验和字段置为 0，然后将首部中每 16 bit 划为一组，并将每组数据进行二进制反码求和(整个首部看成由一串 16 bit 的字组成)，结果存在校验和字段中。当收到一份 IP 数据包后，同样利用上面的方法对每组的 16 bit 进行二进制反码求和。由于接收方在计算过程中包含了发送方储存在首部中的校验和，因此如果首部在传输过程中没有发生任何差错，那么接收方计算的结果应该为全 1；如果结果不是全 1(校验和错误)，那么 IP 就丢弃收到的数据包。

(10) 源 IP 地址：发送数据计算机的 IP 地址。例如，IP 地址为 202.113.13.168，则该字段为 CA710DA8。

(11) 目标 IP 地址：接收该数据包的计算机或者路由器的 IP 地址。

(12) 可变部分：这些选项很少被使用，并非所有的主机和路由器都支持这些选项。选项字段一直都以 32 bit 作为界限，在必要时插入值为 0 的填充字节，这样就保证了 IP 首部始终是 32 bit 的整数倍(这是首部长度字段所要求的)。

2) ARP 协议

ARP 工作在数据链路层，在本层和硬件接口联系，同时对上层提供服务。IP 规定网络上的所有设备都必须有一个独一无二的 IP 地址。IP 数据包常通过以太网发送，以太网设备并不识别 32 bit 的 IP 地址，它们以 48 bit 以太网地址(MAC 地址)传输以太网数据帧。因此，必须把 IP 目的地址转换成以太网目的地址。在以太网中，一个主机要和另一个主机进行直接通信，必须要知道目标主机的 MAC 地址。该目标 MAC 地址通过 ARP 获得，ARP 协议用于将网络中的 IP 地址解析为硬件地址(MAC 地址)，以保证通信的顺利进行。

主机发送信息时会将包含目标 IP 地址的 ARP 请求广播到局域网上的所有主机，并接收返回消息，以此确定目标的物理地址；收到返回消息后，将该 IP 地址和物理地址存入本机 ARP 缓存中并保留一定时间，下次请求时直接查询 ARP 缓存以节约资源。ARP 协议是建立在网络中各个主机互相信任的基础上的，局域网中的主机可以自主发送 ARP 应答消息，其他主机收到应答报文时不会检测该报文的真实性，而是直接将其记入本机 ARP 缓存。由此，攻击者就可以向某一主机发送伪 ARP 应答报文，使其发送的信息无法到达预期的主机或到达错误的主机，这就构成了 ARP 欺骗。ARP 命令可用于查询本机 ARP 缓存中 IP 地址和 MAC 地址的对应关系、添加或删除静态对应关系等。ARP 报文结构如图 1-2-7 所示。

(1) 硬件类型：2 B，表示使用的网络类型，如以太网、令牌环网等。

(2) 协议类型：2 B，表示使用的协议类型，如 IPv4、IPX(Internetwork Packet Exchange，互联网分组交换)协议等。

(3) 硬件地址长度：1 B，表示硬件地址的长度，如以太网地址长度为 6 B。

(4) 协议地址长度：1 B，表示协议地址的长度，如 IPv4 地址长度为 4 B。

(5) 操作码：2 B，表示 ARP 请求(数值为 1)或 ARP 响应(数值为 2)。

(6) 发送方硬件地址：6 B，表示发送方的硬件地址。

(7) 发送方协议地址：4 B，表示发送方的协议地址。

(8) 目标硬件地址：6 B，表示目标的硬件地址。

(9) 目标协议地址：4 B，表示目标的协议地址。

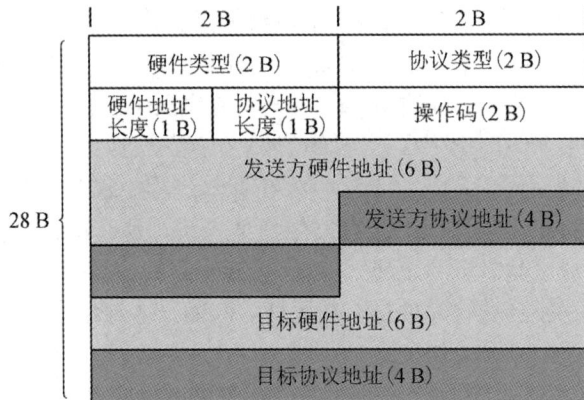

图 1-2-7　ARP 报文结构

3) ICMP 协议

ICMP 是 TCP/IP 协议族的一个子协议，用于在 IP 主机、路由器之间传递控制消息。控制消息是指网络通不通、主机是否可达、路由是否可用等网络本身的消息。这些控制消息虽然并不传输用户数据，但是对于用户数据的传递起着重要的作用。

ICMP 协议是一种面向无连接的协议，用于传输出错报告控制信息。ICMP 是一个非常重要的协议，对于网络安全具有极其重要的意义。ICMP 属于网络层协议，主要用于在主机与路由器之间传递控制信息，包括报告错误、交换受限控制和状态信息等。当遇到 IP 数据无法访问目标、IP 路由器无法按当前的传输速率转发数据包等情况时，会自动发送 ICMP 消息。

ICMP 提供一致易懂的出错报告信息，发送的出错报文返回发送原数据的设备，因为只有发送设备才是出错报文的逻辑接收者。发送设备随后可根据 ICMP 报文确定发生错误的类型，并确定如何才能更好地重发失败的数据包。但是，ICMP 唯一的功能是报告问题而不是纠正错误，纠正错误的任务由发送方完成。

在网络中会经常使用 ICMP 协议，如经常使用的用于检查网络通不通的 ping 命令(Linux 和 Windows 操作系统中均有)，这个 ping 的过程实际上就是 ICMP 协议工作的过程。另外，还有其他的网络命令，如跟踪路由的 tracert 命令也是基于 ICMP 协议的。

ICMP 协议应用在许多网络管理命令中，下面以 ping 和 tracert 命令为例详细介绍 ICMP 协议的应用。

(1) ping 命令使用 ICMP 回送请求和应答报文。在网络可达性测试中，使用的分组网间探测命令 ping 能产生 ICMP 回送请求和应答报文。目的主机收到 ICMP 回送请求报文后立刻回送应答报文，若源主机能收到 ICMP 回送应答报文，则说明到达该主机的网络正常。

(2) 路由分析诊断程序 tracert 使用了 ICMP 时间超过报文。tracert 命令主要用来显示数据包到达目的主机所经过的路径，通过执行一个 tracert 到对方主机的命令，返回数据包到达目的主机经历的路径详细信息，并显示每个路径消耗的时间。

另外，ICMP 协议对于网络安全具有极其重要的意义。ICMP 协议本身的特点决定了其非常容易被用于攻击网络上的路由器和主机。例如，1999 年 8 月海信集团悬赏"50 万元人民币测试防火墙"的过程中，其防火墙遭受到的 ICMP 攻击达 334 050 次之多，占整个攻击总数的 90%以上。可见，ICMP 的重要性绝不可以忽视。例如，可以利用操作系统规定的 ICMP 数据包最大尺寸不超过 64 KB 这一规定，向主机发起"Ping of Death"(死亡之 Ping)攻击。"Ping of Death"攻击的原理是：如果 ICMP 数据包的尺寸超过 64 KB 上限，主机就会出现内存分配错误，导致 TCP/IP 堆栈崩溃，致使主机死机(操作系统已经取消了发送 ICMP 数据包大小的限制，解决了该漏洞)。此外，向目标主机长时间、连续、大量地发送 ICMP 数据包，最终也会使系统瘫痪。大量的 ICMP 数据包会形成"ICMP 风暴"，使得目标主机耗费大量的 CPU 资源进行处理，"疲于奔命"。

虽然 ICMP 协议给黑客以可乘之机，但是 ICMP 攻击也并非"无药可医"。只要在日常网络管理中未雨绸缪，提前做好准备，就可以有效地避免 ICMP 攻击造成的损失。

对于"Ping of Death"攻击，可以采取两种方法进行防范：① 在路由器上对 ICMP 数据包进行带宽限制，将 ICMP 占用的带宽控制在一定的范围内，这样即使有 ICMP 攻击，其所占用的带宽也非常有限，对整个网络的影响非常小；② 在主机上设置 ICMP 数据包的处理规则，最好是设定拒绝所有的 ICMP 数据包。

4) UDP 协议

UDP 协议在网络中用于处理 UDP 数据包，位于 IP 协议的上一层。UDP 有不提供数据包分组、组装和不能对数据包进行排序的缺点，即当报文发送之后，无法得知其是否安全完整到达。UDP 用来支持那些需要在计算机之间传输数据的网络应用，包括网络视频会议系统在内的众多客户端/服务器模式的网络应用都需要使用 UDP 协议。UDP 协议从问世至今已被广泛使用，虽然其最初的光彩已经被一些类似协议所掩盖，但是即使在今天，UDP 仍然不失为一项非常实用和可行的网络传输层协议。

(1) 端口(Port)。端口可以认为是设备与外界通信交流的出口。端口可分为虚拟端口和物理端口。虚拟端口指计算机内部或交换机路由器内的端口，不可见，如计算机中的 80 端口、21 端口、23 端口等；物理端口又称为接口，是可见端口，如计算机背板的 RJ-45 网口、交换机的 RJ-45 端口等，电话使用的 RJ-11 插口也属于物理端口的范畴。

如果把 IP 地址比作一间房子，那么端口就是出入这间房子的门，真正的房子只有几个门，但是一个 IP 地址的端口可以有 65 536(2^{16})个。端口是通过端口号来标记的，端口号只能是整数，范围是 0~65 535($2^{16}-1$)。

(2) 端口的作用。我们知道，一台拥有 IP 地址的主机可以提供许多服务，如 Web 服务、FTP 服务、SMTP 服务等，这些服务完全可以通过一个 IP 地址来实现。那么，主机是怎样区分不同的网络服务的呢？显然不能只靠 IP 地址，因为 IP 地址与网络服务是一对多的关系。实际上，其是通过"IP 地址+端口号"来区分不同的服务的。

需要注意的是，端口并不是一一对应的。例如，当一台计算机作为客户机访问一台 WWW 服务器时，WWW 服务器使用 80 端口与该计算机通信，但该计算机则可能使用 3457 端口。

如果把服务器比作房子，把端口比作通向不同房间(服务)的门，入侵者要占领这间房子，势必要破门而入(物理入侵另说)，那么对于入侵者来说，了解房子开了几扇门、都是什么样的门、门后面有什么东西就显得至关重要。

入侵者通常会用扫描器对目标主机的端口进行扫描，以确定哪些端口是开放的。通过开放的端口，入侵者可以知道目标主机大致提供了哪些服务，进而猜测可能存在的漏洞。因此，对端口的扫描可以帮助用户更好地了解目标主机；而对于管理员，扫描本机的开放端口也是做好安全防范的第一步。

(3) 常见计算机端口以及防止被黑客攻击的办法。

① 端口：8080。

说明：8080 端口同 80 端口，用于 WWW 代理服务，可以实现网页浏览。在访问某个网站或使用代理服务器时经常会加上 8080 端口号。

漏洞：8080 端口可以被各种病毒程序所利用，如 Brown Orifice(BrO)特洛伊木马病毒可以利用 8080 端口完全遥控被感染的计算机，RemoConChubo、RingZero 木马也可以利用该端口进行攻击。

操作建议：一般使用 8080 端口进行网页浏览。为了避免病毒的攻击，可以关闭该端口。

② 端口：21。

服务：FTP。

说明：FTP 服务器开放的端口，用于文件的上传和下载。其最常见的安全问题为攻击者利用开放的 FTP 端口寻找打开 anonymous 的 FTP 服务器，这些服务器带有可读写的目录。该端口是木马 Doly Trojan、Fore、Invisible FTP、WebEx、WinCrash 和 Blade Runner 经常入侵的端口。

③ 端口：22。

服务：SSH。

说明：远程控制软件 PcAnywhere 利用这一端口和设备建立的 TCP 连接可能是为了寻找 SSH 服务。这一服务有许多弱点，如果配置成特定的模式，许多使用 RSAREF 库的服务器就会有很多漏洞，使之受到严重危害。

④ 端口：23。

服务：Telnet。

说明：Telnet 协议是 TCP/IP 协议族中的一员，是 Internet 远程登录服务的标准协议和主要方式。利用这一端口，入侵者可以搜索远程登录 UNIX 操作系统的服务。大多数情况下，扫描这一端口是为了找到机器运行的操作系统。木马 Tiny Telnet Server 就是利用这一开放端口进行入侵的。

(4) 协议功能。

为了使给定的主机上能识别多个目的地址，同时允许多个应用程序在同一台主机上工作并能独立地进行数据包的发送和接收，人们设计了 UDP。

UDP 使用底层的互联网协议传送报文，同 IP 一样提供不可靠的无连接数据包传输服务。UDP 不提供报文到达确认、排序及流量控制等功能。

UDP Helper 可以实现对指定 UDP 端口广播报文的中继转发，即将指定 UDP 端口的广播报文转换为单播报文发送给指定的服务器，起到中继作用。

(5) 报文格式。

在 UDP 协议层次模型中，UDP 位于 IP 层之上。应用程序首先访问 UDP 层，然后使用

IP 层传送数据包。IP 数据包的数据部分即为 UDP 数据包。IP 层的报头指明了源主机和目的主机地址，而 UDP 层的报头指明了主机的源端口和目的端口。UDP 传输的段由 8B 的报头和有效载荷字段构成。

UDP 报头由 4 个域组成，其中每个域各占用 2 B，具体包括源端口、目的端口、长度和校验和如图 1-2-8 所示。

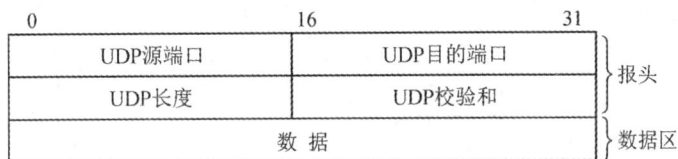

图 1-2-8　UDP 报文结构

① 端口：UDP 协议通过使用端口号为不同的应用保留其各自的数据传输通道。UDP 和 TCP 协议正是采用这一机制实现对同一时刻内多项应用同时发送和接收数据的支持的，数据发送方(可以是客户端或服务器端)将 UDP 数据包通过源端口发送出去，而数据接收方则通过目标端口接收数据。

② 长度：包括报头和数据部分在内的总字节数。因为报头的长度是固定的，所以该域主要被用来计算可变长度的数据部分(又称为数据负载)。数据包的最大长度根据操作环境的不同而各异，从理论上说，包含报头在内的数据包的最大长度为 65 535 B。但是，一些实际应用往往会限制数据包的大小，有时会降低到 8192 B。

③ 校验和：UDP 协议使用报头中的校验值来保证数据的安全。校验值首先在数据发送方通过特殊的算法计算得出，在传递到接收方之后，还需要再重新计算。如果某个数据报在传输过程中被第三方篡改或者由于线路噪声等原因受到损坏，发送方和接收方的校验计算值将不相符，由此 UDP 协议可以检测是否出错。这与 TCP 协议是不同的，后者要求必须具有校验值。

5) TCP 协议

TCP 协议提供一种面向连接的、可靠的数据传输服务，保证了端到端数据传输的可靠性。

在 Internet 协议族(Internet Protocol Suite)中，TCP 层是位于 IP 层之上、应用层之下的中间层。不同主机的应用层之间经常需要可靠的、像管道一样的连接，但是 IP 层不提供这样的流机制，而是提供不可靠的包交换。

(1) 功能。

应用层向 TCP 层发送用于网间传输的用 8 B 表示的数据流，TCP 层把数据流分割成适当长度的报文段(通常受该计算机连接的网络的数据链路层的 MTU 的限制)，并把结果包传给 IP 层，由 IP 层通过网络将包传送给接收端实体的 TCP 层。

TCP 为了保证不发生丢包，会给每字节提供一个序列号，该序列号可保证传送到接收端实体的包按序接收。接收端实体对已成功收到的字节发回一个相应的确认(ACK)，如果发送端实体在合理的往返时延内未收到确认，那么对应的数据(假设丢失)将会被重传。TCP 用一个校验和函数来检验数据是否有错误，在发送和接收时都要计算校验和。

(2) 报文封装。

TCP 收到应用层提交的数据后，将其分段，并在每个分段前封装一个 TCP 头，最终的 IP 包是在 TCP 首部之前再添加 IP 头形成的。TCP 封装如图 1-2-9 所示。

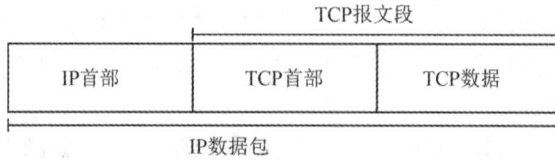

图 1-2-9　TCP 封装

TCP 首部如图 1-2-10 所示，其协议头最少为 20B。

图 1-2-10　TCP 首部

TCP 首部的主要字段介绍如下：

① 源端口号：16 bit，包含初始化通信的端口号。源端口和源 IP 地址的作用是标识报文的返回地址。

② 目的端口号：16 bit，定义传输的目的。该端口指明接收方计算机上的应用程序接口。

③ 序列号：32 bit，用来标识 TCP 源端设备向目的端设备发送的字节流，表示在该报文段中的第一个数据字节。如果将字节流看作在两个应用程序间单向流动，则 TCP 用序列号对每个字节进行计数。序列号是一个 32 bit 的数。

④ 确认号：32 bit，标识期望收到的下一个段的第一个字节，并声明此前的所有数据都已经正确无误地收到。因此，确认号应该是上次已成功收到的数据字节序列号加 1，收到确认号的源计算机会知道特定的段已经被收到。确认号的字段只在 ACK 标志被设置时才有效。

⑤ 头部长度：4 bit，包括 TCP 头大小，以 32 bit 数据结构(字)为单位。

⑥ 保留：6 bit 置 0 的字段，为将来定义新的用途保留。

⑦ 控制位：共 6 bit，每 1 bit 标志可以打开一个控制功能。控制位中，从左至右分别是 URG(紧急指针字段标志)、ACK(确认字段标志)、PSH(推功能)、RST(重置连接)、SYN(同步序列号)、FIN (数据传送完毕)。其中：

URG：当该位为 1 时，表明紧急指针有效，否则无效。

ACK：当该位为 1 时，表明确认号有效，即该报文段是一个确认报文段，否则无效。

PSH：当该位为 1 时，表示接收方应尽快将该报文段交给应用层处理。

RST：重建连接标志。

SYN：同步序列号标志，其值为 1 时用来发起一个连接。

FIN：当该位为 1 时，表示发送端完成发送任务。

⑧ 窗口大小：目的主机使用 16 bit 的窗口大小字段告诉源主机其期望每次收到的数据

的字节数。

⑨ 校验和：16 bit，用于错误检查。源主机基于部分 IP 头信息、TCP 头信息和数据内容计算一个校验和，目的主机也要进行相同的计算。如果收到的内容没有出错，则两个计算结果应完全一样，从而证明数据的有效性。

⑩ 紧急指针：16 bit，相对于当前序列号的字节偏移值。把该值和 TCP 首部中的序列号值相加，就会得到报文段数据部分最后一个紧急字节的序列号，即该序列号之前的数据都是紧急数据。

⑪ 选项：至少 1 B 的可变长字段，标识哪个选项(如果有)有效。如果没有选项，该字节等于 0，表示选项字段结束；该字节等于 1，表示无须再有操作；该字节等于 2，表示之后的 4 B 包括源机器的最大段长度(Maximum Segment Size，MSS)。MSS 是数据字段中可包含的最大数据量，源机器和目的机器对此要达成一致。当一个 TCP 连接建立时，连接的双方都要通告各自的 MSS，协商可以传输的 MSS。常见的 MSS 有 1024 B，以太网可达 1460 B。

⑫ 填充：在该字段中加入额外的零，以保证 TCP 头是 32 bit 的整数倍。

⑬ 数据：从技术上讲，数据并不是 TCP 头的一部分，但读者应该知道数据字段位于紧急指针和选项字段之后，填充字段之前。数据段可以比 MSS 小，但不能比 MSS 大。

(3) TCP 连接建立。

由于 TCP 使用的网络层协议 IP 只提供不可靠、无连接的传送服务，因此为确保连接的建立和终止都是可靠的，TCP 通过使用 3 次握手方式建立可靠的连接。TCP 使用报头中的 SYN(Synchronization Segment，同步段)描述创建一个连接的 3 次握手中的消息。另外，整个握手过程只有在两端一致同意的情况下，才会建立并打开一个 TCP 连接，如图 1-2-11 所示。

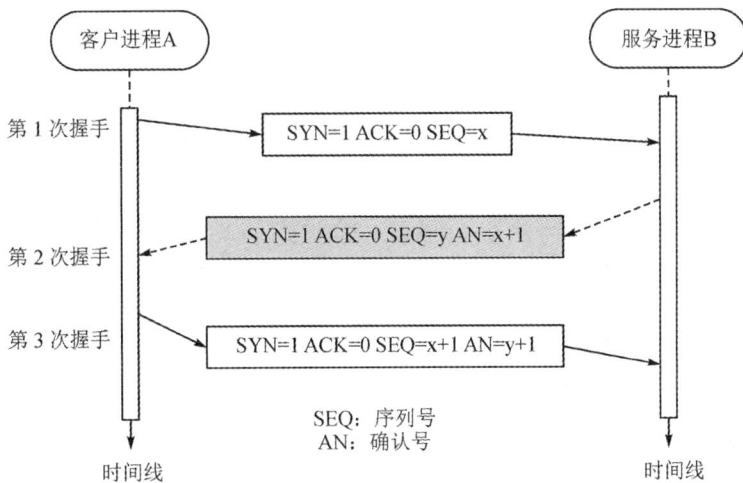

图 1-2-11　TCP 连接建立

TCP 的 3 次握手建立连接的过程如下(见图 1-2-11)：

① 由发起方客户进程 A 向被叫方服务进程 B 发出连接请求，将段的序列号标为 x，SYN 置为 1。由于这是双方发的第一个包，因此 ACK 无效。

② 服务进程 B 收到连接请求后，读出段的序列号为 x，并发送序列号为 y 的包，同时将 ACK 置为有效，将确认号置为 x + 1，同时将 SYN 置为 1。

③ 客户进程 A 收到服务进程 B 的连接确认后，对该确认再次进行确认。客户进程 A 收到确认号为 x + 1、序列号为 y 的包后，发送序列号为 x + 1、确认号为 y + 1 的段给服务进程 B 进行确认。

④ 服务进程 B 收到确认报文后，连接建立。

这样，一个双向的 TCP 连接即建立完成，双方可以开始传输数据。

6) TCP 连接释放

TCP 用 FIN(Finish Segment，结束段)描述关闭一个连接的消息。图 1-2-12 所示是一个常规的 TCP 连接释放过程。

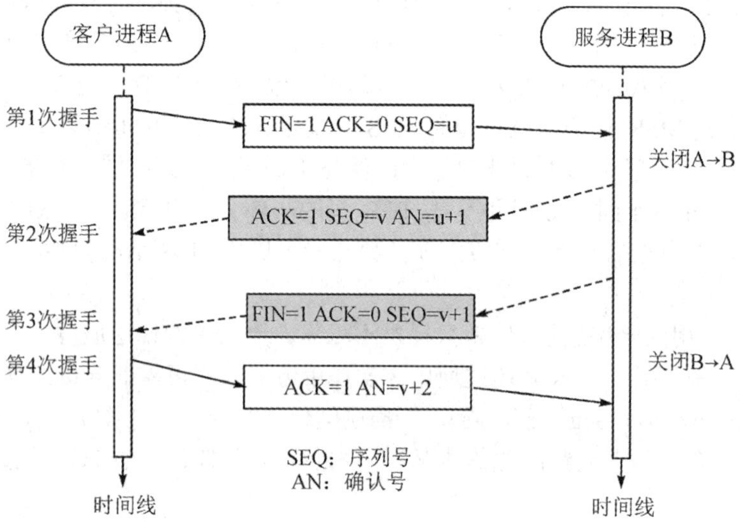

图 1-2-12　TCP 连接释放

当数据传输结束后，需要断开连接，其过程描述如下：

(1) 客户进程 A 要求终止连接，发送序列号为 u 的段，FIN 置为有效，同时确认此前刚收到的段。服务进程 B 收到客户进程 A 发送的段后，发送 ACK 段，确认号为 u + 1，同时关闭连接。

(2) 服务进程 B 发送序列号为 v + 1 的段，FIN 置为有效，通知连接关闭。

(3) 客户进程 A 收到服务进程 B 发送的段后，发送 ACK 段，确认号为 v + 2，同时关闭连接。

TCP 连接至此终止。由此可见，这是一个 4 次握手过程。

任务实施

按照 IP 数据报的格式分析本任务的数据报文。

1. 版本

协议版本为 4。

2. 首部长度

首部长度为 5 × 4 = 20(B)。

3. ToS

ToS 为 00。由于 ToS 没有特殊要求,因此其默认值为 0。

4. 数据包长度(字节)

数据包长度为 00 28,十六进制数据。实际上数据包长度是 40 B,除去首部 20 B,实际数据部分为 20 B。

5. 标识

标识为 C0 07。每个 IP 数据包的标识都不相同。

6. 片标识与偏移量

片标识与偏移量为 40 00,代表没有分片。

7. 生存周期

生存周期为 40(十进制的 64),代表经过 64 跳后如果 IP 数据报文没有到达目的主机,将会被网络丢弃。

8. 协议

协议为 06,代表 IP 数据报文中的上层协议为 TCP 协议。

9. 校验和

校验和为 F8 65。

10. 源地址

源地址为 C0 A8 00 F1 (192.168.0.241)。

11. 目标地址

目标地址为 C0 A8 00 21 (192.168.0.33)。

12. 数据部分

数据部分为 1A 90 1A 90 CC E1 56 24 3E D5 C3 8F。

总结与提高

TCP/IP 模型包括网络接口层、网络层、传输层和应用层。

TCP/IP 协议并不只有 TCP 与 IP 两种协议,而是一个应用于不同网络间信息传输的协议族,制定了网络中各结构层次的通信标准和方法。TCP/IP 包含很多协议,常见的协议包括 IP、ICMP、TCP、UDP、SMTP 等。

练习与巩固

1. TCP 协议通过(　　)区分不同的连接。

A. 端口号　　　　　　　　　　　B. 端口号和 IP 地址

C. 端口号和 MAC 地址　　　　　D. IP 地址和 MAC 地址

2. HTTP 协议的 TCP 端口为(　　)。

A. 20　　　　　B. 21　　　　　　　　C. 80　　　　　D. 110

3. 画图描述 TCP/IP 协议模型与 OSI 7 层模型各层次的对应关系。

4. 简述 TCP 的 3 次握手建立过程。

5. 在图 1-2-13 所示的 TCP 连接建立过程中，SYN 中的 Z 部分应该填入(   )。

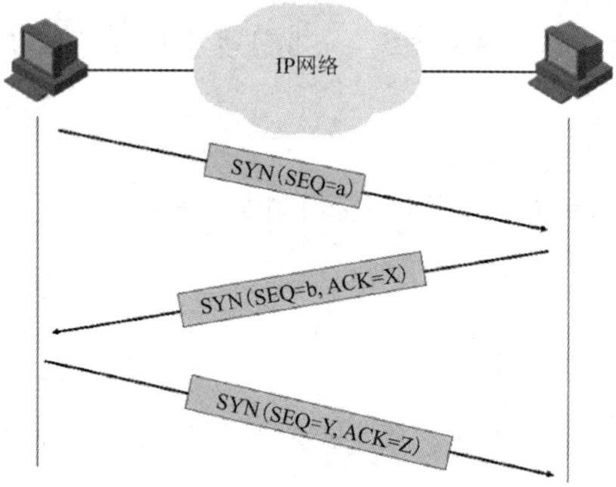

图 1-2-13   TCP 连接建立过程

项目 3　IP 地址及其划分

任务 3.1　认识 IP 地址

学习目标

1. 知识目标

(1) 掌握 IP 地址的作用。

(2) 掌握 IP 地址的格式。

(3) 掌握 IP 地址的分类。

2. 能力目标

(1) 能够正确书写 IP 地址。

(2) 能够正确判断 IP 地址属于哪一类。

3. 素质目标

(1) 培养合作意识以及严谨踏实的学习习惯。

(2) 培养精益求精的工作态度。

任务描述

某台计算机的 IP 地址为 192.168.10.1，在没有进行子网划分的前提下，试判断该 IP 地址属于哪类 IP 地址。

知识引导

1. IP 地址简介

连接到 Internet 上的设备必须有一个全球唯一的 IP 地址。IP 地址与链路类型、设备硬件无关，而是由管理员分配指定的，因此其也称为逻辑地址(Logical Address)。每台主机可以拥有多个网络接口卡，也可以同时拥有多个 IP 地址。路由器也可以看作这种主机，但其每个 IP 接口必须处于不同的 IP 网络，即各个接口的 IP 地址分别处于不同的 IP 网段。

Internet 上的每个节点既有 IP 地址，也有物理地址(MAC 地址)。MAC 地址是设备生产厂家固化在网卡上的，可以在全球范围唯一标识一个节点。既然如此，为什么还需要 IP 地址? 这是由于 MAC 地址是固化在设备上的，不便于修改，因此实际组网中不能方便地根据客户需求定义网络设备地址；而 IP 地址是一种逻辑地址，可以按照客户需求规划和分配整网的地址，非常灵活；同时，使用 IP 地址，设备更易于移动和维修。如果一个网卡损坏，则将其更换即可，而不需要更换一个新的 IP 地址；如果一个 IP 节点从一个网络移到另一个网络，则可以给它一个新的 IP 地址，而不需要更换新的网卡。

2. IP 地址的格式及表示方法

1) IP 地址的格式

IP 地址是一个 32 bit 的二进制数，为了方便，采用二进制和点分十进制两种表示方式。点分十进制是从二进制转换得到的，其目的是便于用户和网络管理人员使用和记忆。把 32 bit IP 地址每 8 bit 分成一组，每组的 8 bit 二进制数用十进制数表示，并在每组之间用小数点隔开，便得到点分十进制表示的 IP 地址；同样，把点分十进制表示的 IP 地址转换为二进制表示时，分别把每个十进制数转换为 8 bit 二进制数，并按原来的顺序写出来即可。

IP 地址通常用点分十进制表示成 a.b.c.d 的形式，其中 a、b、c、d 都是 0~255 的十进制整数。例如，点分十进 IP 地址 100.4.5.6 实际上是 32 bit 二进制数 01100100.00000100.00000101.00000110。

2) IP 地址的表示方法

IP 地址在编址时采用两级结构的表示方法，这样方便在 Internet 上进行寻址。每个 IP 地址被分为前后两部分，前半部分称为网络号，用来表示一个物理网络；后半部分称为主机号，用来表示该网络中的一台主机，如图 1-3-1 所示。

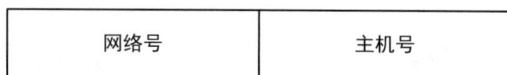

网络号	主机号

图 1-3-1　IP 地址的结构

3. IP 地址分类

在现实的网络中，各个网段内具有的 IP 节点数各不相同，为了更好地管理和使用 IP 地址资源，IP 地址被划分为 5 类——A 类、B 类、C 类、D 类和 E 类。每类地址的网络号和主机号在 32 bit 地址中占用的位数各不相同,因而其可以容纳的主机数量也有很大区别，如图 1-3-2 所示。

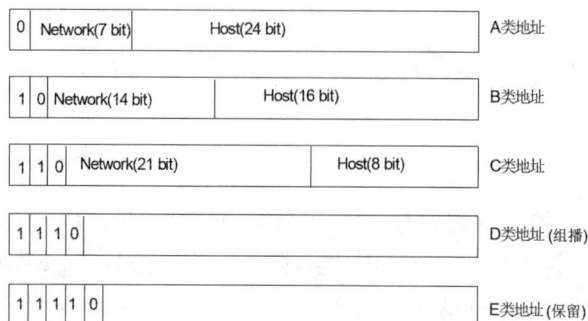

图 1-3-2　IP 地址分类

(1) A 类 IP 地址：网络号长度为 8 bit，最高位固定为 0，因此允许有 126($2^7 - 2$)个不同的 A 类网络(网络号为 0 和 127 的 A 类网络有特殊用途，不作为网络地址)；主机号长度为 24 bit，表示每个 A 类网络中可以包含 16 777 214($2^{24} - 2$)台主机。A 类 IP 地址结构适用于有大量主机的大型网络。

(2) B 类 IP 地址：网络号长度为 16 bit，前两位固定为 10，因此允许有 16 384(2^{14})个不同的 B 类网络；主机号长度为 16 bit，因此每个 B 类网络中可以包含 65 534($2^{16} - 2$)台主机。B 类 IP 地址结构适用于一些国际性大公司与政府机构等。

(3) C 类 IP 地址：网络号长度为 24 bit，前 3 bit 固定为 110，因此允许有 2 097 152(2^{21})个不同的 C 类小型网络；主机号长度为 8 bit，因此每个 C 类网络可以包含 254($2^8 - 2$)台主机。C 类 IP 地址适用于一些小型公司与普通的研究机构。

(4) D 类 IP 地址：不用于标识网络，主要用于其他特殊用途，如多目的地址的地址广播。

(5) E 类 IP 地址：暂时保留，用于某些实验和将来扩展使用。

4. 特殊用途的 IP

IP 地址用于唯一地标识一台网络设备，但并不是每一个 IP 地址都用于该目的。例如，一些特殊的 IP 地址被用于各种各样的其他用途，如表 1-3-1 所示。

表 1-3-1　特殊 IP 地址的用途

网络号	主机号	地址类型和用途
Any	全 0	网络地址，代表特定网段
Any	全 1	网段广播地址，代表特定网段的所有节点
127	Any	环回地址，常用于环回测试
全 0		代表所有网络，常用于指定默认路由
全 1		全网广播地址，代表所有节点

主机号部分全为 0 的 IP 地址称为网络地址，用于标识一个网段，如 1.0.0.0/8、10.0.0.0/8、192.168.1.0/24 等。

主机号部分全为 1 的 IP 地址是网段广播地址，用于标识一个网络内的所有主机。例如，10.255.255.255 是网络 10.0.0.0 内的广播地址，表示网络 10.0.0.0 内的所有主机，一个发往 10.255.255.255 的 IP 包将会被该网段内的所有主机接收。

网络号为 127 的 IP 地址用于环路测试，如 127.0.0.1 通常表示"本机"。

IP 地址 0.0.0.0 代表所有的网络，通常用于指定默认路由。

IP 地址 255.255.255.255 是全网广播地址，代表所有的主机，用于向网络的所有节点发送数据包。

如上所述，每一个网段都会有一个网络地址和一个网段广播地址，因此实际可用于主机的地址数等于网段内的全部地址数减 2。

各类 IP 地址的实际可用地址范围如下：

(1) A 类：1.0.0.0～126.255.255.255。

(2) B 类：128.0.0.0～191.255.255.255。

(3) C 类：192.0.0.0～223.255.255.255。

(4) D 类：224.0.0.0～239.255.255.255。

(5) E 类：240.0.0.0～255.255.255.255。

任务实施

由于 IP 地址 192.168.10.1 属于 C 类地址范围 192.0.0.0～223.255.255.255 内，因此此 IP 地址为 C 类 IP 地址。

总结与提高

IP 地址结构：IP 地址在进行编址时采用两级结构的表示方法，每个 IP 地址被分为前后两部分，前半部分称为网络号，用来表示一个物理网络；后半部分称为主机号，用来表示该网络中的一台主机。

IP 地址分类：IP 地址被划分为 5 类——A 类、B 类、C 类、D 类和 E 类。每类地址的网络号和主机号在 32 bit 地址中占用的位数各不相同，所以包含的主机数也不一样。

练习与巩固

1. 255.255.255.224 可能代表的是(   )。

A. 一个 B 类网络号　　　　　　　　　B. 一个 C 类网络中的广播

C. 一个具有子网的网络掩码　　　　　D. 以上都不是

2. IP 地址包含(   )。

A. 网络号　　　　　　　　　　　　　B. 网络号和主机号

C. 网络号和 MAC 地址　　　　　　　D. MAC 地址

3. 试计算 A 类、B 类、C 类、D 类、E 类网络中可以包含多少台主机？

任务 3.2　划分 IP 子网

学习目标

1. 知识目标

(1) 掌握子网划分需求。

(2) 掌握子网掩码的概念。

(3) 掌握子网划分相关计算。

2. 能力目标

(1) 能够根据需求划分子网。

(2) 能够正确进行子网划分。

3. 素质目标

(1) 培养严谨细心的学习习惯。

(2) 培养精益求精的工作态度。

任务描述

(1) 已知一个 C 类网络划分成子网后为 192.168.3.192，子网掩码为 255.255.255.248，计算该子网内可供分配的主机数量。

(2) 将 B 类网络 168.195.0.0 划分成若干子网，要求每个子网内可配备 500 台主机，试划分子网。

(3) 将 B 类网络 168.195.0.0 划分为 40 个子网，每个子网包括尽可能多的主机，试划分子网。

知识引导

1. 子网划分需求

Internet 组织机构将 IP 地址划分为 A、B、C、D、E 5 类。其中，A 类网络有 126 个，每个 A 类网络可能有 16 777 214 台主机，它们处于同一广播域。而在同一广播域中有这么多节点是不可能的，网络会因为广播通信而饱和，结果造成 16 777 214 个地址大部分没有分配出去。因此，可以把基于每类的 IP 网络进一步分成更小的网络，每个子网由路由器界定并分配一个新的子网网络地址，子网地址是借用基于每类的网络地址的主机部分创建的。

当对一个网络进行子网划分时，基本上就是将其分成小的网络。例如，当一组 IP 地址指定给一个公司时，公司可能将该网络"分割成"小的网络，每个部门一个网络。这样，技术部门和管理部门都可以有属于它们自己的小网络。通过划分子网，用户可以按照自己的需要将网络分割成小网络，也有助于降低流量和隐藏网络的复杂性。

子网划分的目的如下：

(1) 节约 IP 地址，避免浪费。

(2) 限定广播的传播。

(3) 保证网络的安全。

(4) 有助于覆盖大型地理区域。

2. IP 子网及子网掩码

如图 1-3-3 所示，划分子网的方法是从 IP 地址的主机号部分借用若干位作为子网号 (Subnet-number)，剩余位作为主机号。于是两级的 IP 地址就变为三级的 IP 地址，包括网络号、子网号和主机号。这样，拥有多个物理网络的机构可以将所属的物理网络划分为若干个子网。

网络号	子网号	主机号

图 1-3-3　子网划分

子网划分属于一个组织的内部事务。外部网络可以不必了解机构内由多少个子网组成，因为该机构对外仍可以表现为一个没有划分子网的网络。从其他网络发送给本机构某个主机的数据，可以仍然根据原来的选路规则发送到本机构连接外部网络的路由器(要求具有识别子网的能力)上。此路由器接收到 IP 数据包后，再按网络号及子网号找到目的子网，将 IP 数据包交付给目的主机。

如果一个物理网络没有被划分子网，则该网络就要用默认的子网掩码。在默认的子网掩码中，1 的长度和网络号的长度相同，0 的长度和主机号的长度相同。A 类、B 类、C 类 IP 地址对应的默认子网掩码如表 1-3-2 所示。

表 1-3-2　默认子网掩码

IP 地址类型	二进制形式	点分十进制形式
A 类	11111111 00000000 00000000 00000000	255.0.0.0
B 类	11111111 11111111 00000000 00000000	255.255.0.0
C 类	11111111 11111111 11111111 00000000	255.255.255.0

如果一个 IP 地址被划分了子网，那么区分子网地址和主机地址就需要利用子网掩码来完成。

子网掩码是一个 32 bit 的二进制数，其每一位与 IP 地址一一对应。如果 IP 地址中的某一位对应的子网掩码是 1，那么该位就属于网络号部分或子网号部分；反之，IP 地址中的某一位对应的子网掩码是 0，那么该位就属于主机号部分，如图 1-3-4 所示。通过 IP 地址所属的种类和子网掩码相结合，就可以判断出该 IP 地址的每个部分。

图 1-3-4　子网掩码与 IP 地址

注意：子网掩码中的 0 和 1 都是连续出现的，不能有 0、1 交替出现的方式。

子网掩码的表示形式有 3 种：二进制形式、点分十进制形式和斜杠形式。其中，二进制形式就是将子网掩码用 32 bit 二进制数表示出来；点分十进制形式和 IP 地址的点分十进制形式类似，每 8 bit 子网掩码转换成十进制数，中间用小数点隔开；斜杠形式是指在 IP 地址后面划一个斜杠，在斜杠后面写出子网掩码中 1 的个数，如 192.168.10.25 的子网掩码为 255.255.255.240，可以写作 192.168.10.25/28。

将默认子网掩码和不划分子网的 IP 地址进行逐位逻辑与运算，就能得出该 IP 地址的网络地址，在划分子网的情况下其也称为子网地址。将子网地址的主机号全置为 1，就是子网的广播地址。

3. 子网划分计算

1) 计算子网内可用地址数

如果子网的主机号位数为 N，那么该子网中可用的主机数目为 2^N-2 个，减去 2 是因为主机号为全 0 和全 1 的主机地址不可用。当主机号全为 0 时，表示该子网的网络地址；当主机号全为 1 时，表示该子网的广播地址。

2) 根据主机地址数划分子网

在子网划分计算中，有时需要在已知每个子网内需要容纳的主机数量的前提下划分子网。要想知道如何划分子网，就必须知道划分子网后的子网掩码，那么该问题就变成了求子网掩码。此类问题的计算方法如下：

(1) 计算网络主机号的位数。假设每个子网需要划分出 Y 个 IP 地址，那么当 Y 满足公式 $2^N{\geqslant}Y+2{\geqslant}2^{N-1}$ 时，N 就是主机号的位数。其中，$Y+2$ 是因为需要考虑主机号为全 0 和全 1 的情况。

(2) 计算子网掩码的位数。计算出主机号位数 N 后，可得出子网掩码位数为 $32-N$。

(3) 根据子网掩码的位数计算子网号的位数 M，$M=$ 子网掩码位数 − 网络号位数 $=32-N-$ 网络号位数。如果是 A 类地址，则网络号是 8 位；如果是 B 类地址，则网络号是 16 位；如果是 C 类地址，则网络号是 24 位。之后，就能计算出该子网有 2^M 种划分法，具体的子网地址也可以很容易地算出。

3) 根据子网数划分子网

在子网划分计算中，有时要在已知需要划分子网数量的前提下划分子网。当然，这类划分子网问题的前提是每个子网需要包括尽可能多的主机，否则该子网划分就没有意义。因为如果不要求子网包括尽可能多的主机，那么子网号位数可以随意划分成很大，而不是最小的子网号位数，这样就浪费了大量的主机地址。

要划分子网，就必须知道划分子网后的子网掩码，故需要计算子网掩码。

根据子网数划分子网的计算方法如下：

(1) 计算子网号的位数。假设需要划分 X 个子网，每个子网包括尽可能多的主机地址，那么当 X 满足公式 $2^M{\geqslant}X{\geqslant}2^{M-1}$ 时，M 就是子网号的位数。

(2) 由子网号位数计算出子网掩码，划分出子网。

任务实施

(1) 要计算可供分配的主机数量，就必须知道主机号的位数。其计算过程如下：

① 计算掩码的位数。将十进制掩码 255.255.255.248 换算为二进制掩码 11111111.11111111.11111111.11111000，掩码的位数为 29。

② 计算主机号位数。主机号位数 $N=32-29=3$，该子网可用的主机地址数量为 $2^N-2=8-2=6$(个)。

③ 可用地址数如下：

192.	168.	3.	192
11000000	10101000	00000011	11000000

由于主机号的位数为 3，因此 192 的后 3 位需要进行列举，具体如下：

11000000	10101000	00000011	11000001
11000000	10101000	00000011	11000010
11000000	10101000	00000011	11000011
11000000	10101000	00000011	11000100
11000000	10101000	00000011	11000101
11000000	10101000	00000011	11000110

所以，6 个可用主机地址分别为 192.168.3.193、192.168.3.194、192.168.3.195、192.168.3.196、192.168.3.197、192.168.3.198。

由于地址 192.168.3.192 为整个子网的地址，而 192.168.3.199 为该子网的广播地址，因此二者都不能分配给主机使用。

(2) 需要将 B 类 168.195.0.0 划分成若干子网，要求每个子网内的主机数为 500 台，计算过程如下：

① 按照子网划分要求，每个子网的主机地址数为 $Y=500$。

② 计算网络主机号，根据公式 $2^N \geqslant Y + 2 \geqslant 2^{N-1}$，计算出 $N = 9$。

③ 子网掩码的位数为 $32 - 9 = 23$，子网掩码为 11111111.11111111.11111110.00000000，即 255.255.2540。

根据子网掩码位数可知子网号位数为 7，该网络能够划分 2^7 个子网，这些子网分别如下：

$$10101000 \quad 11000011 \quad 00000000 \quad 00000000$$
$$10101000 \quad 11000011 \quad 00000010 \quad 00000000$$
$$10101000 \quad 11000011 \quad 00000100 \quad 00000000$$
$$\vdots$$
$$10101000 \quad 11000011 \quad 11111110 \quad 00000000$$

所以，这些子网为 168.195.0.0、168.195.2.0、168.195.4.0、…、168.195.254.0。

(3) 将 B 类网络 168.195.0.0 划分为 40 个子网，每个子网包括尽可能多的主机，计算过程如下：

① 按照子网划分要求，需要划分的子网数 $X = 40$。

② 根据公式 $2^M \geqslant X \geqslant 2^{M-1}$，计算出子网号的位数 $M = 6$。

③ 子网掩码的位数为 $16 + 6 = 22$，子网掩码为 255.255.252.0。

④ 由于子网号位数为 6，因此 B 类网络 168.195.0.0 总共能划分 64 个子网，分别如下：

$$10101000 \quad 11000011 \quad 00000000 \quad 00000000$$
$$10101000 \quad 11000011 \quad 00000100 \quad 00000000$$
$$10101000 \quad 11000011 \quad 00001000 \quad 00000000$$
$$\vdots$$
$$10101000 \quad 11000011 \quad 11111100 \quad 00000000$$

所以，这些子网为 168.195.0.0、168.195.4.0、168.195.8.0、…、168.195.252.0，任取其中 40 个子网即可满足要求。

📖 总结与提高

划分子网的方法是从 IP 地址的主机号部分借用若干位作为子网号，剩余的位作为主机号。因此，两级 IP 地址就变为三级 IP 地址，包括网络号、子网号和主机号。这样，拥有多个物理网络的机构可以将所属的物理网络划分为若干个子网。

计算子网掩码的位数：将十进制子网掩码换算成二进制，得出子网掩码位数 M，即 1 的总数。

计算网络主机号的位数：假设每个子网要划分出 Y 个主机，那么当 Y 满足 $2^{N-1} \leqslant Y + 2 \leqslant$

2^N 时，N 就是主机号的位数。

计算子网号的位数：假设要划分出 X 个子网，那么当 X 满足 $2^{M-1} \leqslant X \leqslant 2^M$ 时，M 就是子网号的位数。

练习与巩固

1. 子网掩码为 255.255.0.0，下列 IP 地址中(　　)不在同一网段中。

A. 172.25.10.1　　　　　　　　　B. 172.25.9.3

C. 172.26.10.2　　　　　　　　　D. 172.25.10.8

2. 一个子网网段地址为 5.32.0.0、子网掩码为 255.224.0.0 网络，其允许的最大主机地址是(　　)。

A. 5.32.254.254　　　　　　　　B. 5.32.255.254

C. 5.63.255.254　　　　　　　　D. 5.63.255.255

3. IP 地址 132.119.100.200 的子网掩码是 255.255.255.224，那么其所在的 IP 子网地址是(　　)。

A. 132.119.100.0　　　　　　　B. 132.119.100.192

C. 132.119.100.193　　　　　　D. 132.119.100.128

4. DNS 能够完成域名到 IP 地址的解析工作，能够提供具体域名映射权威信息的服务器肯定是(　　)。

A. 本地域名服务器　　　　　　B. 主域名服务器

C. 根域名服务器　　　　　　　D. 授权域名服务器

5. 给定 IP 地址 167.77.88.99 和子网掩码 255.255.255.192，试计算子网号、广播地址和有效 IP 地址。

6. 某机构分到一个 C 类地址 200.68.10.0，该机构需要划分 6 个子网。试划分子网，计算子网地址、子网掩码及每个子网中的主机地址范围。

拓展阅读

打通沙漠深处"最后一公里"：电信网络通达绿洲尽头

达里亚博依乡位于中国最大的"死亡之海"塔克拉玛干沙漠腹地 238 km 处，有 1500 年的历史，被外界称为"沙漠第一村"。因为达里亚博依乡地处沙漠深处，自然条件艰苦，交通通信不便，所以生活在这里的克里雅人在 300 多年间一直过着与世隔绝的生活，直到 20 世纪 50 年代才被人发现。2016 年，为实现脱贫攻坚的目标，达里亚博依乡通过牧民定居和扶贫搬迁项目，将村民分批搬迁至自然条件更好的新村，老村里只留下了少部分故土难离的人们，他们以放牧为生。由于达里亚博依乡老村地处偏远，通信基础设施相对落后，因此给当地村民的日常生活带来了许多不便和困难。

作为和田信息化建设主力军，中国电信新疆和田分公司压实责任，敢"啃"硬骨头，将达里亚博依乡老村的网络扶贫工作放在重中之重，组织工程技术人员与当地政府现场沟通，准确了解覆盖需求，制定实施方案，并于 2021 年 12 月 1 日组织工程人员 10 余人，车辆 2 台进驻达里亚博依乡。达里亚博依乡老村地处沙漠腹地，地质条件复杂，施工难度较大，行路困难且路程遥远，如果遇到沙尘天气，还会有迷路的风险，中国电信新疆和田分公司应急建设团队只能穿越无人区，踏上没有地图可指示的路，克服时间紧迫、行路难、恶劣天气、施工难度大等困难，加班加点进行基站建设。在短短两天内，他们就攻克地理条件难关和通信技术难关，开通 C 网基站一座，并于 12 月 2 日完成建设任务并调测成功。经过专业测试后，通信网络质量优质，覆盖距离超过 15 km，让生活在这世外桃源的克里雅人也过上了通信便利的生活。伴随着通信升级，克里雅人正在兴奋地拥抱现代文明。

中国电信新疆和田分公司持续践行"人民邮电为人民"初心使命，结合"我为群众办实事"实际发力，提升为人民群众办实事、解难题的能力，取得了实实在在的效果，充分体现了国企、央企对偏远地区的关心，充分发挥了"信息化建设主力军"作用，助力精准扶贫工作取得阶段性成果，为提升人民群众的获得感、幸福感、安全感不懈奋斗。

第 2 部分
网络设备基础

2

　　网络设备是用于将各类服务器、PC、应用终端等节点相互连接，构成信息通信网络的专用硬件设备，包括信息网络设备、通信网络设备、网络安全设备等。常见的网络设备有交换机(Switch)、路由器(Router)、防火墙、集线器、网关、VPN(Virtual Private Network，虚拟专用网络)服务器、网络接口卡(Network Interface Card，NIC)、无线接入点(Wireless Access Point，WAP)、调制解调器、5G 基站、光端机、光纤收发器、光缆等。

　　广义上，接入网络的设备都可以称为网络设备，如网络计算机(无论其为个人电脑或服务器)、网络打印机、网络摄像头、RTU(Remote Terminal Unit，远程终端单元)、智能手机等。

　　本部分主要以交换机和路由器为主，介绍如何利用它们组建网络，并进行相应的配置，实现一定的网络功能。

　　交换机也称网桥，意为"开关"，是一种用于电(光)信号转发的网络设备。交换机可以为接入交换机的任意两个网络节点提供独享的电信号通路。最常见的交换机是以太网交换机，其他常见的还有电话语音交换机、光纤交换机等。

　　交换机根据工作位置的不同，可以分为广域网交换机和局域网交换机。广域网交换机是一种在通信系统中完成信息交换功能的设备，应用在数据链路层。交换机有多个端口，每个端口都具有桥接功能，可以连接一个局域网或一台高性能服务器或工作站。实际上，交换机有时被称为多端口网桥。

　　网络交换机是一个扩大网络的设备，能为子网络提供更多的连接端口，以便连接更多的计算机。网络交换机具有性价比高、高度灵活、相对简单和易于实现等特点。随着通信业的发展以及国民经济信息化的推进，网络交换机市场呈稳步上升态势。以太网技术已成为当今最重要的一种局域网组网技术，网络交换机也因此成为最普及的交换机。

　　路由器是连接两个或多个网络的硬件设备，在网络间起网关的作用，是读取每一个数据包中的地址并决定如何传送的专用智能性的网络设备。路由器能够理解不同的协议，如某个局域网使用的以太网协议、Internet 使用的 TCP/IP 协议等，从而可以分析各种不同类型网络传来的数据包的目的地址，把非 TCP/IP 网络的地址转换成 TCP/IP 地址，或者反之；再根据选定的路由算法，把各数据包按最佳路线传送到指定位置。所以，路由器可以把非 TCP/IP 网络连接到 Internet 上。

　　本部分介绍交换机和路由器的相关知识，以及这两种设备的基本配置命令。

项目4　交换机基础配置

任务 4.1　软 件 安 装

学习目标

1. 知识目标

(1) 了解 HCL 软件的功能和使用步骤。

(2) 了解 Oracle VM VirtualBox 软件的使用步骤。

(3) 了解 SecureCRT 9.0 软件的功能和连接方式。

2. 能力目标

(1) 能够熟练安装华三网络设备模拟软件 HCL。

(2) 能够熟练安装虚拟机软件 Oracle VM VirtualBox。

(3) 能够熟练安装终端软件 SecureCRT 9.0。

3. 素质目标

(1) 培养勇于动手操作软件的能力。

(2) 培养遇到困难不气馁的精神。

任务描述

在学习本部分,乃至本课程的教学任务过程中,主要会用到华三的模拟器 HCL、Oracle 公司的虚拟机软件 VirtualBox 以及终端调试软件 SecureCRT 9.0。

知识引导

1. HCL 模拟器简介

HCL 华三云实验室是新华三集团推出的功能强大的界面图形化全真网络设备模拟软件,用户通过该软件可以实现 H3C 公司多种型号设备的虚拟组网、配置和调试。该软件具备友好的图形界面,可以模拟路由器、交换机、防火墙等网络设备及 PC 的全部功能,用户可以使用它在个人电脑上搭建虚拟化的网络环境，是学习、测试基于 H3C 公司 Comware V7 平台的网络设备的必备工具。HCL 模拟器的初始界面如图 2-4-1 所示。

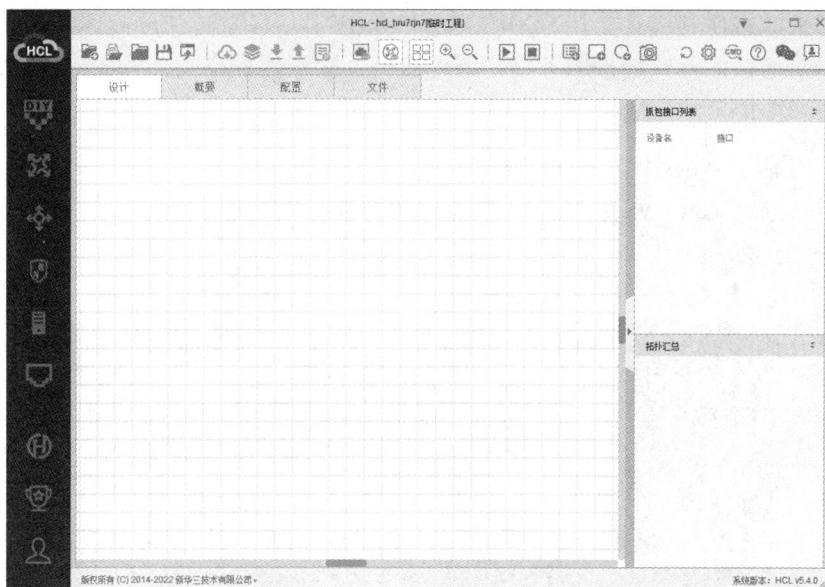

图 2-4-1　HCL 模拟器的初始界面

2. Oracle VM VirtualBox 简介

Oracle VM VirtualBox 是功能非常强大的免费虚拟机软件，不仅具有丰富的特色功能，而且性能也很优异。Oracle VM VirtualBox 简单易用，可虚拟的操作系统包括 Windows(从 Windows 3.1 到 Windows 10、Windows Server 2012，所有的 Windows 操作系统都支持)、Mac OS X、Linux、OpenBSD、Solaris、IBM OS2、Android 等。Oracle VM VirtualBox 运行首页如图 2-4-2 所示。

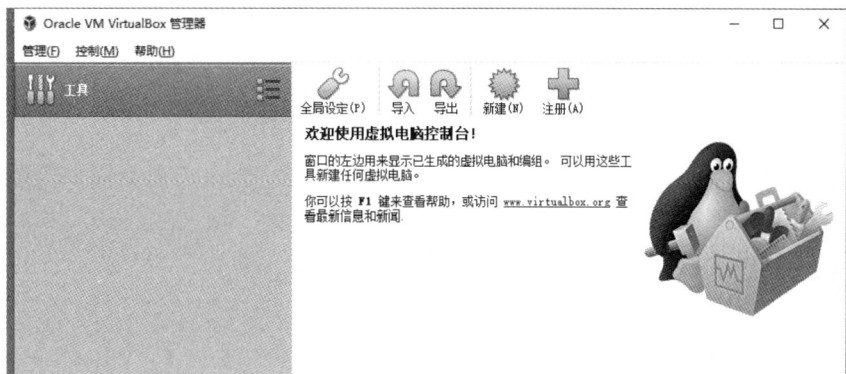

图 2-4-2　Oracle VM VirtualBox 运行首页

Oracle VM VirtualBox 可以安装在 32 bit 和 64 bit 操作系统上。在 32 bit 主机操作系统上运行 64 bit 的虚拟机是可以的，但必须在主机的 BIOS(Basic Input/Output System，基本输入/输出系统)中启用硬件虚拟化特性。

3. SecureCRT 9.0 简介

SecureCRT 是美国 Vandyke 软件公司推出的一款用于连接运行包括 Windows、UNIX

和 VMS 在内的终端仿真程序。简单来说，SecureCRT 就是可以在 Windows 环境下登录 UNIX 或 Linux 服务器主机的软件。SecureCRT 提供了安全可靠的远程访问和文件传输功能，使用起来非常便利；且支持 SSH(SSH1 和 SSH2)以及串口、Telnet 和 Rlogin 等协议，能够通过建立连接的方式连接服务器，通过服务器实现远程操控。SecureCRT 9.0 运行界面如图 2-4-3 所示。

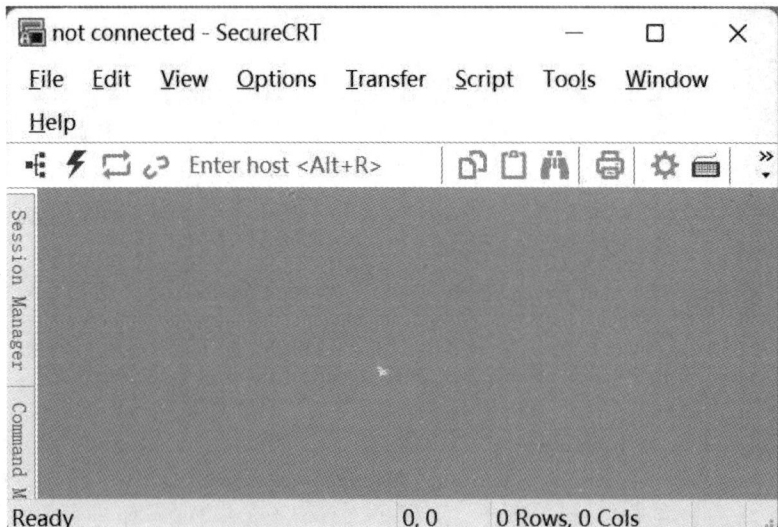

图 2-4-3　SecureCRT 9.0 运行界面

4. 安装建议

(1) Windows 11 操作系统和 Windows 10 操作系统的 22H2 及以上版本，建议安装 HCL 5.4.0 及以上版本，使用自带 VirtualBox 6.0.14 或者 VirtualBox 6.1.48。

(2) Windows 10 及以下操作系统，建议优先安装 HCL 2.1.1 版本，VirtualBox 推荐 4.2.24 或 5.1.30 版本。

(3) HCL 官网可以选择下载多种版本。

(4) VirtualBox 6.1.x 官网同样可以选择下载多种版本，建议尽量选择高版本，以与 HCL 的高版本适配。

(5) SecureCRT 官网只提供最新的版本，包括 64 bit 和 32 bit 两种，用户可以选择适合 Windows、MAC 或者 Linux 操作系统的版本。

📝 任务实施

下面以在 Window 10 操作系统(22H2 版本)中安装 HCL 5.10.1、VirtualBox 6.1.50 和 SecureCRT 9.0 为例，演示整个安装步骤。

安装时应注意，计算机系统的用户名应用英文或者拼音，这样软件的安装路径中就不会出现中文或者其他乱码字符。

1. HCL 5.10.1 安装步骤

在 HCL 官网中下载需要的 HCL 版本，下面以 HCL 5.10.1 为例进行介绍。

(1) 双击 HCL_v5.10.1-Setup 安装包图标，弹出图 2-4-4 所示的"安装语言"对话框，选择安装语言，默认是"简体中文"，单击"OK"按钮。

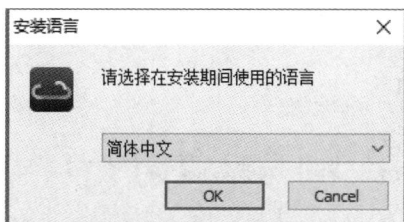

图 2-4-4　选择安装语言

(2) 弹出安装向导的欢迎界面，如图 2-4-5 所示，单击"下一步"按钮。

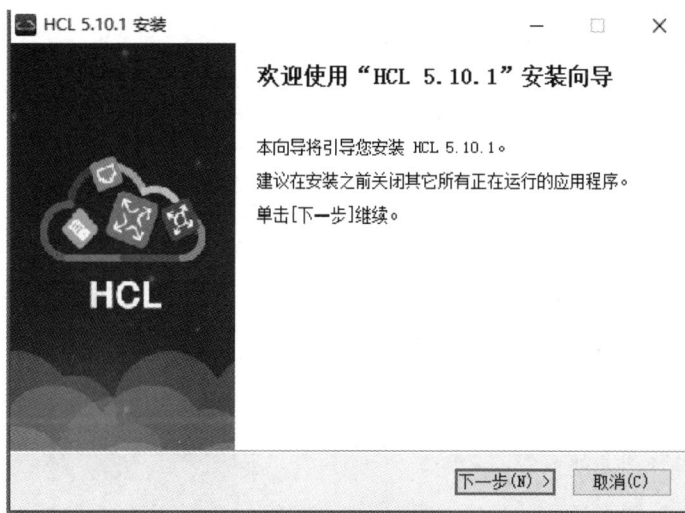

图 2-4-5　欢迎界面

(3) 弹出"许可证协议"对话框，如图 2-4-6 所示。通过下拉滚动条查看软件许可协议，选中"我接受'许可证协议'中的条款"单选按钮，单击"下一步"按钮。

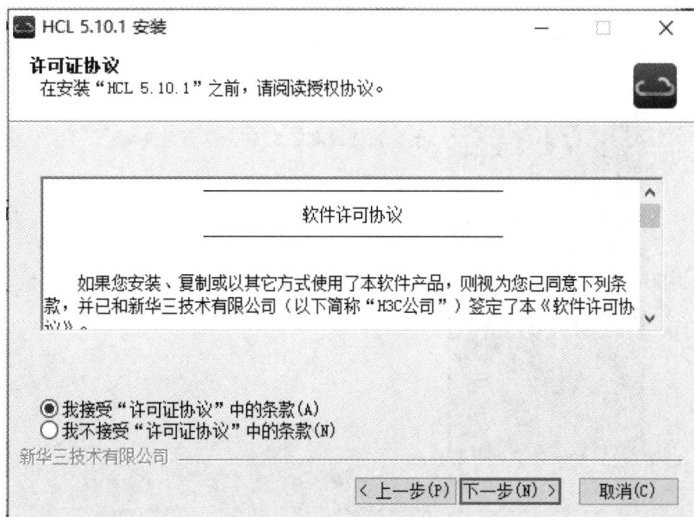

图 2-4-6　接受协议条款

(4) 选择软件的安装位置，如图 2-4-7 所示，单击"下一步"按钮。如果想修改安装路径，建议读者只修改盘符(默认是 C 盘)，不要修改其他文件夹名称。

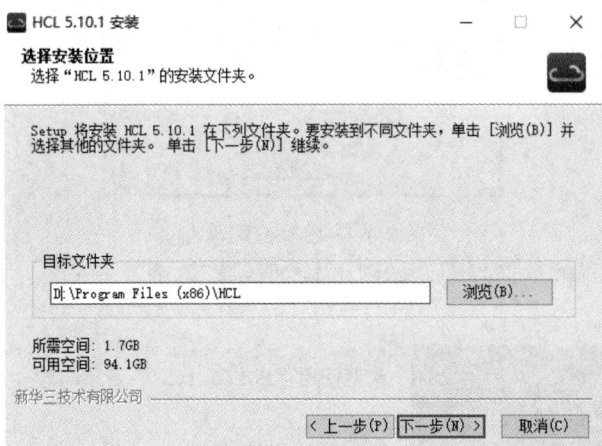

图 2-4-7　选择安装位置

(5) 取消选中"VirtualBox-6.0.14"复选框，单击"安装"按钮，如图 2-4-8 所示。

图 2-4-8　取消选中"VirtualBox-6.0.14"复选框

(6) 弹出安装完成界面，如图 2-4-9 所示，单击"完成"按钮，关闭对话框，结束安装。

图 2-4-9　安装完成

2. VirtualBox 安装步骤

在 VirtualBox 下载需要的 VirtualBox 版本，下面以 VirtualBox 6.1.50 为例进行介绍。

(1) 双击 VirtualBox-6.1.50-161033-Win 安装包图标，弹出图 2-4-10 所示的 VirtualBox 安装向导欢迎界面，单击"下一步"按钮。

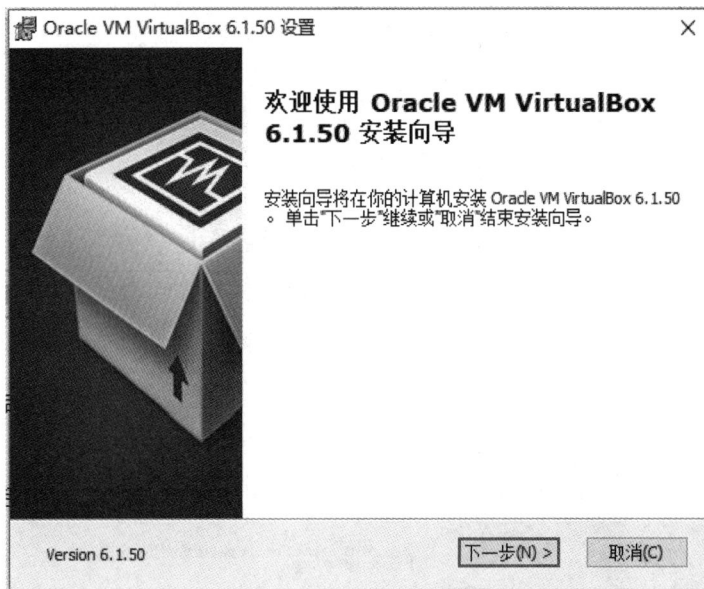

图 2-4-10　欢迎界面

(2) 选择安装位置，这里为 D 盘，如图 2-4-11 所示，单击"下一步"按钮。如果想改变安装路径，单击"浏览"按钮，在弹出的修改路径对话框中进行修改即可，此处同样建议只修改盘符(默认是 C 盘)。

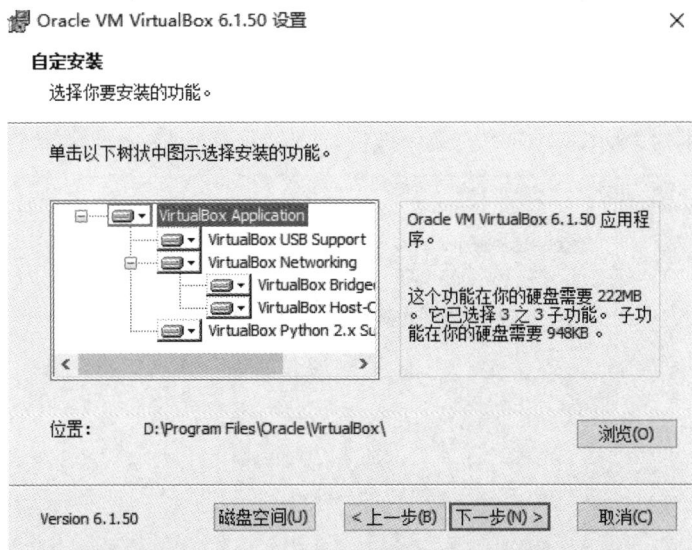

图 2-4-11　选择安装位置

(3) 如图 2-4-12 所示，选择要安装的功能(也可以全部选中)，单击"下一步"按钮。

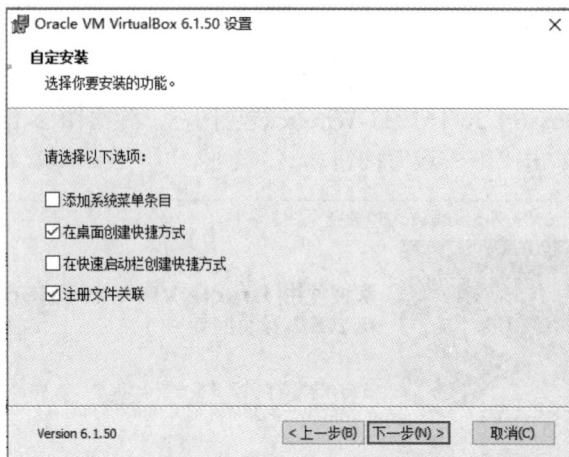

图 2-4-12　选择要安装的功能

(4) 弹出警告界面，如图 2-4-13 所示，提示在 VirtualBox 安装期间会短暂地断开网络，单击"是"按钮。

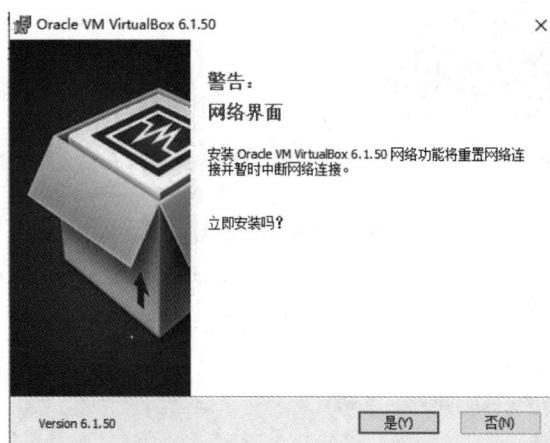

图 2-4-13　网络临时断开警告界面

(5) 如图 2-4-14 所示，单击"安装"按钮，开始正式安装。

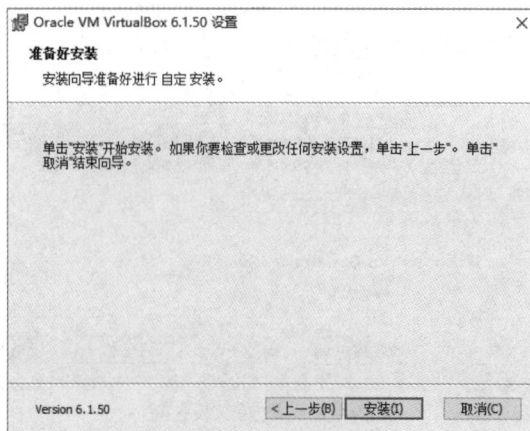

图 2-4-14　准备好安装

(6) 如图 2-4-15 所示，安装向导提示已经完成安装，可以选中"安装后运行 Oracle VM VirtualBox 6.1.50"复选框，或者不运行 Oracle VM VirtualBox 6.1.50，单击"完成"按钮，关闭向导。

图 2-4-15　安装完成

3. SecureCRT 9.0 安装步骤

在 SecureCRT 官网下载需要的 SecureCRT 版本，下面以 SecureCRT 9.0 为例进行介绍。

(1) 以管理员身份运行"scrt-sfx-x64.9.0.0.2430.exe"程序文件，如图 2-4-16 所示。

图 2-4-16　运行程序文件

(2) 如图 2-4-17 所示，解压，开始提取文件。

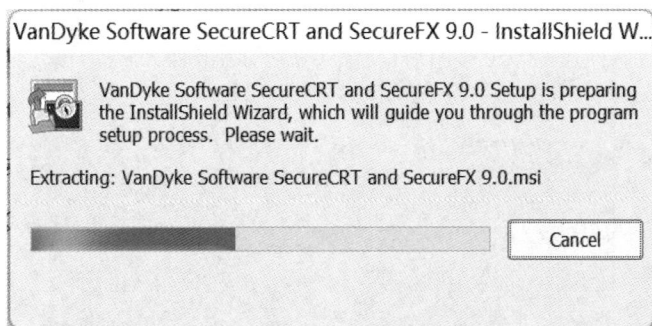

图 2-4-17　解压

(3) 进入安装向导的欢迎界面，如图 2-4-18 所示，单击"Next"按钮。

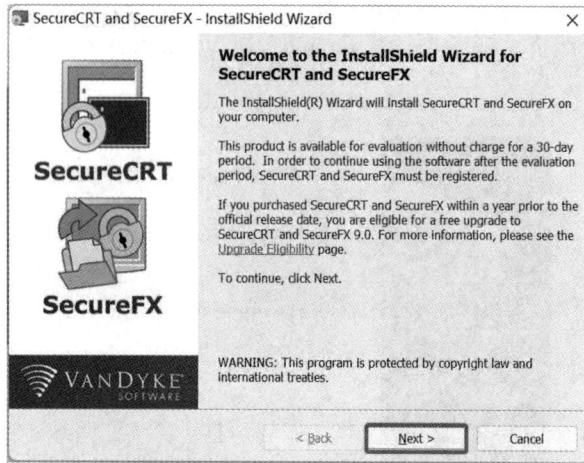

图 2-4-18　欢迎界面

(4) 接受许可证协议，如图 2-4-19 所示，单击"Next"按钮。

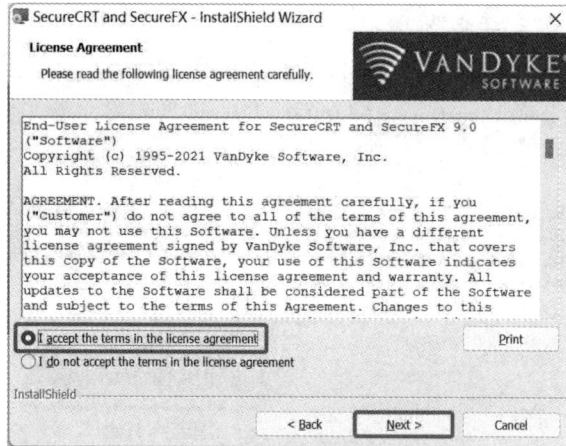

图 2-4-19　接受许可证协议

(5) 选择通用(或者个人)的配置文件，如图 2-4-20 所示，单击"Next"按钮。

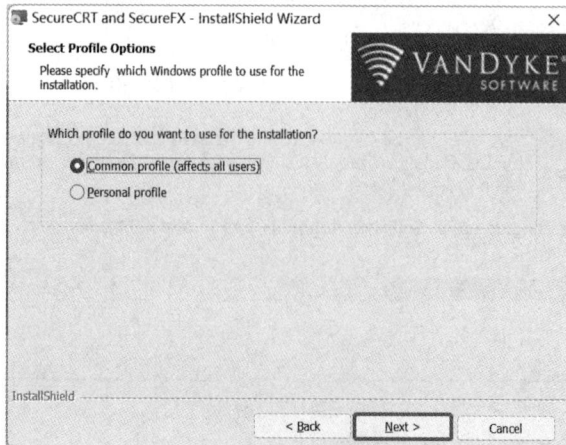

图 2-4-20　选择配置文件

(6) 选择私人定制安装，或者全部安装，图 2-4-21 所示为私人定制安装。

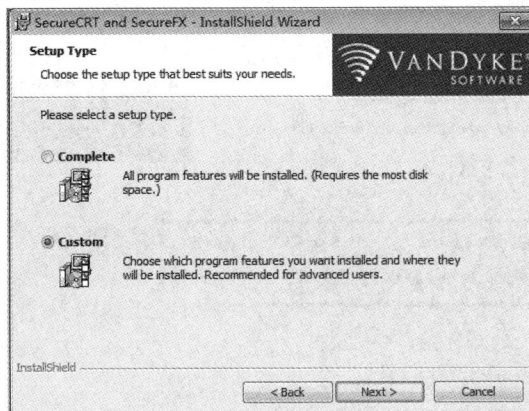

图 2-4-21　选择私人定制安装

(7) 选择安装 SecureCRT 或者 Secure FX，或者全部安装，如图 2-4-22 所示，单击"Next"按钮。如果想修改安装路径，可以在此处进行修改。

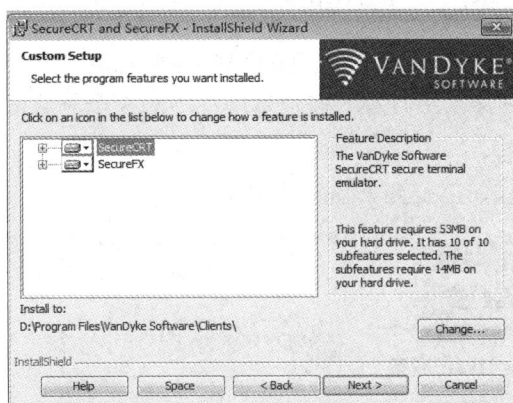

图 2-4-22　选择安装内容以及修改路径

(8) 弹出图 2-4-23 所示的界面，展示之前选择的一些选项。如果之前的选项有误，可以单击"Back"按钮退回修改；如果确定无误，则单击"Install"按钮进行安装。

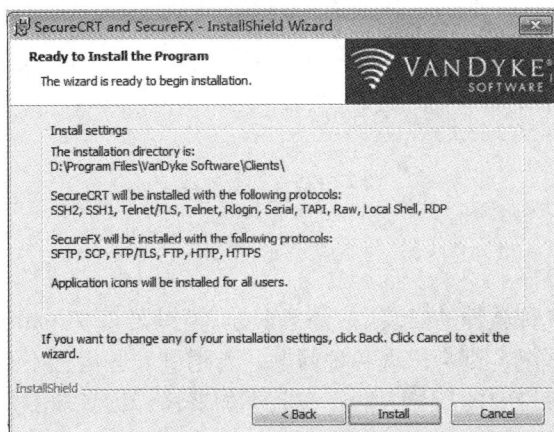

图 2-4-23　安装相关设置

(9) 选中图 2-4-24 所示的两个复选框，创建程序组，并在桌面上创建两个快捷图标，单击"Next"按钮。

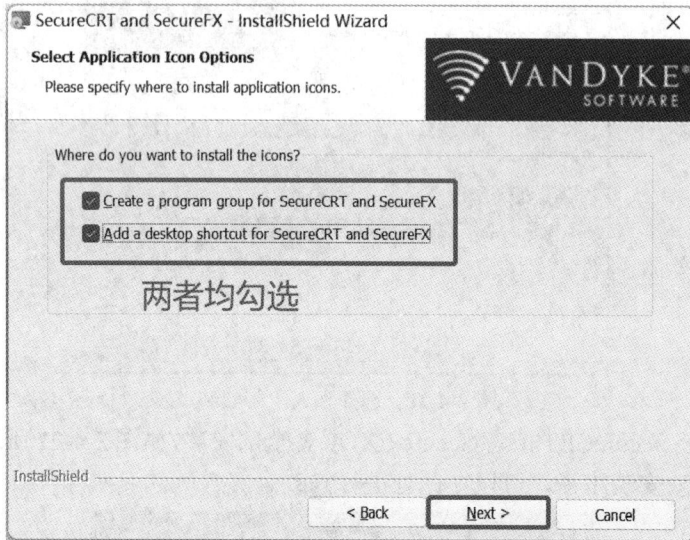

图 2-4-24 创建程序图标和桌面图标

(10) 安装完成，如图 2-4-25 所示，取消选中图中的 3 个复选框，单击"Finish"按钮，完成安装。

图 2-4-25 安装完成

总结与提高

本任务主要完成 3 种软件的安装。应注意 HCL 模拟器和 VirtualBox 两种软件的搭配版本，如果两者版本不匹配，则会出现各种问题。若遇到一些运行不正常的问题，可以去网络搜索，其中会有很多专业的指导方法，在此不加赘述。读者需多加练习软件安装，如此才能理解各安装步骤的含义。

练习与巩固

1. 到华三官网下载最新版的 HCL 安装包，参考本任务介绍的步骤，完成 HCL 模拟器的安装与配置。

2. 从 VirtualBox 官网下载最新版的 VirtualBox 安装包，参考本任务介绍的步骤，完成 VirtualBox 的安装与配置。

3. 登录 SecureCRT 官网，下载 SecureCRT 最新版本，并参考本任务介绍的步骤，完成 SecureCRT 的安装和配置。

任务 4.2　交换机基本配置

学习目标

1. 知识目标

(1) 掌握交换机的工作原理。

(2) 掌握交换机的配置步骤。

2. 能力目标

(1) 能够查验各种交换机的系统功能、系统信息、性能指标和配置参数。

(2) 能够通过 Console 口连接网络设备并完成基本配置。

3. 素质目标

(1) 培养自主学习的能力。

(2) 培养团队合作的能力。

任务描述

某公司的网络工程师负责公司局域网的运行、维护和管理。现因业务发展，公司需要新增网络节点。公司新购了若干台交换机和路由器，该网络工程师负责对交换机进行验收，包括查验交换机的系统功能、系统信息、性能指标和配置参数，并用命令行界面对交换机进行基本配置。在对交换机或者路由器进行查验和配置之前，首先要将网络设备(交换机或者路由器)和 PC(终端)进行本地连接。使用专用的 Console 线缆，连接 PC(串口或者 USB 转串口)和网络设备的管理口(Console 口)，如图 2-4-26 所示。

图 2-4-26　通过 Console 口本地访问网络设备

📝 **知识引导**

在介绍交换机的工作原理之前，首先复习几个知识点。

(1) MAC 地址是二层网络的物理地址，也称为局域网地址(LAN Address)、以太网地址(Ethernet Address)或物理地址(Physical Address)，它是一个用来唯一确认网络设备位置的地址。MAC 地址用于在网络中唯一标识一个网卡、一台设备。若有一个或多个网卡，则每个网卡都需要并会有一个唯一的 MAC 地址。要想得到网卡的精确位置，只能通过二层 MAC 地址来确定。

(2) MAC 地址表是二层交换机中的数据库，用来转发二层数据帧。

(3) MAC 地址形成方式有 3 种：动态表项、静态表项和黑洞表项。

① 动态表项：通过自学习而得。

② 静态表项：通过人工绑定而得。

③ 黑洞表项：通过人工绑定而得，过滤非法用户。

1. 交换机的工作原理

通常所说的交换机一般指二层交换机，二层交换机工作于数据链路层。在数据链路层传输的基本单位为帧(frame)，每一帧包括一定数量的数据和一些必要的控制信息，其中控制信息主要包括源 MAC 地址、目的 MAC 地址、高层协议标识和差错校验信息。二层交换机可以识别数据帧中的 MAC 地址信息，并根据 MAC 地址进行转发。图 2-4-27 所示为 H3C 公司的交换机。

S5820V2-54QS-GE

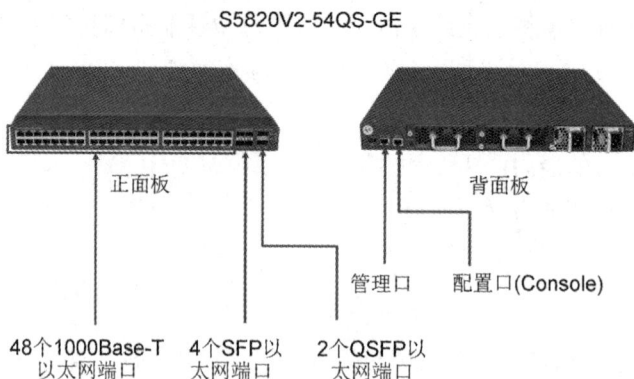

图 2-4-27　H3C 公司的交换机

交换机的作用主要有两个：① 维护 CAM(Context Address Memory，内容可寻址寄存器)表，该表是交换机端口连接设备的 MAC 地址和交换机端口的映射表；② 根据 CAM 表进行数据帧的转发。

注意，MAC 地址表和 CAM 表的区别如下：

(1) MAC 地址存放的位置是内存，而 CAM 表存放的位置是 CAM 芯片。

(2) CAM 表使用 CAM 芯片直接调用，而 MAC 地址表由 CPU 调用。

(3) CAM 表用来查看硬件设备匹配与不匹配，而 MAC 地址是给用户看的。

所以，当看到 CAM 表时，用户可以将其理解为 MAC 地址表。

交换机的 MAC 地址表学习过程如下：

(1) 交换机刚启动时，MAC 地址表内无表项，是一张空表，如图 2-4-28 所示。

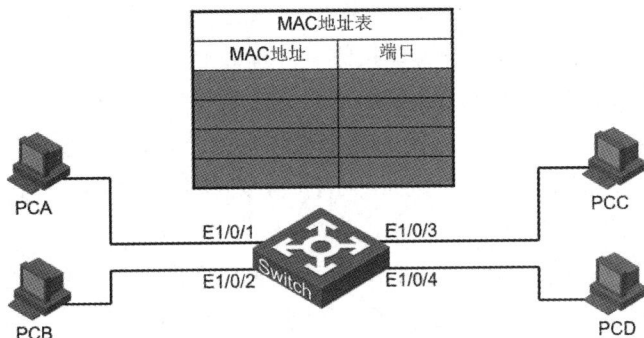

图 2-4-28　交换机刚启动时的 MAC 表

(2) PCA 发出数据帧，交换机把 PCA 帧中的源地址 MAC_A 与接收到此帧的端口 E1/0/1 关联起来，并根据收到数据帧中的源 MAC 地址建立该地址同交换机端口的映射，将其写入 CAM 表中，该过程称为 MAC 地址学习。PCB、PCC 和 PCD 发出数据帧的过程是一样的，最终学习完的 MAC 地址表如图 2-4-29 所示。

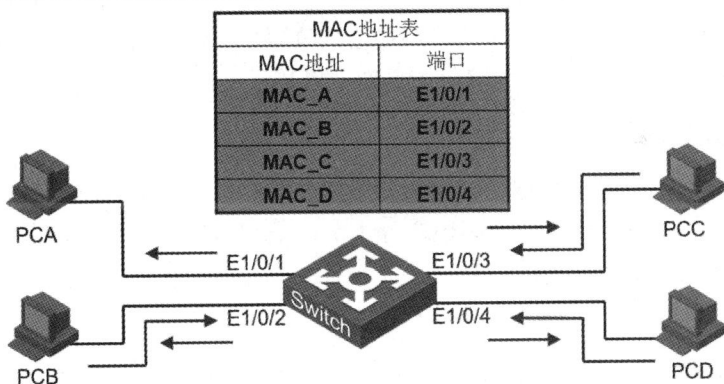

图 2-4-29　MAC 地址学习

(3) 转发单播数据帧。假设 PCA 给目标主机 PCD 发出一个数据帧，交换机将数据帧中的目的 MAC 地址同交换机内部已建立的 MAC 地址表进行比较，从相应的端口 E1/0/4 发送出去，如图 2-4-30 所示。

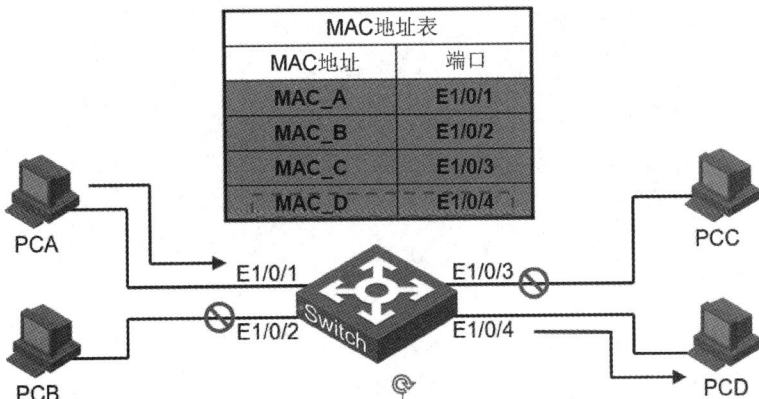

图 2-4-30　根据 MAC 表转发数据帧

(4) 交换机会把广播、组播和未知单播帧(如数据帧中的目的 MAC 地址不在 CAM 表中)从所有其他端口(除了接收帧的端口外) 发送出去，这一过程称为泛洪(flood)。

(5) 非目标 MAC 地址设备的网卡在接收到广播帧后，如判断出不是自己的 MAC 地址，则将该帧丢弃；拥有该 MAC 地址设备的网卡在接收到该广播帧后，将立即做出应答回复，从而使交换机又学习到一个 MAC 地址与交换机端口的映射，将"端口号-MAC 地址"对照表添加到交换机的 CAM 表中，并将数据从目的 MAC 地址对应的端口进行转发，省去了广播这一过程。

重复上述过程，逐步学习和记忆 MAC 地址。当交换机内的 CAM 表成熟稳定之后，再对接收到的数据帧进行转发时，就省略了广播的过程，直接查找目的 MAC 地址对应的交换机端口号。

需要注意的是，CAM 表中的条目是有生命周期的，如果在一定的时间内(华三交换机的 CAM 表老化时间取值范围为 1～1 048 575 s，默认值为 300 s) 交换机没有从该端口接收到一个相同源 MAC 地址的帧(用于刷新 CAM 表中的记录)，交换机会认为该主机已经不再连接在这个端口上，于是该条目从 CAM 表中删除。相应地，如果从该端口收到帧的源 MAC 地址发生了改变，交换机也会用新的源 MAC 地址改写 CAM 表中该端口对应的 MAC 地址。这样，交换机中的 CAM 表一直能够保持最新，以提供准确的转发依据。

2. 交换机基本配置

对于新购置的网络设备，管理员需要通过数据线将其与计算机进行连接，来进行基本配置。第一次对设备进行配置时，必须通过 Console 口进行本地配置，因为这时交换机上还没有任何配置，无法进行远程访问。

1) Console 口

Console 口为控制台端口，路由器和交换机一般会提供一个 Console 口。默认 Console 口登录到命令行时没有密码且拥有最大权限，可以执行一切操作和配置。网络设备的 Console 口如图 2-4-31 所示。

图 2-4-31　网络设备的 Console 口

其端口类型根据不同设备可能有所区别，目前一般 RJ-45(普通的网线接口)类型的居多，用户可以通过 Console 线把字符终端设备(PC)的串行接口与网络设备的 Console 口进行连接，以访问命令行。PC 和网络设备的连接如图 2-4-32 所示。

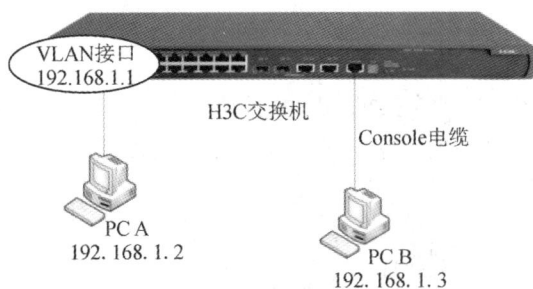

图 2-4-32 PC 和网络设备的连接

2) Console 线

连接 PC 和网络设备的 Console 线如图 2-4-33 所示。选择 Console 线时，应参考网络设备上的 Console 口和 PC 上的接口。过去的网络设备的 Console 口大多是串口的，现如今多是 RJ-45 接口。

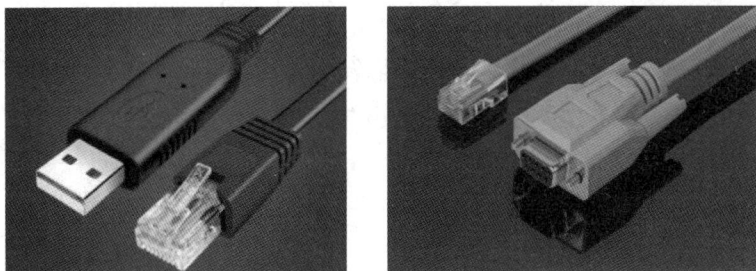

图 2-4-33 两种 Console 线

3) 配置 SecureCRT 软件

将 PC 和网络设备使用 Console 线连接好以后，需要使用终端软件对设备进行调试，这里使用 SecureCRT。如果使用图 2-4-33 左图所示的 Console 线，则要注意在 PC 设备管理器的端口位置查看转换完的 COM 端口编号，并在 SecureCRT 软件的设置页面中选择 Serial 协议，端口为查到的 COM 口，如图 2-4-34 所示。

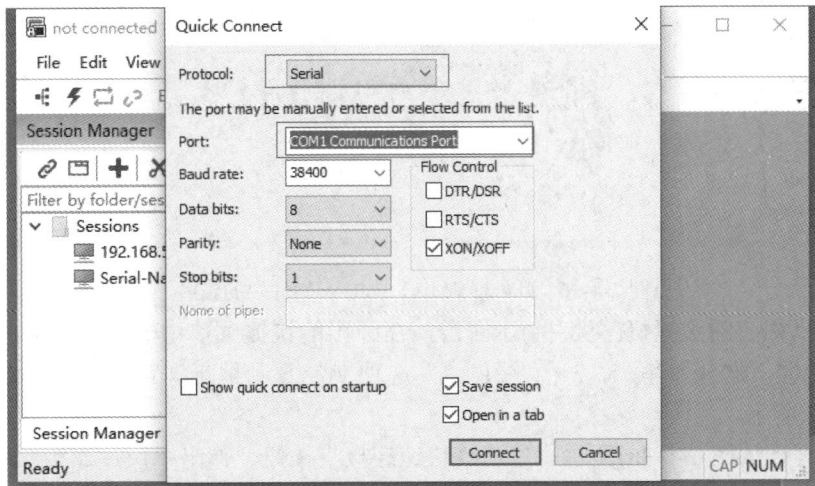

图 2-4-34 选择协议和端口

任务实施

(1) 打开 HCL 模拟器，拖动交换机和路由器到操作区域，搭建好实验环境，如图 2-4-35 所示。注意图 2-4-35 所示框内的数字，其代表的是后面相应的设备。

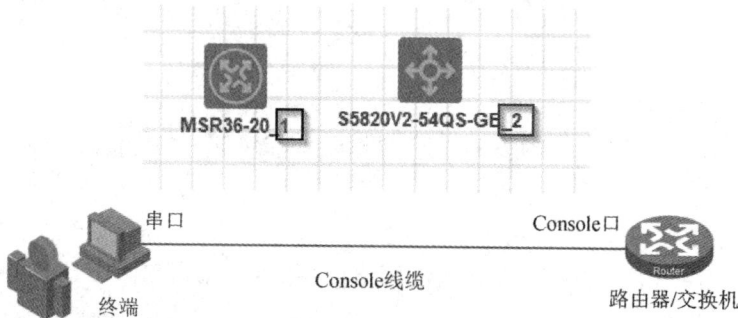

图 2-4-35　主机与网络设备的连接

(2) 打开 Oracle VM VirtualBox 软件，可以发现有几台设备，就会有几台自动创建的虚拟机，如图 2-4-36 所示，其中编号最后一位和 HCL 模拟器中的设备编号相对应。

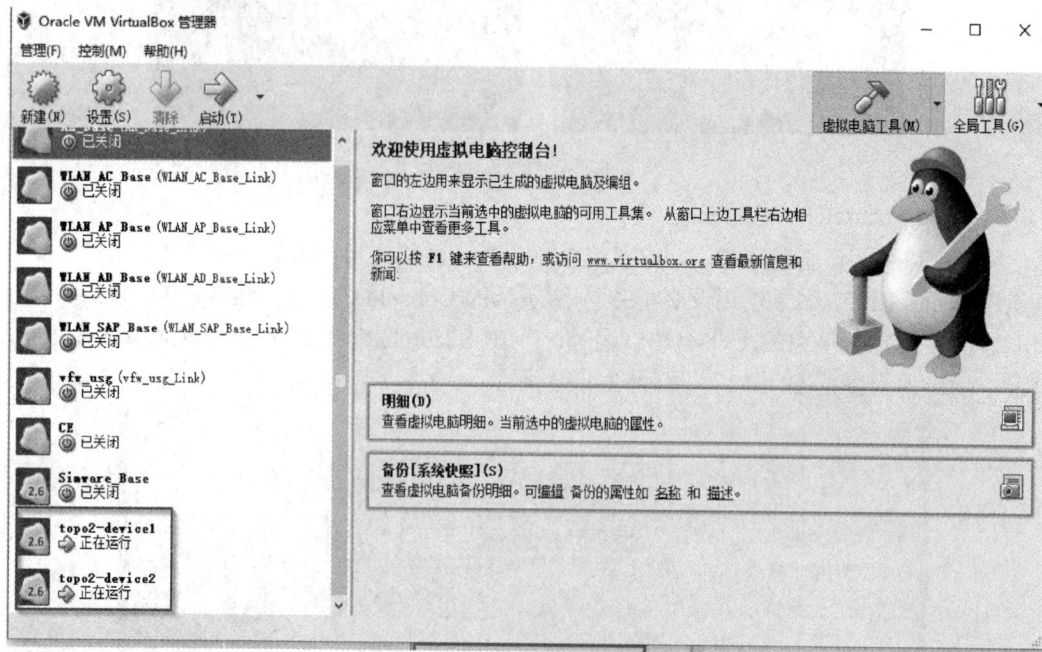

图 2-4-36　Oracle VM VirtualBox 软件中的设备

(3) 选择相应的虚拟机(交换机)，右击，在弹出的快捷菜单中选择"设置"命令，弹出设置对话框，选择"串口"→"端口 2"选项卡，复制地址"\\.\pipe\topo2-device1"，如图 2-4-37 所示。

(4) 打开，如图 2-4-38 所示，单击"快速连接"按钮，弹出"快速连接"对话框，协议选择"Serial"，Port 选择"Name Pipe"，把第(3)步中复制的地址粘贴到"Name of pipe"文本框中，单击"连接"按钮。

图 2-4-37　复制串口管道地址

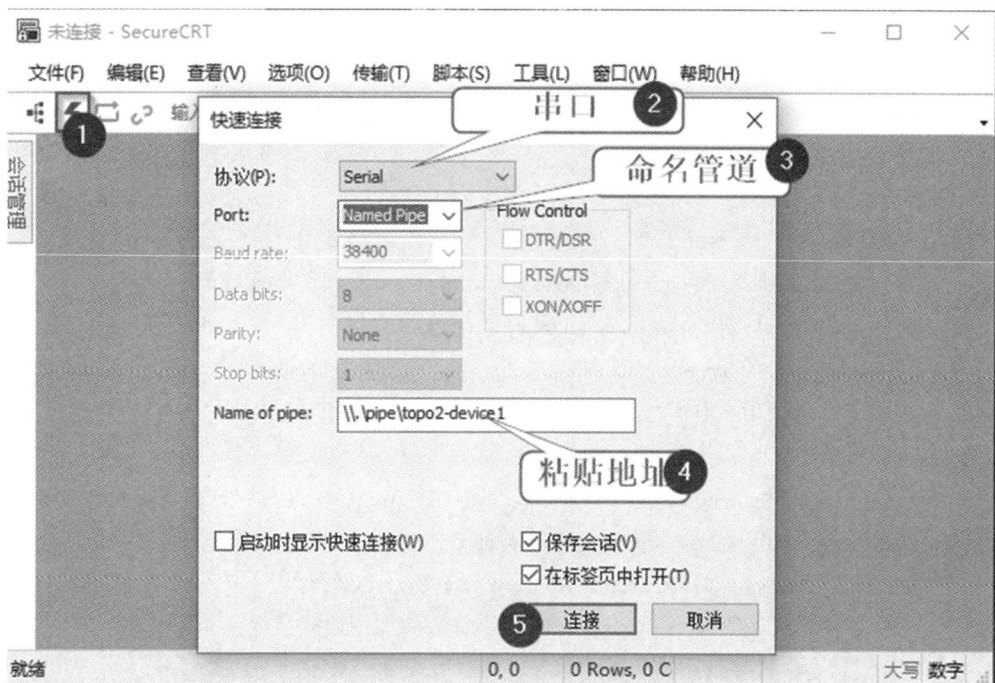

图 2-4-38　连接串口设置

(5) 启动交换机，即连接成功，如图 2-4-39 所示。

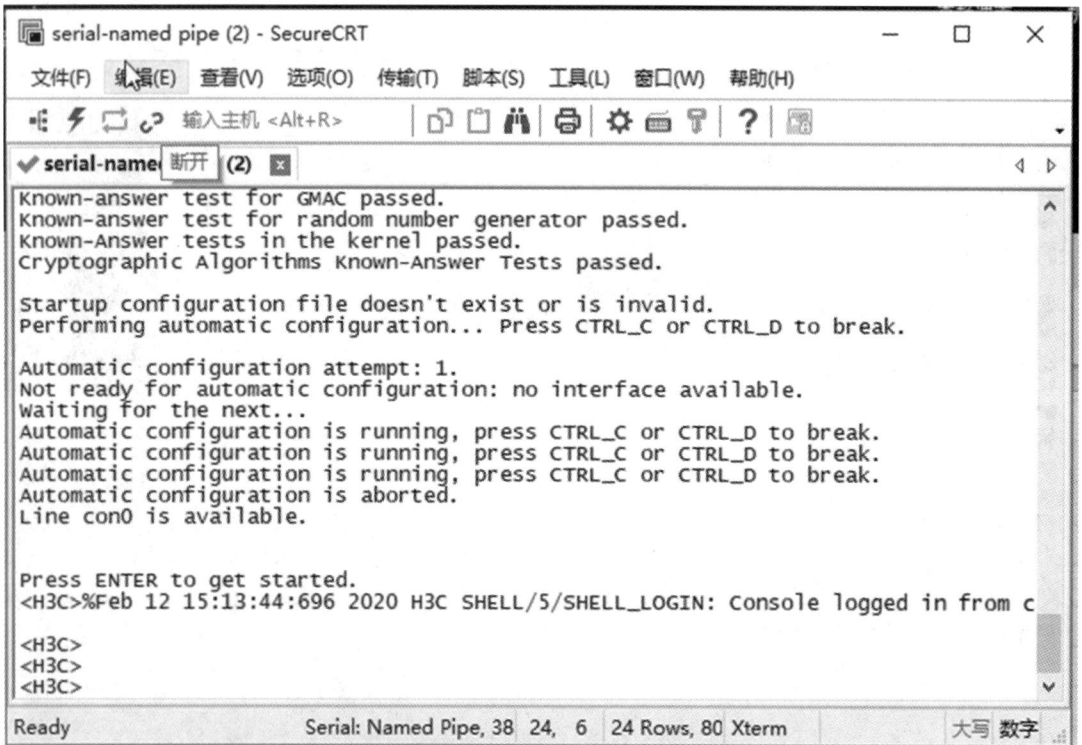

图 2-4-39　交换机与终端连接成功

(6) 在 HCL 模拟器中双击交换机(或者路由器)，打开命令行窗口，输入如下命令。

```
<H3C>%Jan    5 15:20:26:150 2021 H3C SHELL/5/SHELL_LOGIN: Console logged in from con0.
[H3C]sysname SW1                                      #修改交换机名字为 SW1
[SW1]
[SW1]user-interface console 0                         #进入用户接口  console 0
[SW1-line-console0]authentication-mode password       #选择用户验证模式为密码
[SW1-line-console0]set authentication password simple 123456   #设置验证密码为明文 123456
[SW1-line-console0]user-role network-admin            #用户权限设置为管理员(最高权限)
[SW1-line-console0]QU                                  #退出
[SW1]save                                             #保存设置
The current configuration will be written to the device. Are you sure? [Y/N]:y   #输入 y
Please input the file name(*.cfg)[flash:/startup.cfg]
(To leave the existing filename unchanged，press the enter key):
                   #如果不修改配置文件名，可以直接按 Enter 键
Validating file. Please wait...
Saved the current configuration to mainboard device successfully.   #配置保存成功
```

(7) 重启 SW1 验证，如图 2-4-40 所示，需要输入密码。正确输入密码后，进入 SW1 的用户视图。

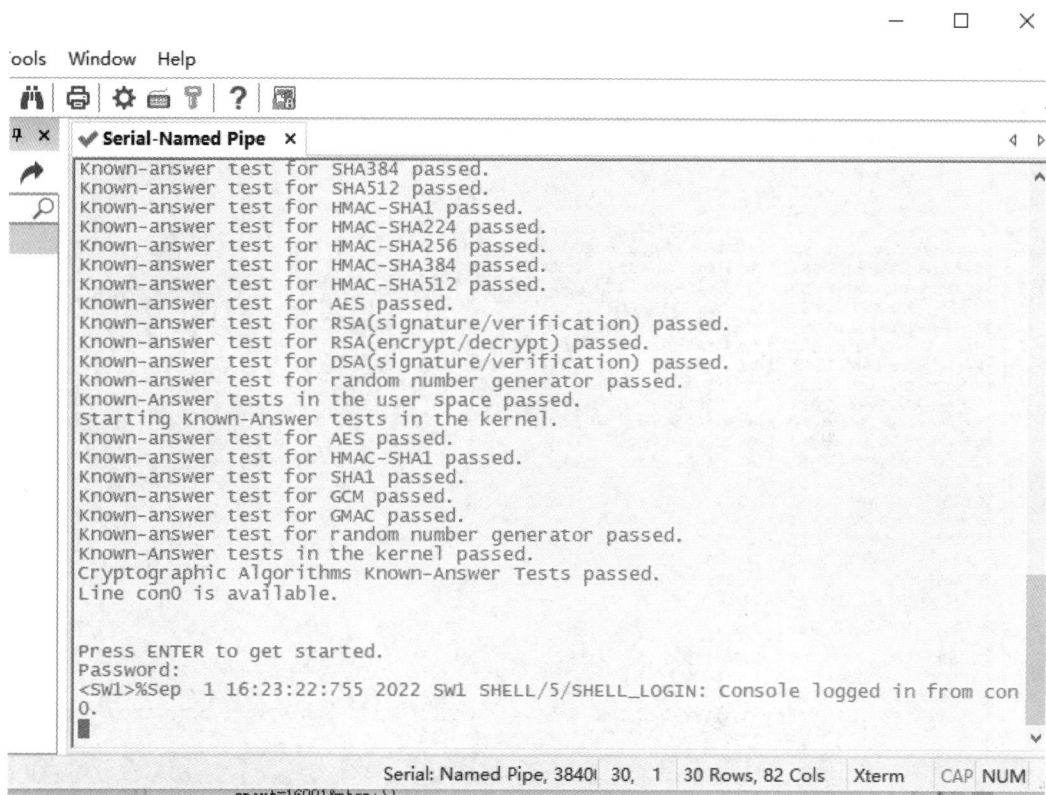

图 2-4-40　重启 SW1 验证

(8) 用户名+密码组合认证(scheme)。如果选择 scheme 认证方法，则系统会默认采用本地用户数据库中的用户信息进行验证。因此，首先需要配置一个本地用户，并设置其用户名、登录密码和用户级别；然后为本地用户选择服务类型 Terminal，即允许该用户通过终端 Console 口访问交换机，这样就可以通过 Console 口用本地用户名和密码登录到交换机命令行上。

<SW1>sys	
[SW1]user-interface console 0	#进入 Console 0 接口
[SW1-line-console0]authentication-mode scheme	#选用用户名和密码组合的验证模式
[SW1-line-console0]qu	#退回系统视图
[SW1]local-user admin	#创建本地用户 admin
New local user added.	
[SW1-luser-manage-admin]password simple 123456	#选择明文密码 123456
[SW1-luser-manage-admin]service-type terminal	#选择用户服务类型为终端
[SW1-luser-manage-admin]authorization-attribute user-role network-admin	
	#设置授权用户类型为 network-admin
[SW1-luser-manage-admin]quit	#或者按 Ctrl + Z 组合键，退回当前视图

退出交换机再重启时需要输入用户名和密码进行验证，如图 2-4-41 所示。

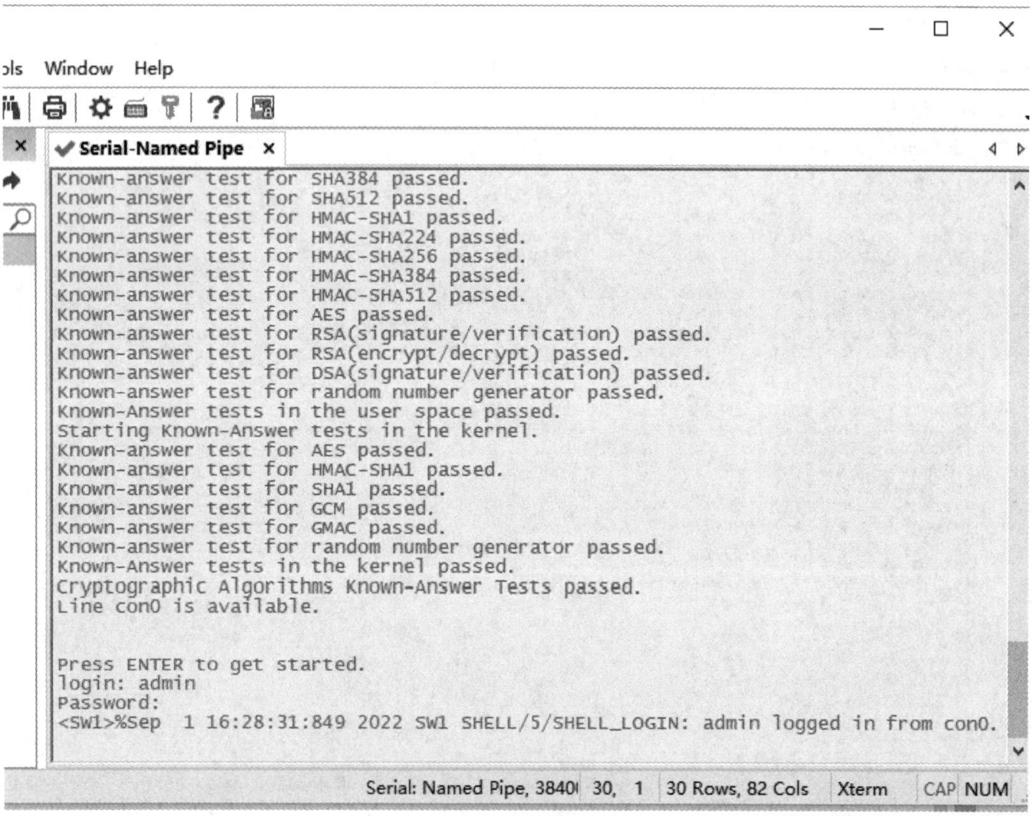

图 2-4-41　重启交换机时输入用户名和密码

拓展阅读

1. Comware 用户角色和权限

Comware 是 H3C 公司的软件平台，其地位如同 iOS 之于 Cisco、Junos 之于 Juniper，支撑着公司众多网络产品的发展。Comware 预定义了多种用户角色，如表 2-4-1 所示。

表 2-4-1　用户角色和权限

用户角色	用户权限
network-admin	可操作系统所有的功能和资源
network-operator	可执行系统所有的功能和资源相关的 display 命令(display history-command all 除外)
level-n ($n=0\sim15$)	level-0~level-14 可以由管理员为其配置权限，其中 level-0、level-1 和 level-9 有默认用户权限；level-15 的用户权限和 network-admin 相同，管理员无法对其进行配置

2. Comware 命令视图

Comware 命令视图共分 5 种，如图 2-4-42 所示。

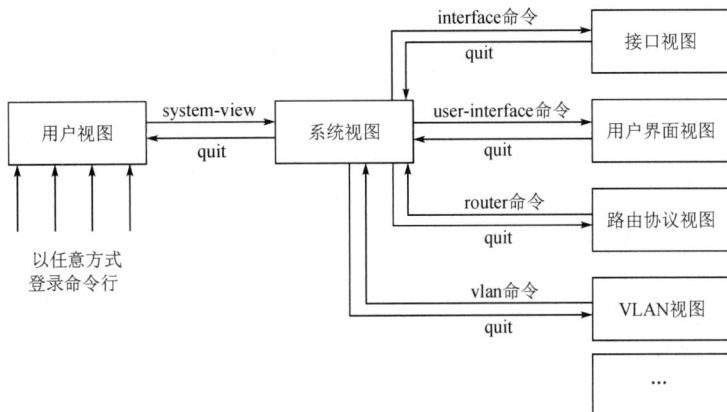

图 2-4-42　Comware 命令视图及其关系

3. Comware 访问级别

为了限制不同用户对设备的访问权限，防止非法更改配置，Comware 5 系统对用户进行了分级管理。用户的级别与命令级别一一对应，不同级别的用户登录系统后，只能使用等于或低于自己级别的命令。例如，若用户属于 1 级别，则所使用的命令也仅限于 1 级别中的命令；反之亦然。

在 Comware 5 系统中，命令级别由低到高共分为访问级、监控级、系统级和管理级 4 个级别，级别号分别为 0、1、2、3，如表 2-4-2 所示。

表 2-4-2　Comware 5 系统中的命令级别

命令级别	说　　明
访问级(0)	包括网络诊断等命令，以及从本设备访问外部设备的命令。该级别命令配置后不允许保存，设备重启后，该级别命令会恢复到默认状态。默认情况下，访问级的命令包括 ping、tracert、telnet、ssh2 等
监控级(1)	包括系统维护、业务故障诊断等命令。该级别命令配置后不允许保存，设备重启后，该级别命令会恢复到默认状态。默认情况下，监控级的命令包括 debugging、terminal、refresh、reset、send 等
系统级(2)	包括业务配置命令，如路由、各个网络层次的命令，用于向用户提供直接网络服务。默认情况下，系统级的命令包括所有配置命令(管理级的命令除外)
管理级(3)	包括系统的基本运行、系统支撑模块等命令，这些命令对业务提供支撑作用。默认情况下，管理级的命令包括文件系统命令、FTP 命令、TFTP 命令、XModem 命令下载、用户管理命令、级别设置命令、系统内部参数设置命令(非协议规定、非 RFC 规定)等

4. 命令行历史记录功能

(1) 查看历史命令记录：display history-command。

(2) 翻阅和调出历史记录中的某一条命令：按↑键或 Ctrl＋P 组合键调出上一条历史命令，按↓键或 Ctrl＋N 组合键调出下一条历史命令。

5. 常用设备管理命令

常用设备管理命令请读者自行练习。

(1) 配置设备名称：

    [H3C]sysname?

(2) 配置系统时间：

    <H3C>clock datetime?

(3) 显示系统时间：

    <H3C>display clock

(4) 配置欢迎提示信息：

    [H3C]header?

(5) 查看版本信息：

    <H3C>display version

(6) 查看当前运行配置：

    <H3C>display current-configuration

(7) 查看保存配置：

    <H3C>display saved-configuration

(8) 显示接口信息：

    <H3C>display interface

(9) 显示接口 IP 状态与配置信息：

    <H3C>display ip interface brief

(10) 显示系统运行统计信息：

    <H3C>display diagnostic-information

总结与提高

在进行交换机的配置之前，用户首先需要了解交换机工作在 OSI 的哪一层、该层的数据单元，以及交换机的工作原理。然后，要做到能够识别交换机的 Console 口，能够使用 Console 线缆将交换机和 PC 进行连接，并在 PC 上运行 SecureCRT 终端软件，对交换机进行初步配置。如果没有交换机实物，则可以使用 HCL 模拟器和 VirtualBox 软件，以完成相应的配置。

练习与巩固

1. 交换机工作在 OSI 网络的(　　　)。

A. 物理层　　　　　　B. 数据链路层　　　　　　C. 网络层　　　　　　D. 应用层

2. 二层交换机发送接收的数据单元称为(　　　)。

A. 包　　　　　　　　B. 段　　　　　　　　　　C. 数据帧　　　　　　D. 比特流

3. 数据链路层传输的数据里含有的地址是(　　　)。

A. IP 地址　　　　　　B. 端口地址　　　　　　　C. MAC 地址　　　　　D. 都不对

4. 参考任务 4.2 中的操作步骤，使用 HCL 和 VirtualBox 软件，为交换机配置用户名和密码，并使用 SecureCRT 软件登录测试。

项目 5　路由器基础配置

任务 5.1　路由器 Telnet 配置

学习目标

1. 知识目标

(1) 掌握路由器的工作原理。

(2) 掌握路由器在局域网中的应用。

2. 能力目标

(1) 能够查验路由器的系统功能、系统信息、性能指标和配置参数。

(2) 能够用命令行界面对路由器进行基本配置。

(3) 能够完成基于 Telnet 的路由器远程登录配置。

3. 素质目标

(1) 培养自主学习能力。

(2) 培养资料收集能力和英语阅读能力。

任务描述

某公司的网络工程师负责公司局域网的运行、维护和管理,现在因公司业务发展需要,新增了业务部门,因此需要新增子网,并接入原局域网。为此,公司需要新购若干台路由器,并撰写一份路由器选型报告。采购的路由器收到后,该网络工程师负责对路由器进行验收。该网络工程师必须能够查验路由器的系统功能、系统信息、性能指标和配置参数,并能够用命令行界面对路由器进行基本配置。通过 Telnet 连接网络设备,如图 2-5-1 所示。

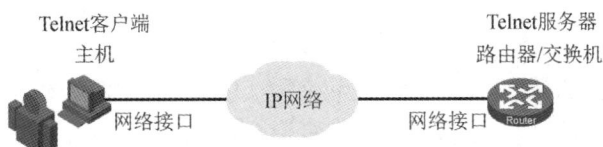

图 2-5-1　通过 Telnet 连接网络设备

📋 知识引导

1. 路由器的工作原理

路由器是将不同的网络或者网段连接起来构成规模更大、范围更广的网络设备。路由器可以将相同类型的网络(同构网)或者不同类型的网络(异构网)连接起来,相互通信。路由器根据 IP 数据包的目的 IP 地址,通过网络最佳路径,将数据包送达目的主机。图 2-5-2 所示是 H3C 路由器。

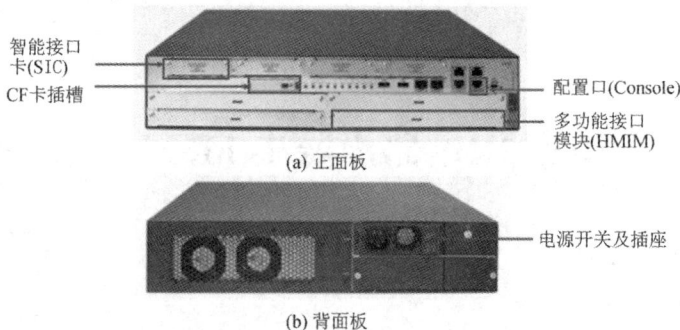

(a) 正面板

(b) 背面板

图 2-5-2　H3C 路由器(MSR 36-40)

在互联网中进行路由选择时需要使用路由器,路由器根据所收到数据包头的目的地址选择一个合适的路径,将数据包传送到下一跳路由器,路径上最后的路由器负责将数据包送交目的主机。每个路由器只负责自己本站数据包通过最优的路径转发,通过多个路由器一站一站地接力将数据包通过最佳路径转发到目的地。当然,有时由于实施一些路由策略,数据包通过的路径并不一定是最佳路径。如图 2-5-3 所示,PCA 发出的数据包最终要到达目标主机 PCB,其有两条路径可以选,每条路径都要经过 3 台路由器转发数据。

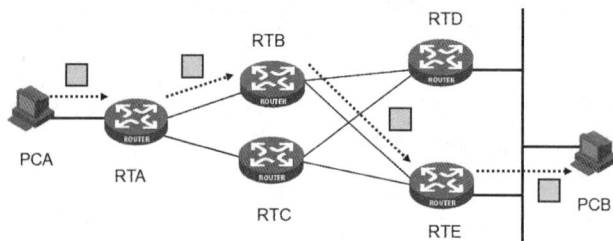

图 2-5-3　路由器网络拓扑

路由器转发数据包的关键是路由器内部运行的路由表(Routing Table)。每个路由器中都维护着一张路由表,表中每条路由项都指明数据包要到达某个网络或者网段,应该通过该路由器的哪个物理端口发送出去。

当数据帧到达路由器端口时,路由器将检查数据帧目的地址字段中的数据链路标识符,如果标识符是路由器端口标识符或广播标识符,那么路由器将从帧中剥离出报文并传递给网络层。在网络层,路由器将检查数据包的目的 IP 地址,如果目的 IP 地址是路由器端口 IP 地址或是所有主机的广播地址,那么需要再检查报文协议字段,以决定是响应数据包还是丢弃数据包。

如果数据包可以被路由,即目的地不是直连网络,那么路由器将查找路由表,为 IP 数据包选择一条正确的路径。在路由器的路由表中,每个路由选择表项必须包括目的 IP 地址和指向目的地址的指针。目的 IP 地址是路由器可以到达网络的 IP 地址，路由器可能会有多条路径到达同一地址，但在路由表中只会存在到达这一地址的最佳路径。指向目的地址的指针不是指向路由器的直连目的网络，就是直连网络内的另一个路由器端口 IP 地址。更接近目标网络下一跳的路由器称为下一跳(Next Hop)路由器。

路由器在根据路由表选择最佳路径时，会尽量做到最精确的匹配。路由选择表项中按精确程度递减的顺序是主机地址、子网、一组子网、主网号、一组主网号、默认地址。

如果 IP 数据包的目的 IP 地址在路由表中不能匹配到任何一条路由选择表项，那么该IP 数据包将被丢弃，同时路由器将向该数据包的源 IP 地址主机发送 ICMP 报文，报告网络不可达信息。

2. 路由器与交换机的主要区别

(1) 工作层次不同。最初的交换机工作在 OSI/RM 开放体系结构的数据链路层(第二层)，而路由器一开始就设计工作在 OSI 模型的网络层。由于交换机工作在数据链路层，因此其工作原理比较简单；而路由器工作在网络层，可以得到更多的协议信息，故其可以作出更加智能的转发决策。

(2) 数据转发所依据的对象不同。交换机利用物理地址或者 MAC 地址来确定转发数据的目的地址，而路由器则利用不同网络的 ID(IP 地址)来确定数据转发的地址。IP 地址是在软件中实现的，其描述的是设备所在的网络，有时这些第三层的地址也称为协议地址或者网络地址。MAC 地址通常是硬件自带的，由网卡生产商分配，而且已经固化到网卡中，一般来说不可更改；而 IP 地址则通常由网络管理员或系统自动分配。

(3) 传统的交换机只能分割冲突域，不能分割广播域；而路由器可以分割广播域。由交换机连接的网段仍属于同一个广播域，广播数据包会在交换机连接的所有网段上传播，在某些情况下会导致通信拥挤和安全漏洞。连接到路由器上的网段将被分配成不同的广播域，广播数据不会穿过路由器。虽然第三层交换机具有 VLAN(Virtual Local Area Network，虚拟局域网)功能，也可以分割广播域，但是各子广播域之间不能通信交流，它们之间的交流仍然需要路由器。

(4) 路由器提供了防火墙的服务。路由器仅转发特定地址的数据包，不传送不支持路由协议的数据包和未知目标网络数据包，从而可以防止广播风暴。

交换机一般用于 LAN-WAN 的连接，交换机归于网桥，是数据链路层的设备，有些交换机也可实现第三层的数据交换。路由器用于 WAN-WAN 之间的连接，用于异构网络之间转发分组，作用于网络层。路由器只是从一条线路上接收输入分组，然后向另一条线路转发，这两条线路可能分属于不同的网络，并采用不同协议。相比较而言，路由器的功能较交换机要强大，但速度相对也慢，价格昂贵。但是，三层交换机既有交换机转发报文的能力，又有路由器良好的控制功能，因此得以广泛应用。

3. Telnet 协议概述

Telnet 协议是 TCP/IP 协议族中的一员，是 Internet 远程登录服务的标准协议和主要方式，为用户提供了在本地计算机上完成远程主机工作的能力。在终端使用者的计算机上使用 Telnet 程序，可以连接到远程主机。终端使用者可以在 Telnet 程序中输入命令，这些命令会在远程主机(如交换机或路由器)上运行，就像直接在交换机/路由器的控制台上输入命令一样。要开始一个 Telnet 会话,必须输入用户名和密码来登录服务器。Telnet 是常用的远程控制 Web 服务器的方法。

Telnet 提供了 3 种基本服务:

(1) Telnet 定义了一个网络虚拟终端,为远程系统提供一个标准接口,客户机程序不必详细了解远程系统,而只需构造使用标准接口的程序即可。

(2) Telnet 包括一个允许客户机和服务器协商选项的机制,而且其还提供了一组标准选项。

(3) Telnet 对称处理连接的两端,即 Telnet 不强迫客户机从键盘输入,也不强迫客户机在屏幕上输出。

任务实施

(1) 打开 HCL 模拟器,拖动交换机、路由器以及 Host 主机到操作区域,搭建好实验环境,如图2-5-4所示。

(2) 在计算机的网络共享中心找到 "更改适配器设置",查看 host 连接的 VirtualBox Host-only 虚拟网卡的 IP 地址,并将其设置为静态 IP,地址为 192.168.56.1,网关是 192.168.56.10。

(3) 配置 SW1,命令如下:

192.168.56.20/24
R1

192.168.56.10/24   192.168.56.1/24

SW1   Host_1

图 2-5-4   Telnet 实验拓扑

```
[H3C]sys
[H3C]sysname SW1
[SW1]interface vlan-interface 1      #创建 VLAN 虚接口并进入 VLAN 虚接口视图
[SW1-vlan-interface1]ip address 192.168.56.10 24
[SW1]telnet server enable           #启动 Telnet 服务器
[SW1]line vty 0 4    #该命令是允许用户远程登录,即不用插 Console 线缆,只要设备连接网络
                     #配置了接口 IP 地址,即可远程使用 Telnet 或者 SSH 方式登录到设备上。
                     # "vty 0 4"表示一共 5 条线路,后面的命令是针对这 5 条线路同时进行配置
[SW1-line-vty0-4]authentication-mode scheme   #验证模式选用用户名和密码的组合模式
[SW1]local-user admin   #创建本地用户名为 admin
[SW1-luser-manage-admin]password simple 123456    #设置密码为明文 123456
[SW1-luser-manage-admin]service-type telnet    #设置服务类型为 Telnet
[SW1-luser-manage-admin]authorization-attribute user-role network-admin
#设置授权的用户角色为 network-admin
<SW1>save      #保存
The current configuration will be written to the device. Are you sure? [Y/N]:y
```

(4) 配置 R1,命令如下:

```
<H3C>sys
[H3C]sysname R1
[R1]interface g0/0           #进入路由器的接口 g0/0 的配置视图
[R1-GigabitEthernet0/0]ip address 192.168.56.20 24
[R1]telnet server enable      #启动 Telnet 服务
```

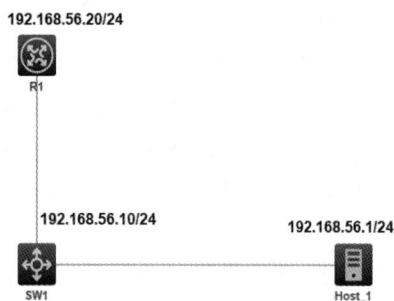

```
[R1]line vty 0
[R1-line-vty0]authentication-mode password              #验证模式为纯密码模拟
[R1-line-vtt0]set authentication password simple 123456  #设置验证密码为明文 123456
[R1-line-vty0]user-role network-admin                    #设置用户角色为 network-admin
<R1>save                                                  #保存设置
The current configuration will be written to the device. Are you sure? [Y/N]:y
```

(5) 实验验证。打开 SecureCRT 快速连接，如图 2-5-5 所示。连接成功以后，host 主机用密码登录路由器，如图 2-5-6 所示；交换机用账号和密码登录路由器，如图 2-5-7 所示。

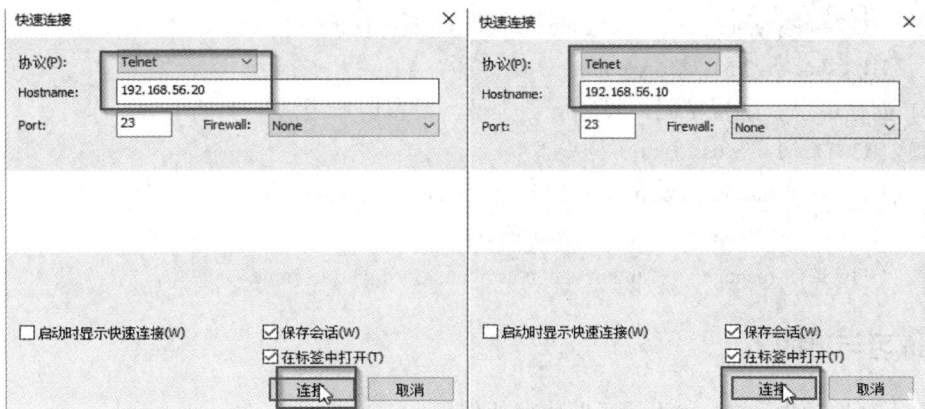

图 2-5-5　Telnet 登录模式

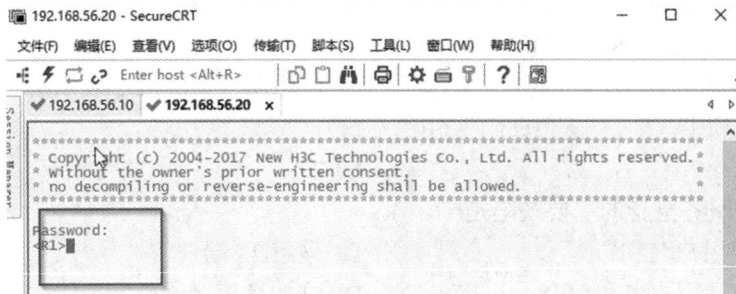

图 2-5-6　host 登录路由器

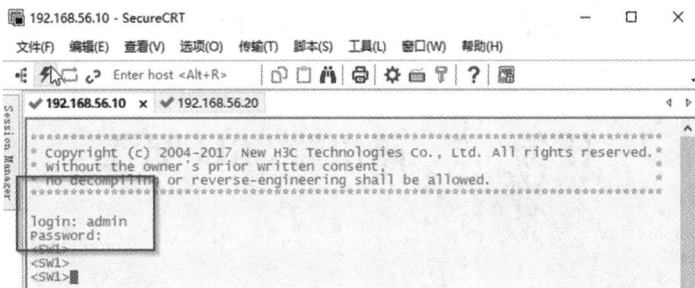

图 2-5-7　交换机登录路由器

总结与提高

路由器 Telnet 服务配置命令如下：

(1) 配置与网络相连端口的 IP 地址：

[H3C-GigabitEthernet0/0] ip address ip-address { mask | mask-length }

(2) 使能 Telnet 服务器端功能：

[H3C] telnet server enable

(3) 进入 vty 用户界面视图，设置验证方式：

[H3C] line vty first-num2 [last-num2]

[H3C-line-vty0-63] authentication-mode { none | password | scheme }

(4) 设置登录密码和用户级别：

[H3C-line-vty0-63] set authentication password { hash | simple } password

[H3C-line-vty0-63] user-role role-name

(5) 创建用户，配置密码，设置服务类型，设置用户级别：

[H3C] local-user username

[H3C-luser-manage-xxx] password { hash | simple } password

[H3C-luser-manage-xxx] service-type telnet

[H3C-luser-manage-xxx] authorization-attribute user-role role-name

练习与巩固

1. 下列选项中，(　　)不属于路由器的作用。
A. 路由　　　　　　　B. 防火墙　　　　　　　C. 交换　　　　　　　D. 集线器

2. 路由器工作在 OSI 参考模型的(　　)。
A. 数据链路层　　　B. 物理层　　　　　　　C. 网络层　　　　　　D. 表示层

3. 下列选项中，(　　)是 Telnet 使用的端口号。
A. 21　　　　　　　　B. 22　　　　　　　　　C. 23　　　　　　　　D. 24

4. Telnet 服务自身的主要缺陷是(　　)。
A. 不使用用户名和口令　　　　　　　　B. 采用 23 端口
C. 明文传输用户名和口令　　　　　　　D. 支持远程登录

5. Telnet 提供的服务是(　　)。
A. 远程登录　　　B. 下载文件　　　　　　C. 引入网络虚拟终端　　　D. 发送邮件

任务 5.2　路由器 SSH 配置

学习目标

1. 知识目标

(1) 了解 SSH 协议的工作原理。

(2) 了解 SSH 协议的应用。

2. 能力目标

(1) 能够利用命令行界面对路由器进行基本配置。

(2) 能够完成基于 SSH 的路由器远程登录配置。

3. 素质目标

(1) 培养网络安全意识。

(2) 培养资料收集能力和英语阅读能力。

任务描述

某公司的网络工程师负责公司局域网的运行、维护和管理。公司收到采购的路由器后，该网络工程师负责对路由器进行基本配置，并实现对路由器远程登录(本次远程登录需要选择一种安全的协议)。主机与网络设备的 SSH 连接方式如图 2-5-8 所示。

图 2-5-8　主机与网络设备的 SSH 连接方式

知识引导

传统的网络服务程序，如 FTP、POP(Post Office Protocol，邮局协议)和 Telnet 在本质上都是不安全的，因为它们在网络上用明文传送口令和数据，别有用心的人可以非常容易地截获这些口令和数据。另外，这些服务程序的安全验证方式也有弱点，即很容易受到"中间人"(man-in-the-middle)攻击。"中间人"攻击方式是指攻击者拦截正常的网络通信数据，对数据进行篡改和嗅探，而通信双方毫不知情。

通过使用 SSH，用户可以对传输的数据进行加密，不仅可阻止"中间人"攻击，而且能够防止 DNS 欺骗和 IP 欺骗。另外，使用 SSH 时，由于传输的数据是经过压缩的，因此可以加快传输速度。SSH 既可以代替 Telnet，又可以为 FTP、POP 甚至 PPP(Point to Point Protocol，点对点协议)提供一个安全的"通道"。

SSH 由 IETF(Internet Engineering Task Force，互联网工程任务组)的网络工作小组(Network Working Group)制定，为建立在应用层基础上的安全协议。SSH 较可靠，专为远程登录会话和其他网络服务提供安全性服务，可以有效防止远程管理过程中的信息泄露问题。SSH 最初是 UNIX 操作系统上的一个程序，后来迅速扩展到其他操作系统。

从客户端来看，SSH 提供两种级别的安全验证。

第一种级别(基于口令的安全验证)：只要用户知道自己的账号和口令，就可以登录远程主机，所有传输的数据都会被加密，但不能保证正在连接的服务器就是用户想连接的服务器。也就是说，可能会有其他服务器冒充真正的服务器，即受到"中间人"攻击。

第二种级别(基于密钥的安全验证)：需要依靠密钥，即必须为自己创建一对密钥，并把公用密钥放在需要访问的服务器上。如果要连接 SSH 服务器，客户端软件会向服务器发出请求，请求用用户的密钥进行安全验证。服务器收到请求之后，先在该服务器上用户的主目录下寻找公用密钥，然后将其和用户发送过来的公用密钥进行比较。如果两个密钥一致，则服务器会用公用密钥加密"质询"(challenge)并将其发送给客户端软件。客户端软件收到"质询"之后，就可以用用户的私人密钥解密，再将其发送给服务器。

任务实施

(1) 打开 HCL 模拟器，拖动路由器以及 Host 主机到操作区域，搭建好实验环境，如图 2-5-9 所示。

MSR36-20_1　　　　Host_1

R1 192.168.56.10/24　　192.168.56.1/24

图 2-5-9　SSH 登录拓扑

(2) 路由器配置命令：

```
<H3C>sys
[H3C]sysname R1
[R1]interface g0/0
[R1-GigabitEthernet0/0]ip address 192.168.56.10 24
[R1-GigabitEthernet0/0]qu
[R1]public-key local create rsa    #配置非对称密钥，生成本地公钥
The range of public key modulus is (512 ~ 2048).
If the key modulus is greater than 512,    it will take a few minutes.
Press CTRL + C to abort.
Input the modulus length [default = 1024]:512
Generating Keys...
Create the key pair successfully.               #成功生成密钥对
[R1]ssh server enable                           #启动 SSH 服务
[R1]line vty 0
[R1-line-vty0]authentication-mode scheme        #配置验证模式为用户名和密码的组合模式
[R1-line-vty0]protocol inbound ssh              #支持 SSH 远程登录协议
[R1]local-user admin                            #创建本地用户 admin
[R1-luser-manage-admin]password simple 123456   #验证密码为明文 123456
[R1-luser-manage-admin]service-type ssh         #服务类型为 SSH
[R1-luser-manage-admin]authorization-attribute user-role network-admin
                #用户授权属性为 network-admin(网络管理员)
```

(3) 实验验证。

① 运行终端软件 SecureCRT 9.0，如图 2-5-10 所示，进行快速连接，输入路由器 IP 地址。

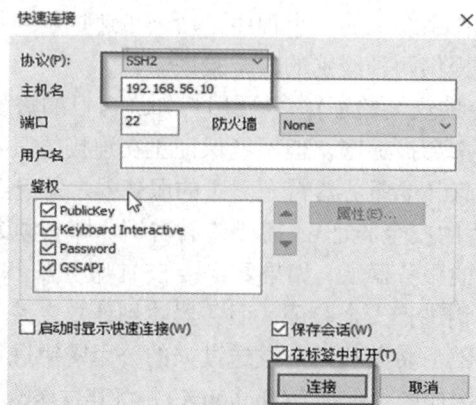

图 2-5-10　SecureCRT 快速连接

② 单击"连接"按钮，弹出"输入安全外壳密码"对话框，输入配置路由器时设置的用户名和密码，如图 2-5-11 所示。

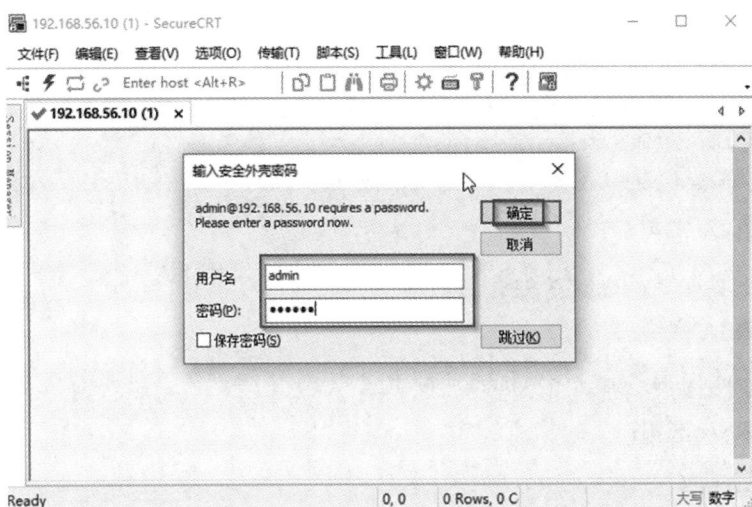

图 2-5-11　输入用户名和密码

③ 单击"确定"按钮，登录成功，进入路由器的命令行终端，输入"sys"命令，进入系统视图；输入"dis ip in b"命令，查看端口 IP 地址，如图 2-5-12 所示。

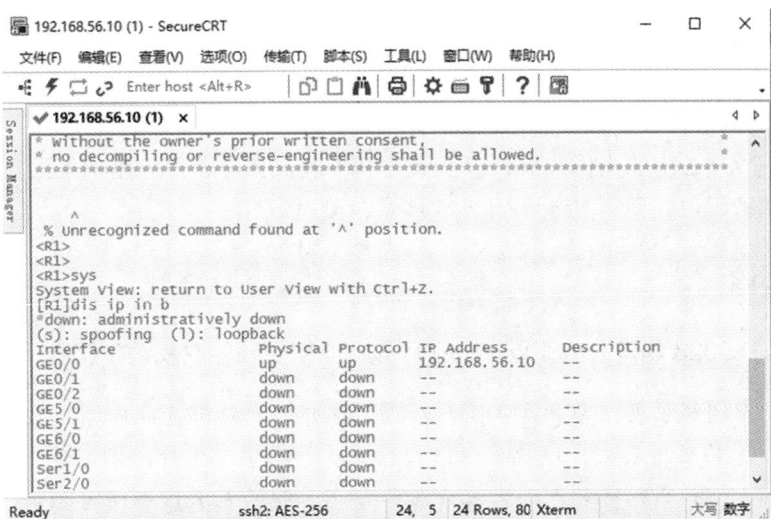

图 2-5-12　成功登录路由器

总结与提高

路由器 SSH 服务配置命令总结如下：

(1) 使能 SSH 服务器功能：

```
[H3C] ssh server enable
```

(2) 配置 SSH 客户端登录时的用户界面：

[H3C-line-vty0-63] authentication-mode scheme

[H3C-line-vty0-63] protocol inbound ssh

(3) 配置 SSH 用户：

[H3C] local-user username

[H3C-luser-manage-xxx] password { hash | simple } password

[H3C-luser-manage-xxx] service-type ssh

[H3C-luser-manage-xxx] authorization-attribute user-role role-name

(4) 生成 RSA 密钥：

[H3C] public-key local create rsa

(5) 导出 RSA 密钥：

[H3C] public-key local export public rsa ssh2

(6) 销毁 RSA 密钥：

[H3C] public-key local destroy rsa

练习与巩固

1. 下列(   )是 SSH 使用的端口号。

A. 21   B. 22   C. 23   D. 24

2. 与 SSH 相比，Telnet 的主要缺点是(   )。

A. 应用不广泛   B. 不支持加密

C. 消耗的网络带宽更多   D. 不支持身份验证

3. 参考任务 5.2 中的操作步骤，使用 HCL 和 VirtualBox 软件为路由器配置 SSH 协议，创建用户名和密码，并使用 SecureCRT 软件登录测试。

拓展阅读

2023 年河北大工匠——张月影：业精于勤   成就数字工匠

张月影，中国移动通信集团河北有限公司网管中心网络技术工程师。她参与了通信技术从 2G 到 5G 的应用发展，以执着专注、精益求精的职业精神，勤学苦练逐渐成长为业务全能型专家。她积极投身到网络云化转型工作中，推动完成了网络云测试，为通信网络向虚拟化、智能化、集中化转变提供了行业成功案例。她的多项技术创新成果取得了显著的经济效益和社会效益。从业至今，她多次获得集团公司、省公司职业技能竞赛一等奖、全国技术能手、先进工作者。

大数据时代，流量为王，这是电信运营企业的核心竞争力。而 5G 和网络云化技术助推通信网络的承载量突破了千万量级，在这样的情形下，任何一次不起眼的网络故障都可能引发不可估量的影响。身为移动公司网络运维工程师的张月影坦言，她所从事的工作"如履薄冰"。他们不仅要实现通信网络快跑、好用，更要保障网络平稳健康。也正因如此，"工匠精神"成为做好这一工作的重要基础，执着专注、一丝不苟，善于较真和攻坚克难更成为他们必须具有的从业品质。

80 后的张月影，给人的第一印象是质朴大方。和同龄女性注重美妆喜欢靓装不同，她日常很少逛街，参加工作 12 年来，她的大多数时间献给了事业。如今身为技术专家的她每天处于 24 小时开机状态，已成为单位重要岗位的"压舱石"。作为 6 岁儿子的母亲，由于对孩子缺少陪伴心生愧疚，张月影一有空闲就会扎进厨房，为孩子和家人们做上一顿精美的爱心餐。

2011 年入职后，张月影就进入河北移动网管中心从事核心网维护优化工作。从初入行业的职场小白，到如今成为网络运维专家，张月影走过了一条潜心学习的成才路。她赶上了中国电信行业瞬息万变的时代，经历了移动通信网络由 2G 到 5G 的飞速发展。面对日新月异的新技术，善于总结、肯于自学、孜孜不倦、主动攻关的性格，推动着她总能在极富挑战的工作中汲取自我成长的力量。张月影在一次次岗位锻炼中学到了真本领，也快速成长为行家里手。

每一次历练都有收获。2013 年年底，移动通信行业迎来 4G 业务发展转型关键期，公司原有的某品牌 HLR 设备(数据库)已无法支持 4G 发展，需要重新搭建符合 4G 的 HLR 设备，并实现对 2400 万既有用户的系统迁移工作。

压力即是动力，面对入职后的首次工程实践，张月影接手后仅用一个月的时间，新建 HLR 就成功实现了 4G 上网业务并打通了第一个电话；经过 60 多个日夜攻坚，完成了所有用户迁移，全程没有发生一起客户投诉事件。

"随工测试可以更加全面地了解网络的搭建情况，也更能准确地掌握现有设备在使用中的优缺点。"张月影用心应对每一次挑战，她至今记得入职时师傅的忠告："对网络要心怀敬畏之心。"只有在技术和专业知识上不断拓展学习，才能更为全面地掌握通信行业端到端相关技术架构。

由于业务知识扎实，张月影曾被借调到集团网事业部，协助集团完成云化设备的入网测试和业务割接上云工作。在总部借调期间，她高效完成了 2000 多项基本业务测试和异厂家兼容性测试，并成功组织河北省在全国范围内完成首次业务上云，为其他省网络云化提供了重要参考，更为 5G 网络建设打下了坚实基础。张月影感慨，在大学时养成的主动学习的习惯，让她具备了做任何事都能扎根进去的精神。遇到不懂的问题，她总会废寝忘食地去攻克。她深知网络维护工作不能只依赖设备厂家，必须把真正的运维技术学到手，必须吃透设备优缺点，掌握理清数据配置的相关情况。

"要成为网络运维工作的骨干和专家，需要长时间积累和不停学习。"在张月影看来，网络维护工作绝不能有"差不多"的心态，必须站到客户角度做到精益求精、一追到底。张月影总能根据疑难投诉反馈，主动解决网络痛点问题。

近年来，移动支付已成为必不可少的支付方式，以往用户一旦欠费停机，手机上网功能也会同时关闭，导致用户无法自行利用移动网络完成费用支付。为了解决终端需求，张月影和同事设计出了一种"绿色缴费"APN 方法，实现了限制欠费用户上网功能的同时，又能满足客户自行缴费需求。该新技术一经推出，就收到了很好的社会效果。

深耕专业技能，打造精品网络，助力"数字河北"建设，是张月影的矢志追求。

为了进一步改善用户对 5G 业务的感知度，张月影带领同事们主动优化 5G 接通率及呼叫接续时延等关键指标 34 项，实现了其中 27 项指标超越集团挑战值指标，相关优化极大地满足了用户的体验感。张月影主动发挥技术骨干传帮带的作用，把自己的网络维护经验编写成案例，如今她上报的 50 余篇故障案例已成为对新员工进行技术分享的教案资料。

在张月影看来，身为中国移动公司培养出来的技术专家，她很感恩公司为其发展提供了成长平台，她也会把个人价值实现融入公司发展中，围绕数字河北未来发展贡献自己的力量。

从 2013 年、2015 年相继荣获河北移动网络运行维护人员技能竞赛三等奖，到 2017 年、2018 年连续荣获河北移动网络运行维护人员技能竞赛二等奖，再到 2020 年同时斩获全国移动通信 5G 技术职业技能竞赛一等奖、中国移动核心网维护技能竞赛个人一等奖、全国电信和互联网行业职业技能竞赛行业技术能手，张月影在一点一滴进步中，收获着属于她的成功。面对成绩，她依然表示将继续通过学习不断提升业务水平，因为通信技术发展从未止步，要做好这份工作，就要持之以恒钻研下去。

第 3 部分
路由交换配置

21 世纪 10 年代以来，网络应用越来越广泛，交换机作为网络中的纽带发挥的作用越来越大。简单地说，交换机将网络和用户进行连接，从而完成各个计算机之间的数据交换。在局域网中，交换机是非常重要的网络设备，负责在主机之间快速转发数据帧。交换机与集线器的不同之处在于，交换机工作在数据链路层，能够根据数据帧中的 MAC 地址进行转发。

路由器是连接 Internet 中各局域网、广域网的设备，会根据信道的情况自动选择和设定路由，以最佳路径，按前后顺序发送信号。路由器是互联网络的枢纽，目前路由器已经广泛应用于各行各业，各种不同档次的产品已成为实现各种骨干网内部连接、骨干网间互联和骨干网与互联网互联互通业务的主力军。

项目 6 交换机配置

任务 6.1 配置 VLAN

学习目标

1. 知识目标

(1) 掌握 VLAN 的定义及概念。

(2) 了解 VLAN 的分类。

(3) 掌握 VLAN 的配置方法。

2. 能力目标

(1) 能够对单交换机进行 VLAN 配置。

(2) 能够对多个交换机进行 VLAN 配置。

3. 素质目标

(1) 培养自主学习能力。

(2) 培养较强的动手能力。

任务描述

1. 单交换机

如图 3-6-1 所示，配置交换机，使得左边两台 PC 和交换机连接的端口为 VLAN 1，右边两台 PC 和交换机连接的端口为 VLAN 2。

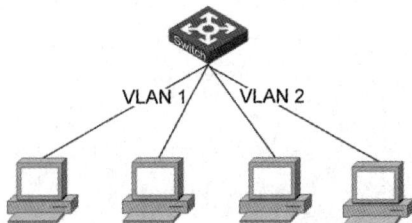

图 3-6-1 单交换机 VLAN

2. 多交换机

如图 3-6-2 所示，公司保卫部门分别在安保室和办公室设置有计算机，但不在同一楼内；后勤部门食堂和维修室也不在同一楼宇。现要求对交换机进行配置，能够使保卫部门和后勤部门的计算机之间进行通信，而不和其他部门进行通信。

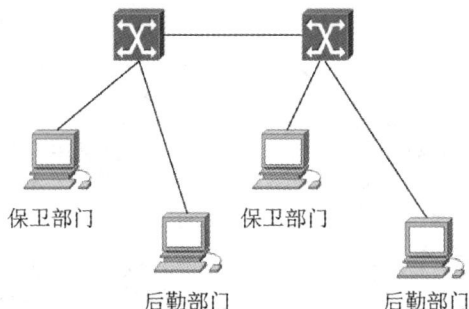

图 3-6-2　多交换机 VLAN

知识引导

1. VLAN 技术简介

VLAN 是一种将局域网设备从逻辑上划分成若干个网段，从而实现虚拟工作组的数据交换技术。这一技术主要应用于交换机和路由器中，但主流应用为交换机。一个 VLAN 可以通过一个交换机或者跨交换机实现。VLAN 可以根据网络用户的位置、作用、部门或者网络用户使用的应用程序和协议进行分组。基于交换机的 VLAN 能够为局域网解决冲突域、广播域、带宽问题。

传统的共享介质的以太网和交换式的以太网中，所有用户在同一个广播域中，设备发出的广播帧在广播域中传播，会引起网络性能的下降，浪费宝贵的带宽，如图 3-6-3 所示。

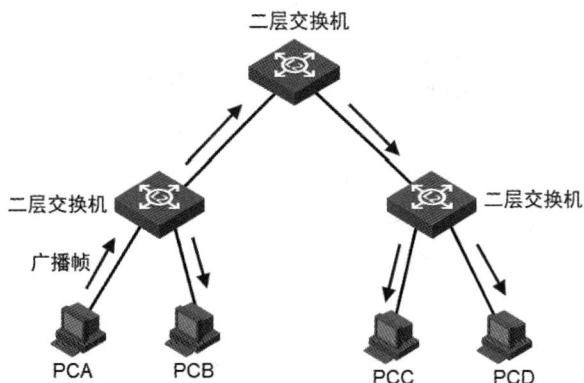

图 3-6-3　广播风暴

对广播风暴的控制和网络安全只能在第三层的路由器上实现，如图 3-6-4 所示。路由器的各个接口处于独立的广播域中，终端主机发出的广播帧在路由器的接口处被终止，所以在局域网中使用路由器能够隔离广播域，减小广播域的范围。但是，路由器的价格比交换机高，使用路由器提高了局域网的部署成本；此外，大部分中低端路由器使用软件进行转发，转发性能不高。所以，在局域网中使用路由器隔离广播域是一个成本高、性能低的方案。

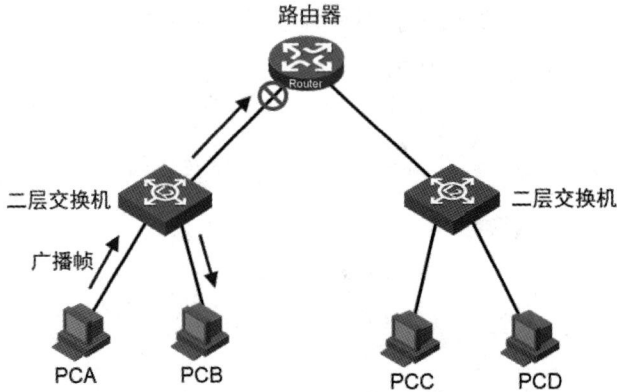

图 3-6-4　用路由器隔离广播域

VLAN 相当于 OSI 参考模型中第二层的广播域，能够将广播风暴控制在一个 VLAN 内部。划分 VLAN 后，由于广播域缩小，网络中广播包消耗带宽所占的比例大大降低，因此网络的性能得到了显著的提高，如图 3-6-5 所示。不同的 VLAN 之间的数据传输是通过第三层(网络层)的路由实现的，因此使用 VLAN 技术，结合数据链路层和网络层的交换设备可搭建安全可靠的网络。网络管理员通过控制交换机的每一个端口来控制网络用户对网络资源的访问，同时 VLAN 和第三层、第四层的交换结合使用能够为网络提供较好的安全措施。

图 3-6-5　划分 VLAN

2. VLAN 的特点

使用 VLAN 能够方便地进行用户的增加、删除、移动等操作，提高了网络的管理效率。VLAN 具有以下特点。

(1) 每个 VLAN 是一个广播域。

VLAN 内的主机间通信就如同在一个局域网内通信一样，但不同 VLAN 间不能直接互通，会导致广播报文被限制在一个 VLAN 内。例如，在一个小公司内部只有一个局域网，为了网络安全或者隔离部门的需要，需要将局域网内部再次划分为若干个 VLAN，被划分开的每个 VLAN 都属于一个广播域。

(2) VLAN 在使用带宽、灵活性、性能等方面都显示出很大的优势。

① 灵活的、软定义的、边界独立于物理媒质的设备群。VLAN 概念的引入，使交换机承担了网络的分段工作。通过使用 VLAN，能够把原来一个物理的局域网划分成很多个逻辑意义上的子网，而不必考虑具体的物理位置。每一个 VLAN 都可以对应一个逻辑单位，如部门、车间和项目组等。

② 广播流量被限制在软定义的边界内，提高了网络的安全性。由于在相同 VLAN 内的主机间传送的数据不会影响其他 VLAN 上的主机，因此减少了数据窃听的可能性，极大地增强了网络的安全性。

③ 能够在网络内划分网段或者微网段，提高网络分组的灵活性。VLAN 技术通过把网络分成逻辑上的不同广播域，使网络上传送的包只在与位于同一个 VLAN 的端口之间交换。这样就限制了某个终端设备只与同一个 VLAN 的其他终端设备互连，避免浪费带宽；同时也改善了网络配置规模的灵活性，尤其是在支持广播/多播协议和应用程序的局域网环境中，会遭遇到如潮水般涌来的包，而在 VLAN 中可以轻松地拒绝其他 VLAN 的包，从而大大减少网络流量。

3. VLAN 的类型

VLAN 的类型是划分广播域的依据，其划分方法主要包括以下几种。

1) 基于端口的 VLAN 划分

基于端口的 VLAN 划分是比较流行和最早的划分方式，如图 3-6-6 所示。其特点是将交换机按照端口进行分组，每一组定义为一个 VLAN。这些交换机端口分组可以在一台交换机上，也可以跨越几个交换机。

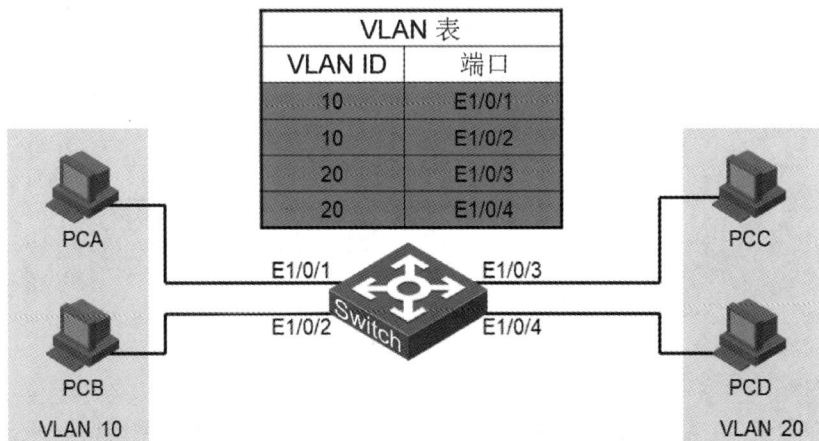

图 3-6-6　基于端口的 VLAN 划分

端口分组目前是定义 VLAN 成员最常用的方法，而且配置直截了当。这种 VLAN 划分方法的特点是一个 VLAN 的各个端口上的所有终端都在一个广播域中，它们相互之间可以通信，不同的 VLAN 之间进行通信时需经过路由。

2) 基于协议的 VLAN 划分

依据报文所属协议类型给报文分配不同 VLAN，可以划分 VLAN 的协议族有 IP、IPX。

3) 基于子网的 VLAN 划分

依据报文的源 IP 地址和子网掩码划分 VLAN 时，交换设备中必须有 VLAN 表，表中有 IP 地址和 VLAN ID 的映射。

4. VLAN 技术原理

以太网交换机根据 MAC 地址表转发数据帧，MAC 地址表中包含端口和端口所连接终端主机 MAC 地址的映射关系。交换机从端口接收到以太网帧后，通过查看 MAC 地址表来决定从哪一个端口将该以太网帧转发出去。如果端口收到的是广播帧，则交换机把广播帧从除源端口外的所有端口转发出去。

在 VLAN 技术中，通过给以太网帧附加一个标签(Tag)，可以标记该以太网帧能够在哪个 VLAN 中传播。这样，交换机在转发数据帧时，不仅要查找 MAC 地址以决定转发到哪个端口，还要检查端口上的 VLAN 标签是否匹配。

在图 3-6-7 中，交换机给主机 PCA 和 PCB 发来的以太网帧附加了 VLAN 10 的标签，给 PCC 和 PCD 发来的以太网帧附加了 VLAN 20 的标签，并在 MAC 地址表中增加了关于 VLAN 标签的记录。这样，交换机在进行 MAC 地址表查找转发操作时，会查看 VLAN 标签是否匹配。如果不匹配，则交换机不会从端口转发出去。这就相当于用 VLAN 标签把 MAC 地址表里的表项区分开来，只有相同 VLAN 标签的端口之间能够互相转发数据帧。

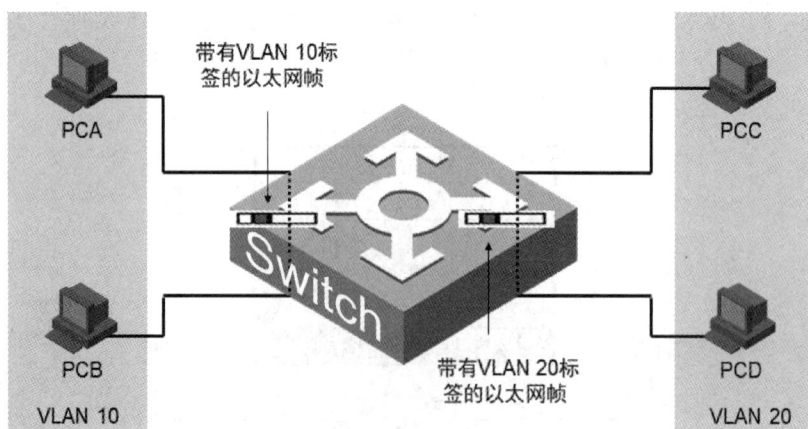

图 3-6-7 VLAN 标签

1) Acess 链路类型端口

只允许默认 VLAN 的以太网帧通过的端口称为 Access 链路类型端口。Access 链路类型端口在收到以太网帧后打上 VLAN 标签，转发出端口时剥离 VLAN 标签，对终端主机透明。默认情况下，交换机只有 VLAN 1，所有的端口都属于 VLAN 1 且是 Access 链路类型端口。

2) Trunk 链路类型端口

允许多个 VLAN 帧通过的端口称为 Trunk 链路类型端口。Trunk 链路类型端口可以接收和发送多个 VLAN 的数据帧，且在接收和发送过程中不对帧中的标签进行任何操作。

不过，默认 VLAN 帧是一个例外。在发送帧时，Trunk 链路类型端口要剥离默认 VLAN 帧中的标签；同样，交换机从 Trunk 链路类型端口接收到不带标签的帧时，要打上默认 VLAN 标签。Trunk 链路类型端口一般用于在交换机之间互连。

图 3-6-8 所示为 Trunk 链路类型端口通信流程。PCA 发出以太网帧，到达 SWA 的 E1/0/1 端口，端口的默认 VLAN 是 10，所以以太网帧被打上 VLAN 10 标签；E1/0/24 端口是 Trunk 链路类型端口，VLAN 10 标签的帧从端口转发至 SWB；SWB 从帧中的标签得知其属于 VLAN 10，于是转发至端口 E1/0/1，经剥离标签后到达 PCC。PCB 发出的帧在 E1/0/2 端口被打上 VLAN 20 的标签；E1/0/24 端口是 Trunk 链路类型端口且默认 VLAN 是 20，所以数据帧被剥离标签后转发；当未带标签的数据帧到达 SWB 的 E1/0/24 端口后，端口给其打上 VLAN 20 的标签再转发到端口 E1/0/2，端口 E1/0/2 剥离标签后转发至 PCD。

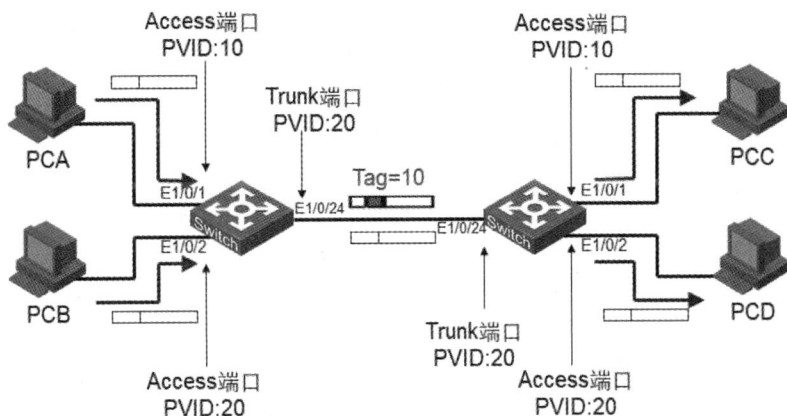

图 3-6-8　Trunk 链路类型端口通信流程

3) Hybrid 链路类型端口

除了 Access 链路类型和 Trunk 链路类型端口外，交换机还支持 Hybrid 链路类型端口。Hybrid 链路类型端口可以接收和发送多个 VLAN 的数据帧，同时还能够指定对任何 VLAN 帧进行剥离标签操作。

当网络中大部分主机之间需要隔离，但这些隔离的主机又需要与另一台主机互通时，可以使用 Hybrid 链路类型端口。

在图 3-6-9 中，PCA 发出的以太网帧进入端口时打上 VLAN 10 的标签，在到达连接 PCC 的端口时，端口根据设定(Untag:10, 20, 30)将数据帧中的标签剥离后发送给 PCC，所以 PCA 与 PCC 能够通信；同理，PCB 也能够与 PCC 通信。但是，PCA 发出的以太网帧到达连接 PCB 的端口时，端口上的设定(Untag:20, 30)表明只对 VLAN 20、VLAN 30 的数据帧转发且剥离标签，而不允许 VLAN 10 的帧通过，所以 PCA 与 PCB 不能互通。

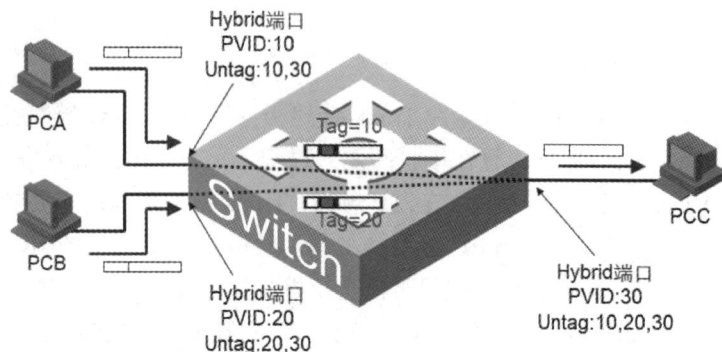

图 3-6-9   Hybrid 链路类型端口通信流程

任务实施

1. 单交换机

(1) 根据图 3-6-10，在软件中绘制单交换机 VLAN 拓扑，配置 PC 的 IP 地址和子网掩码。

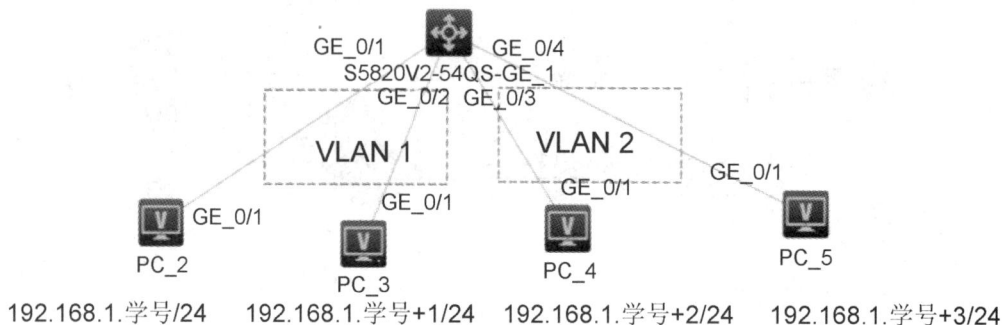

图 3-6-10   单交换机 VLAN 拓扑

(2) 系统试图用 display vlan1 命令验证交换机使用的 4 个接口都属于 VLAN 1，4 台计算机互 ping，且都能 ping 通，命令如下：

```
<H3C>sys
[H3C]sys SW1
[SW1]display vlan1
```

(3) 在交换机上创建 VLAN 2，并把端口 g1/0/3 和 g1/0/4 加入 VLAN 2，命令如下：

```
[SW1]VLAN 2
[SW1-VLAN2]port g1/0/3    g1/0/4
```

(4) 进行连通性测试，发现相同 VLAN 之间的 PC 能够 ping 通，不同 VLAN 之间的 PC 不能 ping 通。

2. 多交换机

(1) 根据图 3-6-11 所示的多交换机 VLAN 拓扑连接网络设备，设置 PC 的 IP 地址。

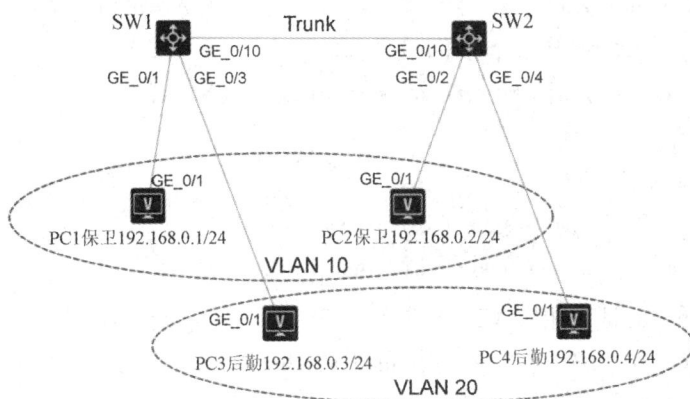

图 3-6-11　多交换机 VLAN 拓扑

(2) 修改 SW1 和 SW2 的名称，查看默认 VLAN，如图 3-6-12 所示(SW2 的配置同 SW1，此处略)。

图 3-6-12　查看默认 VLAN

(3) 分别在两台交换机上建立 VLAN 并添加相应端口，命令如下：

[SW1]vlan 10	#建立 VLAN 10
[SW1-vlan10]name bw	#将 VLAN 10 命名为保卫字头"bw"
[SW1-vlan10]port g1/0/1	#将端口 g1/0/1 添加到 VLAN 10
[SW1-vlan10]vlan 20	#建立 VLAN 20
[SW1-vlan20]name hq	#将 VLAN 20 命名为后勤字头"hq"
[SW1-vlan20]port g1/0/3	#将端口 g1/0/3 添加到 VLAN 20

[SW2]vlan 10
[SW1-vlan10]name bw
[SW2-vlan10]port g1/0/2
[SW2-vlan10]vlan 20
[SW1-vlan20]name hq
[SW2-vlan20]port g1/0/4

(4) 设置交换机上的 trunk 链路类型端口，命令如下：

```
[SW1]interface g1/0/10                                  #进入端口 g1/0/10
[SW1-GigabitEthernet1/0/10]port link-type trunk         #端口链路类型
[SW1-GigabitEthernet1/0/10]port trunk permit vlan all   #端口链路允许所有 VLAN 通过

[SW2]in g1/0/10
[SW2-GigabitEthernet1/0/10]port link-type trunk
[SW2-GigabitEthernet1/0/10]port trunk permit vlan all
```

(5) 进行连通性验证，相同 VLAN 之间的 PC 能够 ping 通，不同 VLAN 之间的 PC 不能 ping 通，即 PC1 和 PC3、PC4 之间 ping 不通，PC2 和 PC3、PC4 之间 ping 不通，如图 3-6-13 和图 3-6-14 所示。

```
<H3C>
<H3C>
<H3C>ping 192.168.0.2
Ping 192.168.0.2 (192.168.0.2): 56 data bytes, press CTRL_C to break
56 bytes from 192.168.0.2: icmp_seq=0 ttl=255 time=2.000 ms
56 bytes from 192.168.0.2: icmp_seq=1 ttl=255 time=1.000 ms
56 bytes from 192.168.0.2: icmp_seq=2 ttl=255 time=1.000 ms
56 bytes from 192.168.0.2: icmp_seq=3 ttl=255 time=1.000 ms
56 bytes from 192.168.0.2: icmp_seq=4 ttl=255 time=1.000 ms

--- Ping statistics for 192.168.0.2 ---
5 packet(s) transmitted, 5 packet(s) received, 0.0% packet loss
round-trip min/avg/max/std-dev = 1.000/1.200/2.000/0.400 ms
<H3C>%Feb 13 19:55:36:363 2020 H3C PING/6/PING_STATISTICS: Ping statisti
cs for 192.168.0.2: 5 packet(s) transmitted, 5 packet(s) received, 0.0%
packet loss, round-trip min/avg/max/std-dev = 1.000/1.200/2.000/0.400 ms
.
```

图 3-6-13　PC1 能 ping 通 PC2

```
<H3C>
<H3C>
<H3C>ping 192.168.0.4
Ping 192.168.0.4 (192.168.0.4): 56 data bytes, press CTRL_C to brea
56 bytes from 192.168.0.4: icmp_seq=0 ttl=255 time=1.000 ms
56 bytes from 192.168.0.4: icmp_seq=1 ttl=255 time=2.000 ms
56 bytes from 192.168.0.4: icmp_seq=2 ttl=255 time=1.000 ms
56 bytes from 192.168.0.4: icmp_seq=3 ttl=255 time=2.000 ms
56 bytes from 192.168.0.4: icmp_seq=4 ttl=255 time=1.000 ms

--- Ping statistics for 192.168.0.4 ---
5 packet(s) transmitted, 5 packet(s) received, 0.0% packet loss
round-trip min/avg/max/std-dev = 1.000/1.400/2.000/0.490 ms
<H3C>%Feb 13 19:55:29:311 2020 H3C PING/6/PING_STATISTICS: Ping sta
cs for 192.168.0.4: 5 packet(s) transmitted, 5 packet(s) received,
packet loss, round-trip min/avg/max/std-dev = 1.000/1.400/2.000/0.4
```

图 3-6-14　PC3 能 ping 能 PC4

任务拓展

某公司要求信息中心的运维工程师将财务处和人事处使用的计算机隔离，使之不能互相访问，但经理办公室的计算机和财务处、人事处的计算机可以互访。试完成 Hybrid 链路配置，拓扑如图 3-6-15 所示。

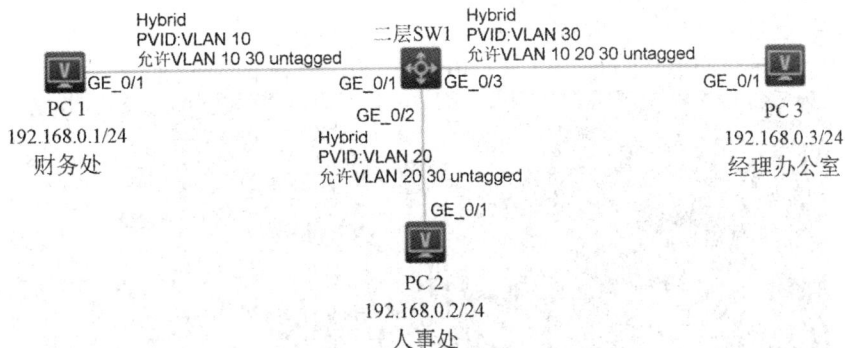

图 3-6-15　Hybrid 链路拓扑

配置步骤如下:

(1) 新建 VLAN 10/20/30,将端口 g1/0/1 加入 VLAN 10 并设置端口类型为 Hybrid,允许 VLAN 10 和 VLAN 30 不带标签通过端口,默认 VLAN 为 10,命令如下:

```
<H3C>sys
[H3C]vlan 10              #新建 VLAN 10
[H3C-vlan10]q
[H3C]vlan 20
[H3C-vlan20]quit
[H3C]vlan 30
[H3C-vlan30]quit
[H3C]interface g1/0/1          #进入端口
[H3C-GigabitEthernet1/0/1]port link-type hybrid     #端口链路类型为 Hybrid
[H3C-GigabitEthernet1/0/1]port hybrid vlan 10 30 untagged    #VLAN 10 和 VLAN 30 不带标签
[H3C-GigabitEthernet1/0/1]port hybrid pvid vlan 10        #端口默认为 VLAN 10
[H3C-GigabitEthernet1/0/1]quit
```

(2) 将端口 g1/0/2 加入 VLAN 20 并设置端口类型为 Hybrid,允许 VLAN 20 和 VLAN 30 不带标签通过端口,默认 VLAN 为 20,命令如下:

```
[H3C]interface g1/0/2
[H3C-GigabitEthernet1/0/2]port link-type hybrid
[H3C-GigabitEthernet1/0/2]port hybrid vlan 20 30 untagged
[H3C-GigabitEthernet1/0/2]port hybrid pvid vlan 20
[H3C-GigabitEthernet1/0/2]quit
```

(3) 将端口 g1/0/3 加入 VLAN 30 并设置端口类型为 Hybrid,允许 VLAN 10、VLAN 20 和 VLAN 30 不带标签通过端口,默认 VLAN 为 30,命令如下:

```
[H3C]interface g1/0/3
[H3C-GigabitEthernet1/0/3]port link-type hybrid
[H3C-GigabitEthernet1/0/3]port hybrid vlan 10 20 30 untagged
[H3C-GigabitEthernet1/0/3]port hybrid pvid vlan 30
[H3C-GigabitEthernet1/0/3]quit
```

(4) 配置 PC 的 IP 地址(内容略)。

(5) 实验验证。使用 dis vlan 10(20、30)查看 VLAN 标签，如图 3-6-16 所示。

```
H3C]dis vlan 10
VLAN ID: 10
VLAN type: Static
Route interface: Not configured
Description: VLAN 0010
Name: VLAN 0010
Tagged ports:   None
Untagged ports:
   GigabitEthernet1/0/1          GigabitEthernet1/0/3

H3C]dis vlan 20
VLAN ID: 20
VLAN type: Static
Route interface: Not configured
Description: VLAN 0020
Name: VLAN 0020
Tagged ports:   None
Untagged ports:
   GigabitEthernet1/0/2          GigabitEthernet1/0/3

H3C]dis vlan 30
VLAN ID: 30
VLAN type: Static
Route interface: Not configured
Description: VLAN 0030
Name: VLAN 0030
Tagged ports:   None
Untagged ports:
   GigabitEthernet1/0/1          GigabitEthernet1/0/2
   GigabitEthernet1/0/3

H3C]
```

图 3-6-16 查看 VLAN 标签

使用<H3C>dis interface g1/0/1(2、3) b 命令查看端口的摘要信息，如图 3-6-17 所示。

```
<H3C>dis interface g1/0/1 b
Brief information on interfaces in bridge mode:
Link: ADM - administratively down; Stby - standby
Speed: (a) - auto
Duplex: (a)/A - auto; H - half; F - full
Type: A - access; T - trunk; H - hybrid
Interface            Link Speed   Duplex Type PVID Description
GE1/0/1              UP   1G(a)   F(a)   H    10
<H3C>dis interface g1/0/2 b
Brief information on interfaces in bridge mode:
Link: ADM - administratively down; Stby - standby
Speed: (a) - auto
Duplex: (a)/A - auto; H - half; F - full
Type: A - access; T - trunk; H - hybrid
Interface            Link Speed   Duplex Type PVID Description
GE1/0/2              UP   1G(a)   F(a)   H    20
<H3C>dis interface g1/0/3 b
Brief information on interfaces in bridge mode:
Link: ADM - administratively down; Stby - standby
Speed: (a) - auto
Duplex: (a)/A - auto; H - half; F - full
Type: A - access; T - trunk; H - hybrid
Interface            Link Speed   Duplex Type PVID Description
GE1/0/3              UP   1G(a)   F(a)   H    30
<H3C>
```

图 3-6-17 查看端口的摘要信息

进行 ping 测试，如图 3-6-18～图 3-6-20 所示。

```
<H3C>ping 192.168.0.3
Ping 192.168.0.3 (192.168.0.3): 56 data bytes, press CTRL_C to break
56 bytes from 192.168.0.3: icmp_seq=0 ttl=255 time=3.000 ms
56 bytes from 192.168.0.3: icmp_seq=1 ttl=255 time=1.000 ms
56 bytes from 192.168.0.3: icmp_seq=2 ttl=255 time=2.000 ms
56 bytes from 192.168.0.3: icmp_seq=3 ttl=255 time=1.000 ms
56 bytes from 192.168.0.3: icmp_seq=4 ttl=255 time=1.000 ms

--- Ping statistics for 192.168.0.3 ---
5 packet(s) transmitted, 5 packet(s) received, 0.0% packet loss
round-trip min/avg/max/std-dev = 1.000/1.600/3.000/0.800 ms
<H3C>%Feb 13 15:54:32:137 2020 H3C PING/6/PING_STATISTICS: Ping statistics for 192.168.0.3: 5 pack
 1.000/1.600/3.000/0.800 ms.
ping 192.168.0.2
Ping 192.168.0.2 (192.168.0.2): 56 data bytes, press CTRL_C to break
Request time out
Request time out
Request time out
Request time out
Request time out
```

图 3-6-18　PC1 ping PC3

```
<H3C>ping 192.168.0.3
Ping 192.168.0.3 (192.168.0.3): 56 data bytes, press CTRL_C to break
56 bytes from 192.168.0.3: icmp_seq=0 ttl=255 time=2.000 ms
56 bytes from 192.168.0.3: icmp_seq=1 ttl=255 time=1.000 ms
56 bytes from 192.168.0.3: icmp_seq=2 ttl=255 time=1.000 ms
56 bytes from 192.168.0.3: icmp_seq=3 ttl=255 time=1.000 ms
56 bytes from 192.168.0.3: icmp_seq=4 ttl=255 time=1.000 ms

--- Ping statistics for 192.168.0.3 ---
5 packet(s) transmitted, 5 packet(s) received, 0.0% packet loss
round-trip min/avg/max/std-dev = 1.000/1.200/2.000/0.400 ms
<H3C>%Feb 13 15:58:59:116 2020 H3C PING/6/PING_STATISTICS: Ping statisti
 1.000/1.200/2.000/0.400 ms.
ping 192.168.0.1
Ping 192.168.0.1 (192.168.0.1): 56 data bytes, press CTRL_C to break
Request time out
Request time out
Request time out
Request time out
Request time out
```

图 3-6-19　PC2 ping PC3

```
<H3C>ping 192.168.0.2
Ping 192.168.0.2 (192.168.0.2): 56 data bytes, press CTRL_C to break
56 bytes from 192.168.0.2: icmp_seq=0 ttl=255 time=2.000 ms
56 bytes from 192.168.0.2: icmp_seq=1 ttl=255 time=1.000 ms
56 bytes from 192.168.0.2: icmp_seq=2 ttl=255 time=1.000 ms
56 bytes from 192.168.0.2: icmp_seq=3 ttl=255 time=0.000 ms
56 bytes from 192.168.0.2: icmp_seq=4 ttl=255 time=1.000 ms

--- Ping statistics for 192.168.0.2 ---
5 packet(s) transmitted, 5 packet(s) received, 0.0% packet loss
round-trip min/avg/max/std-dev = 0.000/1.000/2.000/0.632 ms
<H3C>%Feb 13 16:12:19:709 2020 H3C PING/6/PING_STATISTICS: Ping statisti
 0.000/1.000/2.000/0.632 ms.
ping 192.168.0.1
Ping 192.168.0.1 (192.168.0.1): 56 data bytes, press CTRL_C to break
56 bytes from 192.168.0.1: icmp_seq=0 ttl=255 time=1.000 ms
56 bytes from 192.168.0.1: icmp_seq=1 ttl=255 time=1.000 ms
56 bytes from 192.168.0.1: icmp_seq=2 ttl=255 time=1.000 ms
56 bytes from 192.168.0.1: icmp_seq=3 ttl=255 time=1.000 ms
56 bytes from 192.168.0.1: icmp_seq=4 ttl=255 time=1.000 ms
```

图 3-6-20　PC3 ping PC2

总结与提高

交换机根据数据帧的标签判断数据帧属于哪一个 VLAN，VLAN 对于 PC 是透明的，用户不需关心 VLAN 如何划分，也不需要识别带 IEEE 802.1q 标签的以太网帧。

交换机在接入数据帧后，会根据接收的端口类型不同做出相应的操作。其中，端口类型包括 Access、Trunk 和 Hybrid。

(1) Access 链路类型端口：只允许一个指定的 VLAN 数据帧通过。Access 链路类型端口在接收到数据帧后会附加一个标签，标签内有指定的 VLAN 等信息，当数据帧离开 Access 链路类型端口时将剥离标签。

默认情况下，交换机所有端口的链路类型都是 Access 链路类型端口，每个 Access 链路类型端口都只能属于某一个 VLAN，不同 VLAN 之间的 Access 链路类型端口属于不同的广播域，也不能进行跨 VLAN 通信。

(2) Trunk 链路类型端口：可以接收和发送多个 VLAN 的数据帧，在发送和接收过程中不对数据帧的标签做任何操作。

Trunk 链路类型端口发送的是默认 VLAN 的数据帧，其将剥离标签字段，以不打标签的方式进行发送。

(3) Hybrid 链路类型端口：可以接收和发送多个 VLAN 的数据帧，同时还能对指定的 VLAN 进行数据帧标签的剥离操作。该类型端口主要应用于交换机与终端用户互连。

练习与巩固

1. 下面关于 H3C 三层交换机 VLAN 接口的 IP 地址描述正确的是(　　)。
A. 只要给一个 VLAN 接口配置 IP 地址，交换机就具有三层路由转发功能
B. 只有给两个及以上的 VLAN 接口配置了 IP 地址，交换机才具有三层路由转发功能
C. 当给 VLAN 接口配置主 IP 地址时，如果接口上已经有主 IP 地址，则必须删除原主 IP 地址才能配置新的主 IP 地址
D. 在删除 VLAN 接口的主 IP 地址之前必须先删除从 IP 地址
2. 与传统的局域网相比，VLAN 具有(　　)优势。
A. 减少移动和改变的代价
B. 建立虚拟工作组
C. 用户不受物理设备的限制，VLAN 用户可以处于网络中的任何地方
D. 限制广播包，提高带宽的利用率
E. 增强通信的安全性
F. 增强网络的健壮性
3. 以下关于 Trunk 链路类型端口的描述正确的是(　　)。
A. Trunk 链路类型端口的 PVID 值不可以修改
B. Trunk 链路类型端口发送数据帧时，若数据帧不带有 VLAN ID，则对数据帧加上相应的 PVID 值作为 VLAN ID
C. Trunk 链路可以承载带有不同 VLAN ID 的数据帧

D. 在 Trunk 链路上传送的数据帧都是带 VLAN ID 的

4. VLAN 的作用是什么？

5. 简述 VLAN 的分类。

6. 将某端口添加到 VLAN(如 VLAN 20)的命令是什么？

任务 6.2　配置生成树

学习目标

1. 知识目标

(1) 了解 STP 产生的背景。

(2) 掌握 STP 的基本原理。

(3) 掌握 STP 的配置方法。

2. 能力目标

(1) 能够对交换机进行 STP 配置。

(2) 能够学会用生成树消除环路。

3. 素质目标

(1) 培养解决问题的能力。

(2) 培养较强的动手能力。

任务描述

为了防止交换机冗余链路产生的环路，员工需对公司的交换机配置 STP(Spanning Tree Protocol，生成树协议)根桥，如图 3-6-21 所示。

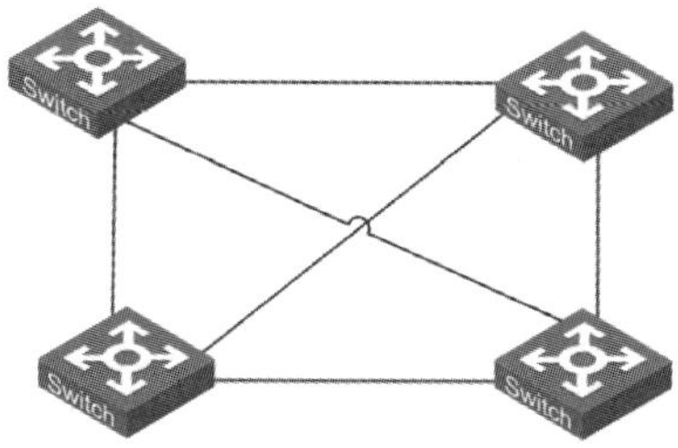

图 3-6-21　生成树配置

知识引导

1. STP 产生背景

透明网桥拓展了局域网的连接能力，使只能在小范围局域网上操作的站点能够在更大范围的局域网环境中工作；同时，透明网桥还能自主学习站点的地址信息，从而有效控制网络中的数据帧数量。但是，透明网桥在转发数据帧时，尽管其能够按照 MAC 地址表进行正确的转发，但不会对以太网数据帧做任何修改，也没有记录任何关于该数据帧的转发记录。所以，由于某种原因，交换机再次接收到该数据帧时，透明网桥仍然毫无记录地将数据帧按照 MAC 地址表转发到指定端口。这样，帧有可能在环路中不断循环和增生，造成网络带宽被大量重复帧占据，导致网络拥塞。特别是在遇到广播帧时，更容易在存在环路的网络中形成广播风暴，如图 3-6-22 所示。A 查询 MAC 地址表，发现表中不存在目标地址，于是 A 广播该帧；B 与 C 查询 MAC 地址表，发现是未知目标地址，于是 B 与 C 广播该帧，形成双向广播环。因此，广播永远不会停止，故产生广播风暴，最终会导致网络资源耗尽，交换机死机。

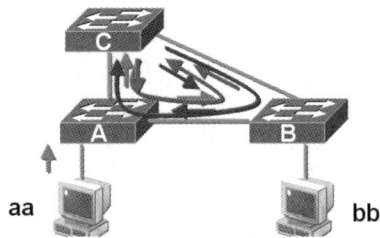

图 3-6-22　广播风暴的产生

要解决这个问题，首先就要保证网络不存在物理上的环路。但是，当网络变得复杂时，要保证没有任何环路是很困难的，并且在许多可靠性要求高的网络中，为了能够提供不间断的网络服务，采用物理环路的冗余备份就是最常用的手段。所以，保证网络不存在环路是不现实的。

IEEE 提供了一个很好的解决办法，即采用 802.1D 协议标准中规定的 STP。STP 能够通过阻断网络中存在的冗余链路来消除网络可能存在的路径环路，并且在当前活动(Active)路径发生故障时激活被阻断的冗余备份链路来恢复网络的连通性，保障业务的不间断服务。

2. STP 算法

STP 将一个环形网络生成无环拓扑的步骤如下：

(1) 选择根网桥(Root Bridge)。

(2) 选择根端口(Root Ports，RP)。

(3) 选择指定端口(Designated Ports)。

STP 的作用是通过阻断冗余链路使一个有回路的桥接网络修剪成一个无回路的树形拓扑结构。STP 通过将环路上的某些端口置为阻塞状态，不允许数据帧通过而做到这一点。确定哪些端口是阻塞状态的过程如下：

(1) 根桥上的所有端口为指定端口。

(2) 为每个非根桥选择根路径开销最小的那个端口作为根端口，该端口到根桥的路径是此网桥到根桥的最佳路径。

(3) 为每个物理段选出根路径开销最小的那个网桥作为指定桥(Designated Bridge)，该指定桥到该物理段的端口作为指定端口，负责所在物理段上的数据转发。

(4) 既不是指定端口也不是根端口的端口是 Alternate 端口，置于阻塞状态，不转发普通以太网数据帧。

3. 配置生成树

(1) 开启设备 STP 特性：

```
[Switch] stp global enable
```

(2) 关闭端口 STP 特性：

```
[Switch-Ethernet1/0/1] undo stp enable
```

(3) 配置 STP 的工作模式：

```
[Switch] stp mode { stp | rstp | pvst | mstp }
```

(4) 配置当前设备的优先级：

```
[Switch] stp [ instance instance-id ] priority priority
```

(5) 配置端口为边缘端口：

```
[Switch-Ethernet1/0/1] stp edged-port
```

任务实施

(1) 根据图 3-6-23，在软件中放置路由器和主机，绘制 STP 拓扑。

图 3-6-23　STP 拓扑

(2) 查看交换机桥 ID 和各连接端口的开销值、端口 ID，命令如下，将其标注在 STP 拓扑中。

```
<SW4>dis stp
```

桥 ID 如图 3-6-24 所示。

```
<H3C>display stp
-------[CIST Global Info][Mode MSTP]-------
 Bridge ID           : 32768.6886-aad9-0100
 Bridge times        : Hello 2s MaxAge 20s FwdDelay 15s MaxHops 20
 Root ID/ERPC        : 32768.6886-aad9-0100, 0
 RegRoot ID/IRPC     : 32768.6886-aad9-0100, 0
 RootPort ID         : 0.0
 BPDU-Protection     : Disabled
 Bridge Config-
 Digest-Snooping     : Disabled
 TC or TCN received  : 8
 Time since last TC  : 0 days 2h:46m:41s
```

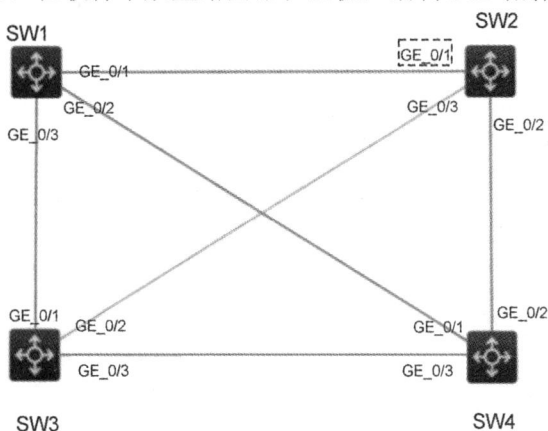

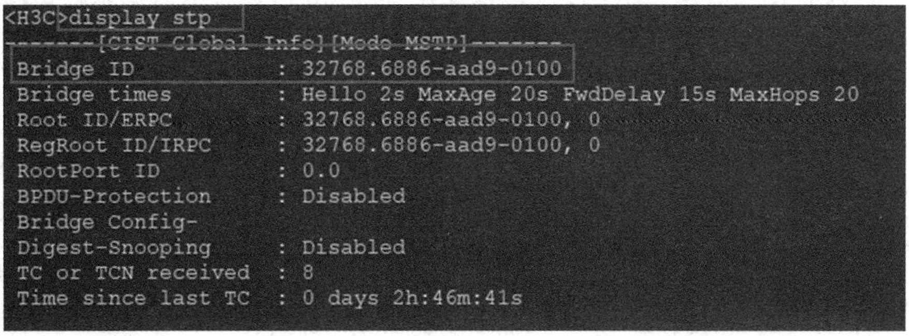

图 3-6-24　桥 ID

端口的开销值、端口 ID 如图 3-6-25 所示。

```
----[Port2(GigabitEthernet1/0/1)][FORWARDING]----
Port protocol        : Enabled
Port role            : Root Port (Boundary)
Port ID              : 128.2
Port cost(Legacy)    : Config=auto, Active=20
Desg.bridge/port     : 32768.6886-aad9-0100, 128.3
Port edged           : Config=disabled, Active=disabled
Point-to-Point       : Config=auto, Active=true
Transmit limit       : 10 packets/hello-time
TC-Restriction       : Disabled
Role-Restriction     : Disabled
```

图 3-6-25　端口的开销值、端口 ID

其他交换机方法相同，略。

(3) 分析并在拓扑上标注根桥和各端口角色，如图 3-6-26 所示。

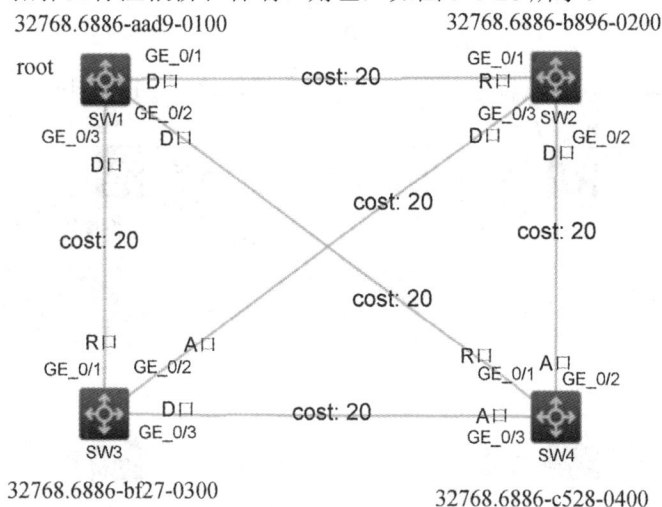

图 3-6-26　标注根桥和各端口角色

(4) 查看各交换机各端口状态，命令如下，如图 3-6-27～图 3-6-30 所示。

[SW1]dis stp brief

```
[SW1]dis stp brief
MST ID   Port                     Role  STP State    Protecti
on
0        GigabitEthernet1/0/1     DESI  FORWARDING   NONE
0        GigabitEthernet1/0/2     DESI  FORWARDING   NONE
0        GigabitEthernet1/0/3     DESI  FORWARDING   NONE
[SW1]
```

图 3-6-27　SW1 端口状态

```
[SW2]display stp brief
MST ID   Port                     Role  STP State    Protecti
on
0        GigabitEthernet1/0/1     ROOT  FORWARDING   NONE
0        GigabitEthernet1/0/2     DESI  FORWARDING   NONE
0        GigabitEthernet1/0/3     DESI  FORWARDING   NONE
```

图 3-6-28　SW2 端口状态

```
[SW3]display stp brief
 MST ID    Port                              Role  STP State   Protecti
on
 0          GigabitEthernet1/0/1            ROOT  FORWARDING  NONE
 0          GigabitEthernet1/0/2            ALTE  DISCARDING  NONE
 0          GigabitEthernet1/0/3            DESI  FORWARDING  NONE
[SW3]
```

图 3-6-29　SW3 端口状态

```
[SW4]display stp brief
 MST ID    Port                              Role  STP State   Protecti
on
 0          GigabitEthernet1/0/1            ROOT  FORWARDING  NONE
 0          GigabitEthernet1/0/2            ALTE  DISCARDING  NONE
 0          GigabitEthernet1/0/3            ALTE  DISCARDING  NONE
[SW4]
```

图 3-6-30　SW4 端口状态

总结与提高

STP 为 ISO IEEE 802.1D 标准协议，逻辑上断开环路，可防止广播风暴的产生；当线路出现故障时，断开的接口被激活，恢复通信，起到备份线路的作用。

STP 将一个环形网络生成无环拓扑的步骤如下：

(1) 选择根网桥。

(2) 选择根端口。

(3) 选择指定端口。

练习与巩固

1. 交换机 SWA 的端口 Ethernet1/0/4 连接有一台路由器，管理员想在此端口上关闭 STP 功能，需要使用(　　)命令。

A. [SWA]stp disable　　　　　　　　B. [SWA-Ethernet1/0/4] stp disable

C. [SWA] undo stp enable　　　　　　D. [SWA-Ethernet1/0/4] undo stp enable

2. 在交换机上启动 STP 的命令是(　　)。

任务 6.3　配置链路聚合

学习目标

1. 知识目标

(1) 了解链路聚合的作用。

(2) 掌握链路聚合的基本配置。

2. 能力目标

(1) 能够对交换机进行链路聚合配置。

(2) 能够提高链路的可靠性。

3. 素质目标

(1) 培养解决问题的能力。

(2) 培养较强的动手能力。

任务描述

某公司链路可靠性较差，网络速度较慢，需要对图 3-6-31 所示网络拓扑进行链路聚合配置。

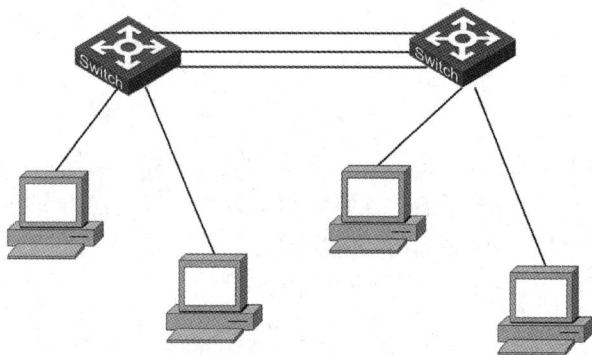

图 3-6-31 网络拓扑

知识引导

在组建局域网的过程中，连通性是最基本的要求，在保证连通性的基础上，有时还需要网络具有高带宽、高可靠性等性能，而链路聚合技术是局域网中最常见的高带宽和高可靠性技术。

1. 链路聚合的作用

通过链路聚合，多个物理以太网链路聚合在一起，可形成一个逻辑上的聚合端口组。使用链路聚合服务的上层实体把同一聚合组内的多条物理链路视为一条逻辑链路，数据通过聚合端口组进行传输。链路聚合具有以下优点：

(1) 增加链路带宽：通过把数据流分散到聚合组中的各个成员端口，实现端口间的流量负载分担，从而可有效增加交换机的链路带宽。

(2) 提供链路可靠性：聚合组可以实时监控同一聚合组内各个成员端口的状态，从而实现成员端口之间彼此动态备份。如果某个端口故障，则聚合组及时从其他端口传输数据流。

2. 链路聚合配置

(1) 创建聚合端口：

[Switch] interface bridge-aggregation interface-number

(2) 将以太网端口加入聚合组:

```
[Switch-Ethernet1/0/1] port link-aggregation group number
```

任务实施

(1) 根据图 3-6-32,在软件中放置路由器和主机,绘制拓扑,配置 PC 的 IP 地址、子网掩码和网关。

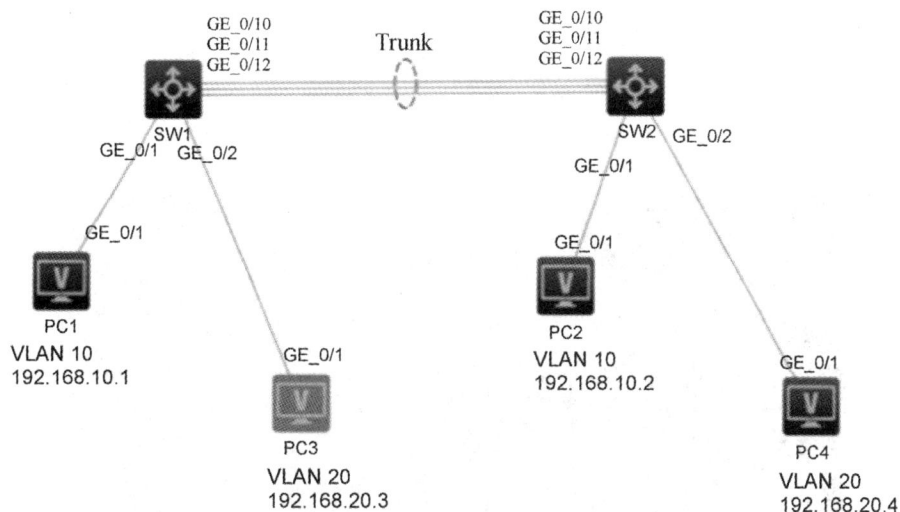

图 3-6-32　网络拓扑

(2) 配置 SW1:

```
<H3C>sys
[H3C]sysname SW1
[SW1]vlan 10
[SW1-vlan10]port g1/0/1
[SW1-vlan10]vlan 20
[SW1-vlan20]port g1/0/2
[SW1-vlan20]q
[SW1]interface Bridge-Aggregation 1
[SW1-Bridge-Aggregation1]quit
[SW1]interface range g1/0/10 to g1/0/12
[SW1-if-range]port link-aggregation group 1
[SW1-if-range]qu
[SW1]interface Bridge-Aggregation 1
[SW1-Bridge-Aggregation1]port link-type trunk
Configuring GigabitEthernet1/0/10 done.
Configuring GigabitEthernet1/0/11 done.
Configuring GigabitEthernet1/0/12 done.
```

```
[SW1-Bridge-Aggregation1]port trunk permit vlan all
Configuring GigabitEthernet1/0/10 done.
Configuring GigabitEthernet1/0/11 done.
Configuring GigabitEthernet1/0/12 done.
<SW1>save
The current configuration will be written to the device. Are you sure? [Y/N]:y
```

(3) 配置 SW2 同上，略。

(4) 实验验证(图 3-6-33)：

```
<SW1>display link-aggregation verbose
```

或者

```
<SW1>display link-aggregation summary
```

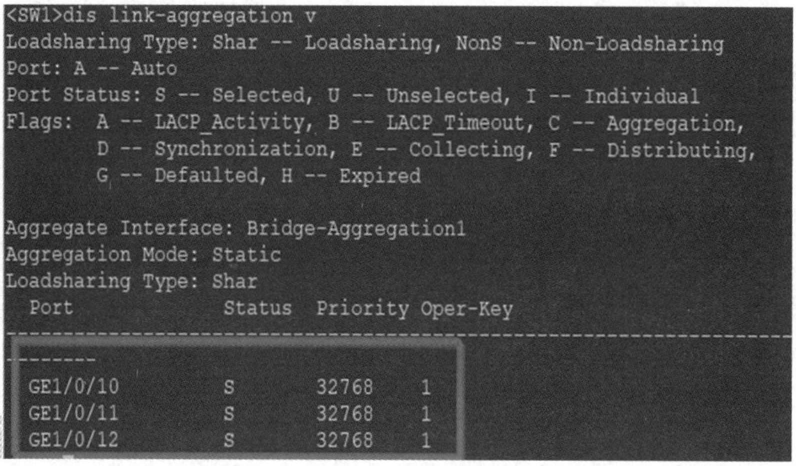

```
<SW1>dis link-aggregation v
Loadsharing Type: Shar -- Loadsharing, NonS -- Non-Loadsharing
Port: A -- Auto
Port Status: S -- Selected, U -- Unselected, I -- Individual
Flags:  A -- LACP_Activity, B -- LACP_Timeout, C -- Aggregation,
        D -- Synchronization, E -- Collecting, F -- Distributing,
        G -- Defaulted, H -- Expired

Aggregate Interface: Bridge-Aggregation1
Aggregation Mode: Static
Loadsharing Type: Shar
  Port              Status  Priority Oper-Key
--------------------------------------------------------------------------------
  GE1/0/10          S       32768    1
  GE1/0/11          S       32768    1
  GE1/0/12          S       32768    1
```

图 3-6-33　查看链路聚合

SW2 同上，略。

(5) 进行连接测试，如图 3-6-34 和图 3-6-35 所示。

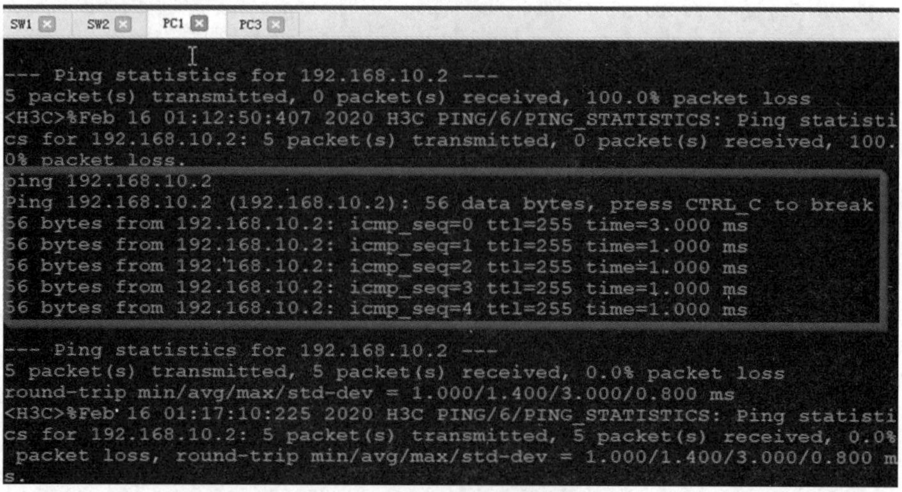

```
SW1  SW2  PC1  PC3
--- Ping statistics for 192.168.10.2 ---
5 packet(s) transmitted, 0 packet(s) received, 100.0% packet loss
<H3C>%Feb 16 01:12:50:407 2020 H3C PING/6/PING_STATISTICS: Ping statisti
cs for 192.168.10.2: 5 packet(s) transmitted, 0 packet(s) received, 100.
0% packet loss.
ping 192.168.10.2
Ping 192.168.10.2 (192.168.10.2): 56 data bytes, press CTRL_C to break
56 bytes from 192.168.10.2: icmp_seq=0 ttl=255 time=3.000 ms
56 bytes from 192.168.10.2: icmp_seq=1 ttl=255 time=1.000 ms
56 bytes from 192.168.10.2: icmp_seq=2 ttl=255 time=1.000 ms
56 bytes from 192.168.10.2: icmp_seq=3 ttl=255 time=1.000 ms
56 bytes from 192.168.10.2: icmp_seq=4 ttl=255 time=1.000 ms

--- Ping statistics for 192.168.10.2 ---
5 packet(s) transmitted, 5 packet(s) received, 0.0% packet loss
round-trip min/avg/max/std-dev = 1.000/1.400/3.000/0.800 ms
<H3C>%Feb 16 01:17:10:225 2020 H3C PING/6/PING_STATISTICS: Ping statisti
cs for 192.168.10.2: 5 packet(s) transmitted, 5 packet(s) received, 0.0%
 packet loss, round-trip min/avg/max/std-dev = 1.000/1.400/3.000/0.800 m
s.
```

图 3-6-34　PC1 ping PC2

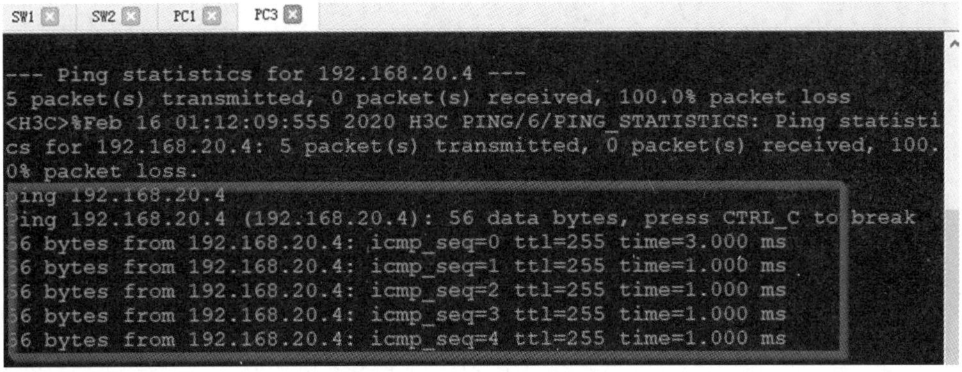

图 3-6-35 PC3 ping PC4

总结与提高

链路聚合是以太网交换机实现的一种非常重要的高可靠技术。

通过链路聚合，多个相同类型的以太网端口(物理以太网链路)聚合在一起，可形成一个逻辑上的聚合端口组。

链路捆绑是通过接口捆绑实现的，多个以太网接口捆绑在一起后形成一个聚合组(物理)，而这些被捆绑在一起的以太网接口就称为该聚合组的成员端口(物理)。每个聚合组唯一对应一个逻辑接口，称为聚合接口(逻辑)。

练习与巩固

1. 链路聚合的作用是( )。

A. 增加链路带宽　　　　　　　　B. 可以实现数据的负载均衡

C. 增加交换机间的链路可靠性　　D. 避免交换网环路

2. 根据用户的需求，管理员需要在交换机 SWA 上新建一个 VLAN，该 VLAN 需要包括端口 Ethernet1/0/2。根据以上要求，需要在交换机上配置( )。

A. [SWA]vlan 1　　　　　　　　B. [SWA-vlan1]port Ethernet1/0/2

C. [SWA]vlan 2　　　　　　　　D. [SWA-vlan2]port Ethernet1/0/2

3. 在 S3610 交换机上创建包含端口 Ethernet1/0/1，ID 为 2 的聚合端口，其正确命令是( )。

A. [SWA] interface bridge-aggregation 2

B. [SWA] interface bridge-aggregation 2 port Ethernet1/0/1

C. [SWA-Ethernet1/0/1] interface bridge-aggregation 2

D. [SWA-Ethernet1/0/1] interface bridge-aggregation 2 mode static

项目 7　路由器配置

1. 路由技术

1) 路由

路由就是指通过相互连接的网络把信息从源地点移动到目标地点的活动。也就是说，将一台计算机上的信息或数据通过路由活动移动到另外一台计算机上，中间的活动过程就称为路由。

2) 路由器

执行路由行为动作的机器就是路由器。路由器是一种连接多个网络或网段的网络设备，能"翻译"不同网络或网段之间的数据信息，以使它们能够相互"读懂"对方的数据，从而构成一个更大的网络。对于普通网络用户来说，可以将路由器看成一种使得 PC 能够连接到广域网/Internet 的中间网络，即 PC 可以通过路由器连接到其他 PC 和 Internet。

2. 网关

在日常生活中，一个房间的进出必然要经过一扇门。同样，一个网络向外发送信息或向内接收信息时也必须经过一道"关口"，这道关口就是网关(又称为"网间连接器"或"协议转换器")。网关设在传输层上，以实现网络互联。网关是最复杂的网络互联设备，用于两个不同高层协议的网络互联。网关的结构和路由器类似，二者的区别是互联层次不同。网关既可以用于广域网互联，也可以用于局域网互联。

网关曾经是很容易理解的概念。在早期的 Intemet 中，网关就是路由器。现在的路由器仍用于计算路由并把数据分组转发到源网络之外的部分，因此其被认为是通向 Internet 的大门。随着新技术的不断发展，基于 IP 的公共广域网出现和成熟，促使路由器的功能由三层交换机来行使，网关不再是神秘的概念。现在，路由器变成了多功能的网络设备，其能将局域网分割成若干网段，互联私有广域网中相关的局域网以及将各广域网互联形成 Internet，这样路由器就失去了原有的网关概念。然而，"网关"这个术语仍然沿用了下来，并不断地应用到多种不同的功能中，故定义网关已经不再是一件容易的事。

网关不能完全归为一种网络硬件，而应该是能够连接不同网络的软件和硬件的结合。网关可以使用不同的格式、通信协议或结构连接两个系统。网关实际上是通过重新封装信息，以使一个系统能被另一个系统读取。为了完成这项任务，网关必须能运行在 OSI 参考模型的几个层上，负责建立和管理会话，传输已经编码的数据，并解析逻辑和物理地址数据。

按照不同的分类标准，网关也有很多种。TCP/IP 协议中的网关是最常用的，本项目介绍的"网关"均指 TCP/IP 协议中的网关。

3. 路由器的作用

(1) 网络互联：路由器支持各种局域网和广域网接口，主要用于互联局域网和广域网，实现不同网络互相通信。

(2) 数据处理：提供分组过滤、分组转发、优先级、复用、加密、压缩和防火墙等功能。

(3) 网络管理：路由器提供配置管理、性能管理、容错管理和流量控制等功能。

任务 7.1　配置 VLAN 间路由

学习目标

1. 知识目标

(1) 理解三层交换机的概念和路由功能。

(2) 掌握三层交换机的转发原理。

(3) 掌握 VLAN 间路由的配置方法。

2. 能力目标

(1) 能够对三层交换机进行配置。

(2) 能够对三层交换机 VLAN 间路由进行配置。

3. 素质目标

(1) 培养规范操作的职业习惯。

(2) 培养较强的动手能力。

任务描述

(1) 完成三层交换机的配置，使网络能够畅通，如图 3-7-1 所示。

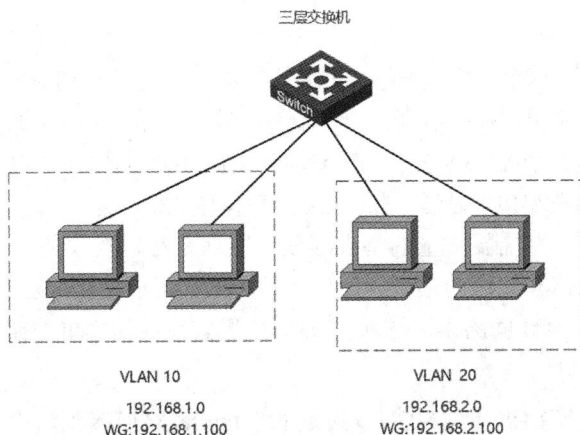

图 3-7-1　三层交换 1

（2）按如下要求完成任务：

① 所有 PC 都能 ping 通；

② 最上面的交换机是三层交换机，其余是二层交换机，如图 3-7-2 所示。

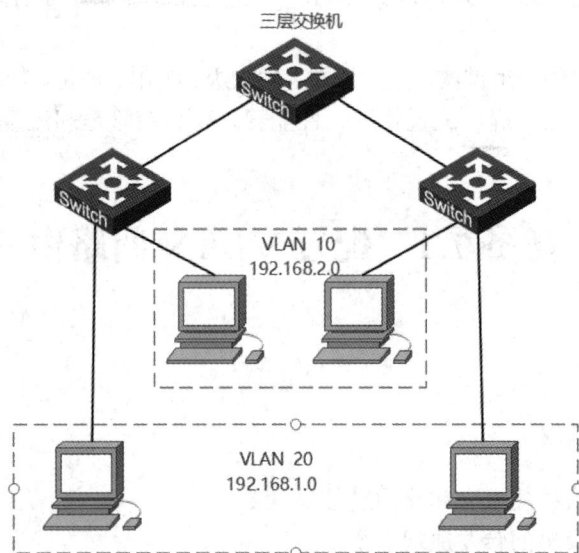

图 3-7-2　三层交换 2

知识引导

1. 直连路由

直连路由是指路由器接口直接相连的网段的路由。直连路由不需要进行特别的配置，只需在路由器的接口上配置 IP 地址即可。路由器会根据接口的状态决定是否使用此路由。如果接口的物理层和链路层状态均为 up，路由器即认为接口工作正常，该接口所属网段的路由即可生效并以直连路由出现在路由表中；如果接口状态为 down，路由器即认为接口工作不正常，不能通过该接口到达其地址所属网段，也就不能以直连路由出现在路由表中。

2. VLAN 间路由

引入 VLAN 之后，每个交换机被划分成多个 VLAN，而每个 VLAN 对应一个 IP 网段。为了在 VLAN 之间进行路由，路由器到各个 VLAN 就必须各有一个物理端口和一条物理连接。

如果路由器要为 3 个 VLAN 提供 VLAN 间路由，就必须用 3 个以太口分别连接交换机 3 个 VLAN 的 3 个物理端口。显然，在 VLAN 数量较大时，这种方式要求占用路由器和交换机的大量物理端口，并需要大量的物理连线，因而是难以实现的。

为了避免物理端口和线缆的浪费，简化连接方式，可以使用 802.1Q 封装子接口，通过一条物理链路实现 VLAN 间路由。这种方式也被形象地称为"单臂路由"。

1）单臂路由

如图 3-7-3 所示，交换机通过 802.1Q 封装的 Trunk 链路连接到路由器的千兆以太口 g0/0 上，每一个 VLAN 的数据都可以通过 802.1Q 标记识别出来。在路由器上则为 g0/0 配置了子接口，每个子接口配置了属于相应 VLAN 网段的 IP 地址，并且配置了相应 VLAN 的 802.1Q 标记值。

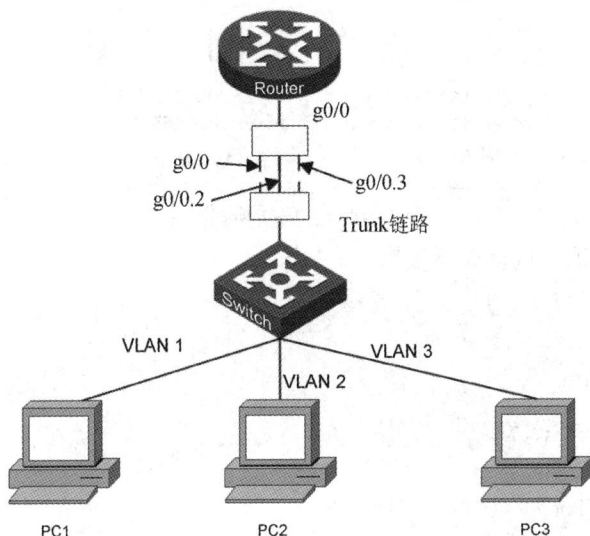

图 3-7-3　单臂路由

当 PC2 向 PC1 发送 IP 包时，该 IP 包首先被封装成以太帧，通过 Trunk 链路发送给路由器，在 Trunk 链路上其 802.1Q VLAN ID 为 2。路由器收到此帧后，根据 VLAN ID 将其交给子接口 g0/0.2 处理。

路由器查找路由表，发现 PC1 处于接口 g0/0 所在网段，因而将此数据包封装成帧，从接口 g0/0 发出，发送时不加 802.1Q 标记。由于交换机默认 PVID 值为 1，因此此帧到达交换机后，交换机认为此为 VLAN 1 数据，即可将其转发给 PC1。

这种 VLAN 间路由方式节省了物理端口和线缆，但应注意 Trunk 链路需承载所有 VLAN 间路由数据，因此通常应选择带宽较大的链路。

2) 用三层交换机实现 VLAN 间路由

采用单臂路由方式进行 VLAN 间路由时，数据在 Trunk 链路上往返发送会导致一定的延迟，VLAN 间路由的大量数据对软件实现的路由器也会造成较大压力。解决该问题的方法是使用三层交换机。三层交换机为每个 VLAN 创建了一个虚拟的三层 VLAN 接口，该接口可像路由器接口一样工作，只需为 VLAN 接口配置相应的 IP 地址，即可实现 VLAN 间路由功能。

三层交换机通过内置的三层路由转发引擎在 VLAN 间进行路由转发，由于硬件实现的三层路由转发引擎速度高，吞吐量大，而且避免了外部物理连接带来的延迟和不稳定性，因此其路由转发性能高于路由器实现的 VLAN 间路由转发性能。

任务实施

1. 任务 1

(1) 按图 3-7-4 所示拓扑进行网络搭建。

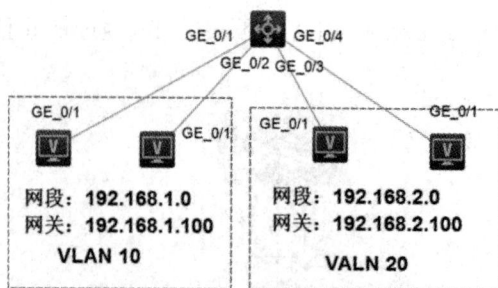

图 3-7-4　三层交换拓扑 1

(2) 在三层交换机上进行如下配置：

```
<H3C>sys
[H3C]sys SW1
[SW1]VLAN 10
[SW1-vlan10]Port    g1/0/1    g1/0/2
[SW1-vlan10] vlan    20
[SW1-vlan20]Port    g1/0/3    g1/0/4
[SW1-vlan20]qu
[SW1]interface    vlan    10    #进入 VLAN 10 虚接口
[SW1-Vlan-interface10]    Ip    add    192.168.1.100    24
[SW1-Vlan-interface10] qu
[H3C] interface    vlan    20    #进入 VLAN 20 虚接口
[SW1-Vlan-interface20]    Ip    add 192.168.2.100    24
[SW1-Vlan-interface20] qu
```

(3) 进行实验验证，所有 PC 之间都能 ping 通，图略。

2. 任务 2

(1) 按图 3-7-5 所示拓扑进行网络搭建。

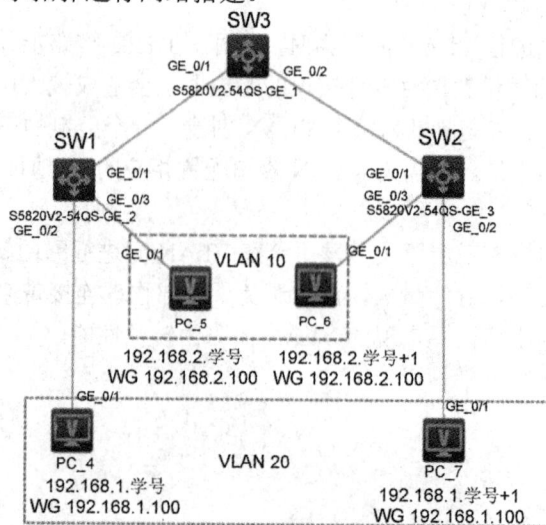

图 3-7-5　三层交换拓扑 2

(2) 配置交换机。

① 在二层 SW1 上进行如下配置：

```
<H3C>sys
[H3C]sys SW1
[SW1]vlan  10
[SW1-vlan10]port  g1/0/3
[SW1-vlan10]qu
[SW1]vlan 20
[SW1-vlan20]port  g1/0/2
[SW1-vlan20]qu
[SW1]interface g1/0/1
[SW1-GigabitEthernet1/0/1]port  link-type  trunk
[SW1-GigabitEthernet1/0/1]port  trunk  permit  vlan  all
```

② 在二层 SW2 上进行如下配置：

```
<H3C>sys
[H3C]sys SW1
[SW2]vlan  10
[SW2-vlan10]port  g1/0/3
[SW2-vlan10]qu
[SW2]vlan 20
[SW2-vlan20]port  g1/0/2
[SW2-vlan20]qu
[SW2]interface g1/0/1
[SW2-GigabitEthernet1/0/1]port  link-type  trunk
[SW2-GigabitEthernet1/0/1]port  trunk  permit  vlan  all
```

③ 在三层 SW3 上进行如下配置：

```
<H3C>sys
[H3C]sys SW3
[SW3]vlan  10
[SW3-vlan10]qu
[SW3] vlan  20
[SW3-vlan20]qu
[SW3]interface  vlan  10
[SW1-Vlan-interface10]    Ip add  192.168.2.100  24
[SW1-Vlan-interface10] qu
[SW3] interface  vlan  20
[SW1-Vlan-interface20]    Ip add  192.168.1.100  24
[SW1-Vlan-interface20] qu
[SW3]inter g1/0/1
```

```
[SW3-GigabitEthernet1/0/1]port   link-type   trunk
[SW3-GigabitEthernet1/0/1]port   trunk   permit   vlan   all
[SW3-GigabitEthernet1/0/1]qu
[SW3]interface   g1/0/2
[SW3-GigabitEthernet1/0/2]port   link-type   trunk
[SW3-GigabitEthernet1/0/2]port   trunk   permit   vlan   all
[SW3-GigabitEthernet1/0/2]qu
```

(3) 进行实验验证，所有的 PC 之间都能 ping 通，图略。

📝 任务拓展

公司原有两个销售部门，原属于两个 VLAN。现公司进行机构调整，这两个销售部门合并为一个部门，故需要根据拓扑结构进行配置，使得两个部门能够通信，又相互隔离广播域。试完成网络设备配置，如图 3-7-6 所示。

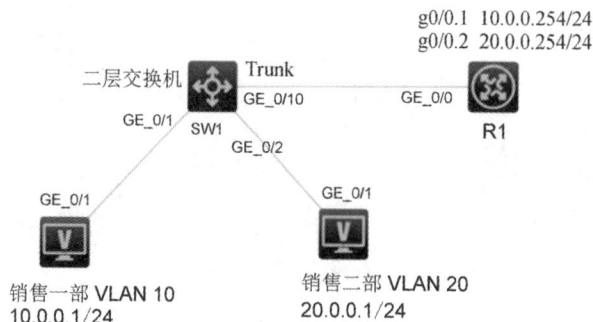

图 3-7-6　单臂路由拓扑

配置步骤如下：

根据图 3-7-6 所示拓扑连接网络设备，设置 PC 设备的 IP 地址、子网掩码、网关等参数，如图 3-7-7 所示。

图 3-7-7　配置 PC

(1) 配置 SW1 VLAN：

```
<H3C>sys
[H3C]sysname SW1
[SW1]vlan 10
[SW1-vlan10]port g1/0/1
[SW1-vlan10]vlan 20
[SW1-vlan20]port g1/0/2
[SW1-vlan20]quit
[SW1]int
[SW1]interface g1/0/10
[SW1-GigabitEthernet1/0/10]port link-type trunk
[SW1-GigabitEthernet1/0/10]port trunk permit vlan all
<SW1>save
The current configuration will be written to the device. Are you sure? [Y/N]:y
```

(2) 配置 R1 路由器：

```
<H3C>sys
[H3C]sysname R1
[R1]interface g0/0.1          #进入 g0/0 子接口 1
[R1-GigabitEthernet0/0.1]ip address 10.0.0.254 24    #IP 地址为 10.0.0.254，子网掩码为 255.255.255.0
[R1-GigabitEthernet0/0.1]vlan-type dot1q vid 10    #子接口封装为 dot1q 协议并分配给 VLAN 10
[R1-GigabitEthernet0/0.1]int g0/0.2
[R1-GigabitEthernet0/0.2]ip address 20.0.0.254 24
[R1-GigabitEthernet0/0.2]vlan-type dot1q vid 20
<R1>save
The current configuration will be written to the device. Are you sure? [Y/N]:y
```

进行实验验证，如图 3-7-8 所示。

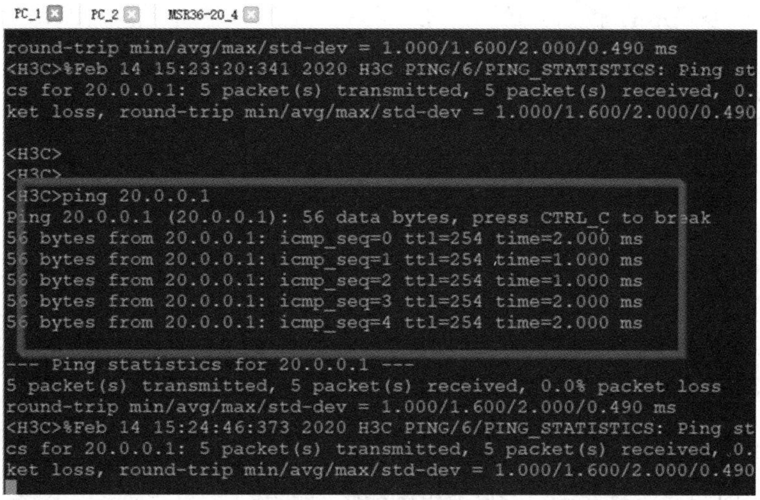

图 3-7-8　PC 间可 ping 通

📖 总结与提高

(1) 路由器与每个 VLAN 建立一条物理连接，会浪费大量的端口。

(2) 如果交换机上的 VLAN 数量较多，路由器的接口数量将较难满足要求。

(3) 为了避免物理端口的浪费，简化连接方式，可以使用 802.1Q 封装子接口，通过一条物理链路实现 VLAN 间路由。

🛠 练习与巩固

1. 配置单臂路由实现 VLAN 间路由时，交换机和路由器之间的链路需配置为(   )链路。

A. Trunk   B. Access   C. Hybrid   D. 接口

2. 使用单臂路由技术主要解决的是(   )的问题。

A. 路由器上逻辑接口之间的转发速度比物理端口要快

B. 没有三层交换机

C. 简化管理员在路由器上的配置

D. 路由器接口有限，不足以连接每一个 VLAN

任务 7.2 配置与调试静态路由

📝 学习目标

1. 知识目标

(1) 了解静态路由的定义。

(2) 掌握静态路由的原理以及配置命令。

(3) 掌握静态路由的配置方法。

2. 能力目标

(1) 学会使用静态路由对路由器进行配置。

(2) 学会在配置静态路由后对网络进行调试。

3. 素质目标

(1) 培养自主学习能力。

(2) 培养较强的动手能力。

📝 任务描述

某公司需要对公司核心层到楼宇之间的设备进行静态路由配置，由于公司规模不太大，路由器不多，因此使用静态路由，以减少网络资源占用，节省带宽，如图 3-7-9 所示。

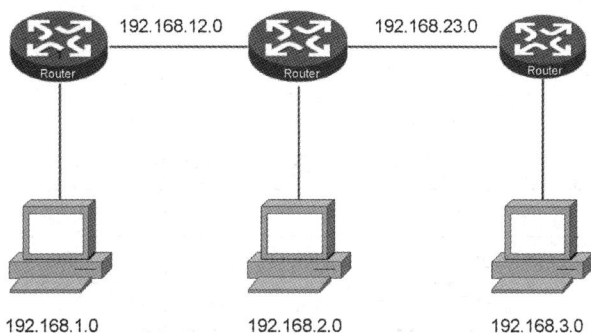

图 3-7-9　网络拓扑

知识引导

1. 静态路由简介

静态路由是一种特殊的路由，由管理员手动配置。当网络结构比较简单时，只需配置静态路由就可以使网络正常工作。恰当地设置和使用静态路由，可以改进网络的性能，并可为重要网络应用保证带宽。

当多台计算机、路由器以及交换机组成的计算机网络进行数据通信时，一台计算机如何将信息传送到另外一台计算机呢？实际的 Internet 中，PC 访问远程服务器时，其需要经过很多台路由器的转发，最终才能到达目标服务器。而在该过程中，数据传输的路径可能有很多种选择。举例来说，在图 3-7-10 中，从主机 A 到主机 B 就有多条通道，该选择数据传输通道的过程就称为路由选择。

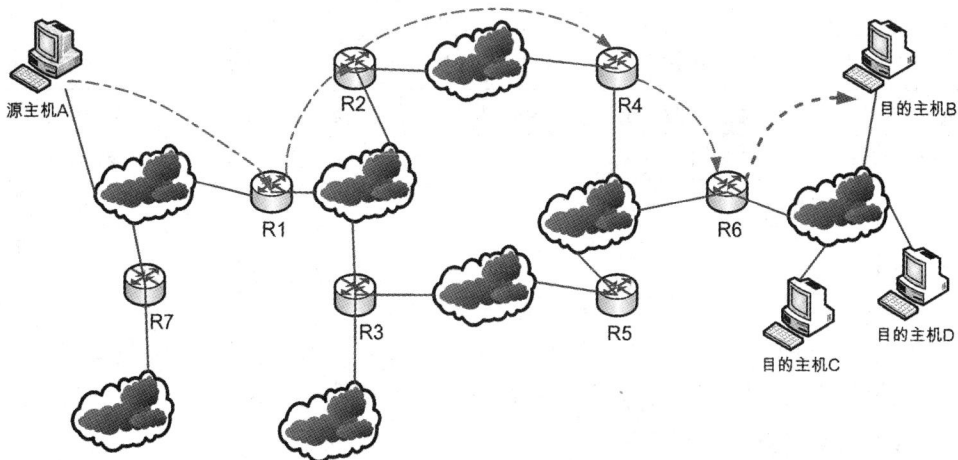

图 3-7-10　路由选择

路由选择的实质是在不同路由器之间作出选择，选择数据信息传输过程中的下一台路由器，即下一跳路由地址(路由器的 IP 地址)。路由选择的主要依据是网络的拓扑结构。为了便于进行路由选择，网络的拓扑结构可以通过一个称为路由表的数据结构进行存储，这样，路由表便成了实现路由选择的关键。

路由表中保存着各种与传输路径相关的数据，供路由选择时使用，表中包含的信息决定了数据转发的策略。

2. 路由表的组成

路由表一般由以下几个部分组成，如表 3-7-1 所示。

表 3-7-1　路由表的组成

目的网络	子网掩码	下一跳地址	输出接口	度量
168.10.0.0	255.255.0.0	195.11.20.0	F0	10
…	…	…	…	…

(1) 目的网络：用于定义目的主机地址、目的网络地址或默认路由。

(2) 子网掩码：用于定义网络掩码值。通过将子网掩码和 IP 数据包的目的 IP 地址进行逻辑与操作，可以获取目的主机所在的网络地址或子网地址。

(3) 下一跳地址：用于定义数据包在通往信宿的过程中当前必须走的下一跳 IP 地址。

(4) 输出接口：用于定义数据包传送时对应的接口。

(5) 度量：用于定义路由的度量值(Metric)，主要度量本节点到目标的"距离"。

3. 路由选择策略

(1) 下一跳路由：单个路由表中并不存放完整的路径信息，只存放去往目标节点的路径中下一跳路由器的地址。

(2) 特定网络路由选择：在路由表中并不需要为每一个目的站主机保留一个路由表项，而只需对目的网络保留一个路由表项。这样可以减小路由表的大小，简化路由表的查找过程。

(3) 在主机的路由表中可以不必列出整个互联网中所有网络的路由表项，仅需使用一个网络地址为 0.0.0.0 的默认路由表项表示这些剩余的互联网路由表项。

例如，在图 3-7-10 中，主机 A 到主机 B 的路由选择策略如图 3-7-11 所示。

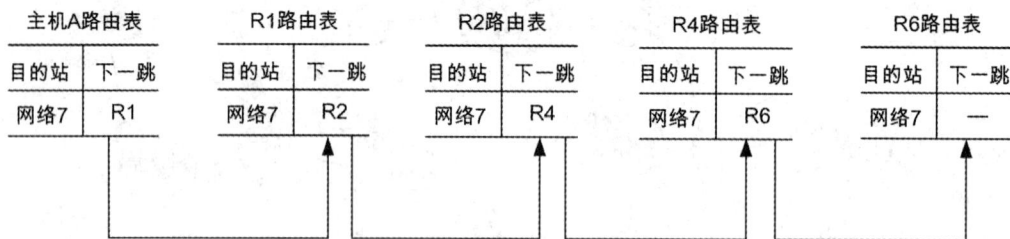

图 3-7-11　路由选择策略

总的来说，静态路由是非自适应性路由计算协议，是由管理人员手动配置的，不能根据网络拓扑的变化而改变。因此，静态路由适用于比较简单的网络。

4. 静态路由配置

静态路由配置在系统视图下进行，命令如下：

```
        ip route-static dest-address {mask-length | mask} {interface-type interface-number [next-hop-address]
| next-hop-address } [ preference preference-value ]
```

其中各参数的解释如下：

(1) dest-address：静态路由的目的 IP 地址，为点分十进制格式。

(2) mask-length：掩码长度，取值范围为 0~32。

(3) mask：IP 地址的掩码，为点分十进制格式。

(4) interface-type interface-number：指定静态路由的出接口类型和接口号。

(5) next-hop-address：指定路由下一跳的 IP 地址，为点分十进制格式。

(6) preference preference-value：指定静态路由的优先级，取值范围为 1～255，默认值为 60。

配置要点：① 只有下一跳所属的接口是点对点接口时，才可以填写 interface-type interface-name，否则必须填写 next-hop-address；② 目的 IP 地址和掩码都为 0.0.0.0 的路由为默认路由。

5. 静态默认路由配置

在路由器上合理配置默认路由能够减少路由表中的表项数量，节省路由表空间，加快路由匹配速度。

默认路由可以手工配置，也可以由某些动态路由协议生成，如 OSPF(Open Shortest Path First，开放式最短路径优先)、IS-IS(Intermediate System to Intermediate System，中间系统到中间系统)和 RIP(Routing Information Protocol，路由信息协议)。默认路由经常应用在末端(Stub)网络中。末端网络是指仅有一个出口连接外部的网络，如图 3-7-12 中 PC 和服务器所在的网络。图 3-7-12 中，PC 通过 RTA 到达外部网络，所有的数据包由 RTA 进行转发。在普通静态路由配置中，在 RTA 上需要配置 3 条静态路由，其下一跳都是 10.2.0.2，所以可以配置 1 条默认路由来代替这 3 条静态路由，如图 3-7-12 所示。

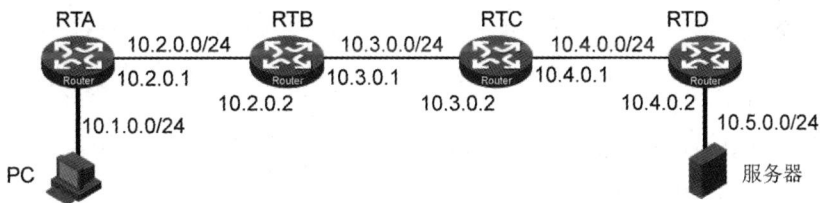

图 3-7-12　默认路由

(1) 配置 RTA：

```
[RTA] ip route-static 0.0.0.0 0.0.0.0 10.2.0.2
```

这样就达到了减少路由表中表项数量的目的。同理，在其他路由器上也可以配置默认路由。

(2) 配置 RTB：

```
[RTB]ip route-static 10.1.0.0 255.255.255.0 10.2.0.1
[RTB]ip route-static 0.0.0.0 0.0.0.0 10.3.0.2
```

(3) 配置 RTC：

```
[RTC] ip route-static 0.0.0.0 0.0.0.0 10.3.0.1
[RTC] ip route-static 10.5.0.0 255.255.255.0 10.4.0.2
```

(4) 配置 RTD：

```
[RTD] ip route-static 0.0.0.0   0.0.0.0   10.4.0.1
```

由此可以看到，默认路由在网络中是非常有用的。所以，Internet 上大约 99.99%的路由器上都存在一条默认路由。

任务实施

(1) 根据图 3-7-13，在软件中放置路由器和主机，绘制拓扑。

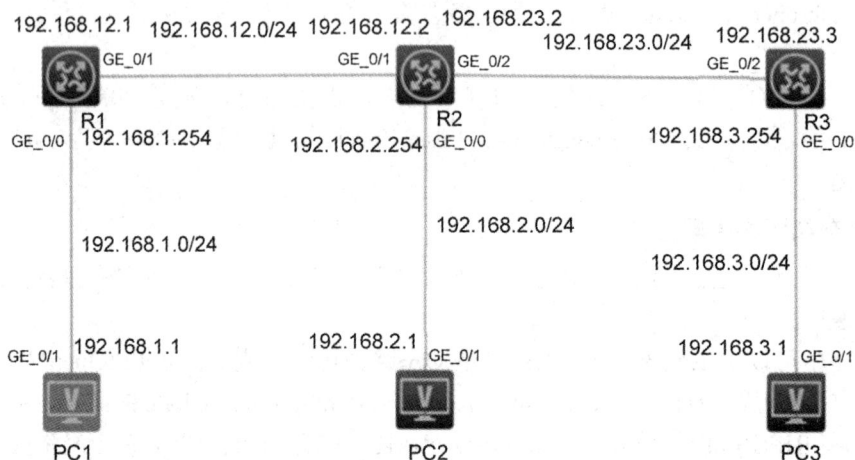

图 3-7-13　拓扑

(2) 根据拓扑配置 PC 参数(略)。

(3) 配置各路由器静态路由参数。

配置 R1 静态路由参数：

```
<H3C>sys
[H3C]sys R1
[R1]interface g0/0
[R1-GigabitEthernet0/0]ip address 192.168.1.254 24
[R1-GigabitEthernet0/0]int g0/1
[R1-GigabitEthernet0/1]ip add 192.168.12.1 24
[R1-GigabitEthernet0/1]qu
[R1]ip route-static 192.168.2.0 24 192.168.12.2
[R1]ip route-static 192.168.3.0 24 192.168.12.2
<R1>save
```

配置 R2 静态路由参数：

```
<H3C>sys
[H3C]sysname R2
[R2]interface g0/1
[R2-GigabitEthernet0/1]ip address 192.168.12.2 24
[R2-GigabitEthernet0/1]interface g0/0
[R2-GigabitEthernet0/0]ip address 192.168.2.254 24
[R2-GigabitEthernet0/0]interface g0/2
[R2-GigabitEthernet0/2]ip address 192.168.23.2 24
[R2-GigabitEthernet0/2]qu
```

```
[R2]ip route-static 192.168.1.0 24 192.168.12.1
[R2]ip route-static 192.168.3.0 24 192.168.23.3
<R2>save
The current configuration will be written to the device. Are you sure? [Y/N]:y
```

配置 R3 静态路由参数：

```
<H3C>sys
[H3C]sysname R3
[R3]interface g0/0
[R3-GigabitEthernet0/0]ip address 192.168.3.254 24
[R3-GigabitEthernet0/0]int g0/2
[R3-GigabitEthernet0/2]ip add 192.168.23.3 24
[R3-GigabitEthernet0/2]qu
[R3]ip route-static 192.168.1.0 24 192.168.23.2
[R3]ip route-static 192.168.2.0 24 192.168.23.2
<R3>save
The current configuration will be written to the device. Are you sure? [Y/N]:y
```

(4) 实验验证。使用如下命令查看配置信息是否正确：

```
display ip interface brief
display ip routing-table
```

用 PC1 ping PC2 和 PC3，以测试网络连通性，如图 3-7-14 所示。

```
<H3C>
<H3C>
<H3C>ping 192.168.2.1
Ping 192.168.2.1 (192.168.2.1): 56 data bytes, press CTRL_C to break
56 bytes from 192.168.2.1: icmp_seq=0 ttl=253 time=2.000 ms
56 bytes from 192.168.2.1: icmp_seq=1 ttl=253 time=1.000 ms
56 bytes from 192.168.2.1: icmp_seq=2 ttl=253 time=1.000 ms
56 bytes from 192.168.2.1: icmp_seq=3 ttl=253 time=2.000 ms
56 bytes from 192.168.2.1: icmp_seq=4 ttl=253 time=1.000 ms

--- Ping statistics for 192.168.2.1 ---
5 packet(s) transmitted, 5 packet(s) received, 0.0% packet loss
round-trip min/avg/max/std-dev = 1.000/1.400/2.000/0.490 ms
<H3C>%Feb 23 12:30:59:709 2020 H3C PING/6/PING_STATISTICS: Ping statisti
cs for 192.168.2.1: 5 packet(s) transmitted, 5 packet(s) received, 0.0%
packet loss, round-trip min/avg/max/std-dev = 1.000/1.400/2.000/0.490 ms
.
ping 192.168.3.1
Ping 192.168.3.1 (192.168.3.1): 56 data bytes, press CTRL_C to break
56 bytes from 192.168.3.1: icmp_seq=0 ttl=252 time=2.000 ms
56 bytes from 192.168.3.1: icmp_seq=1 ttl=252 time=2.000 ms
56 bytes from 192.168.3.1: icmp_seq=2 ttl=252 time=2.000 ms
56 bytes from 192.168.3.1: icmp_seq=3 ttl=252 time=2.000 ms
56 bytes from 192.168.3.1: icmp_seq=4 ttl=252 time=2.000 ms

--- Ping statistics for 192.168.3.1 ---
5 packet(s) transmitted, 5 packet(s) received, 0.0% packet loss
round-trip min/avg/max/std-dev = 2.000/2.000/2.000/0.000 ms
<H3C>%Feb 23 12:31:03:086 2020 H3C PING/6/PING_STATISTICS: Ping statisti
cs for 192.168.3.1: 5 packet(s) transmitted, 5 packet(s) received, 0.0%
packet loss, round-trip min/avg/max/std-dev = 2.000/2.000/2.000/0.000 ms
.
```

图 3-7-14　测试网络连通性

任务拓展

按照图 3-7-15 所示拓扑完成静态路由的搭建。

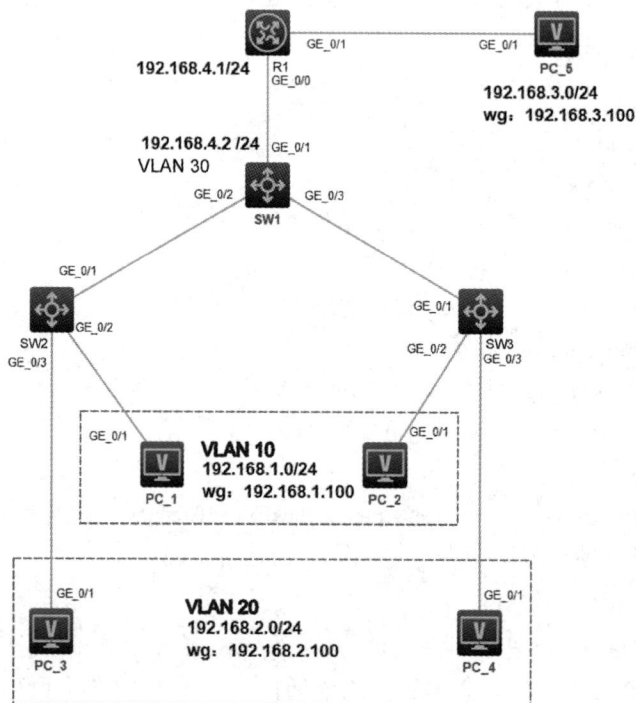

图 3-7-15   拓扑

本任务操作步骤如下:

(1) 按照要求绘制拓扑,并配置 PC 的 IP 地址及网关。

(2) 配置二层交换机,设置 VLAN 与 Trunk,分别显示 VLAN 10 和 VLAN 20 的配置。

① SW2 配置命令如下:

```
<H3C>u t m    #关闭日志信息
The current terminal is disabled to display logs.
<H3C>system-view
System View: return to User View with Ctrl+Z.
[H3C]sysname SW2
[SW2]vlan 10
[SW2-vlan10]port g1/0/2
[SW2-vlan10]vlan 20
[SW2-vlan20]port g1/0/3
[SW2-vlan20]q
[SW2]interface g1/0/1
[SW2-GigabitEthernet1/0/1]port link-type trunk
[SW2-GigabitEthernet1/0/1]port trunk permit vlan all
```

```
[SW2-GigabitEthernet1/0/1]qu
[SW2]save
```

② SW3 配置命令同 SW2。

(3) 配置三层交换机，设置 3 个 VLAN，增加相应端口，并给每个 VLAN 设置地址，把 1/0/2、1/0/3 设置为 Trunk，分别显示 VLAN 10 和 VLAN 20、VLAN 30 的配置，并检查是否配置正确。

SW1 配置命令如下：

```
<H3C>u t m
The current terminal is disabled to display logs.
<H3C>sys
<H3C>system-view
System View: return to User View with Ctrl+Z.
[H3C]sysname SW1
[SW1]vlan 10
[SW1-vlan10]vlan 20
[SW1-vlan20]vlan 30
[SW1-vlan30]port g1/0/1
[SW1-vlan30]q
[SW1]interface g1/0/2
[SW1-GigabitEthernet1/0/2]port link-type trunk
[SW1-GigabitEthernet1/0/2]port trunk permit vlan all
[SW1-GigabitEthernet1/0/2]interface g1/0/3
[SW1-GigabitEthernet1/0/3]port link-type trunk
[SW1-GigabitEthernet1/0/3]port trunk permit vlan all
[SW1-GigabitEthernet1/0/3]qu

[SW1]int vlan 10
[SW1-Vlan-interface10]ip add
[SW1-Vlan-interface10]ip address 192.168.1.100 24
[SW1-Vlan-interface10]int vlan 20
[SW1-Vlan-interface20]ip address 192.168.2.100 24
[SW1-Vlan-interface20]int vlan 30
[SW1-Vlan-interface30]ip address 192.168.4.2 24
[SW1-Vlan-interface30]qu
[SW1]ip route-static 192.168.3.0   24    192.168.4.1
[SW1]save
```

(4) 配置路由器接口地址。

R1 路由器配置命令如下：

```
<H3C>u t m
```

```
The current terminal is disabled to display logs.
<H3C>sys
<H3C>system-view
System View: return to User View with Ctrl+Z.
[H3C]sysname R1
[R1]interface g0/0
[R1-GigabitEthernet0/0]ip address 192.168.4.1 24
[R1-GigabitEthernet0/0]interface g0/1
[R1-GigabitEthernet0/1]ip address 192.168.3.100 24
[R1-GigabitEthernet0/1]qu
[R1]ip route-static 192.168.1.0 24 192.168.4.2
[R1]ip route-static 192.168.2.0 24 192.168.4.2
[R1]save
```

(5) 在三层交换机上利用命令"dis ip routing-table"找到手动配置的静态路由。

(6) 在路由器上利用命令"dis ip routing-table"找到手动配置的静态路由。

(7) PC5 分别 ping 其他两台 PC，可发现全网 ping 通。

📖 总结与提高

静态路由是手工配置的路由，可由管理员指定数据包发送路径。

1. 静态路由的主要特点

(1) 比较适合网络规模不大，路由数量较少，路由表也相对较小的场景。

(2) 节省带宽，不消耗 CPU 资源。

(3) 数据包传输路径确定，不能根据拓扑变化作出调整。

(4) 安全性较高。

2. 静态路由的主要类型

(1) 标准静态路由。

(2) 默认静态路由。

(3) 汇总静态路由。

(4) 浮动静态路由。

📝 练习与巩固

1. 配置静态路由时第二个参数是(   )。

A. 目的网络   B. 子网掩码   C. 下一跳   D. 生存时间

2. 下列说法正确的是(   )。

A. 局域网中网关是连接不同网段的桥梁

B. 局域网中网关是连接相同网段的桥梁

C. 局域网中相同网段间连接必须设置网关

D. 局域网中不同网段间连接不必设置网关

3. 设置默认静态路由的命令是什么？

任务 7.3　配置与调试 RIP

学习目标

1. 知识目标

(1) 了解 RIP 的定义。

(2) 掌握 RIP 的原理以及配置命令。

(3) 掌握 RIP 的配置方法。

2. 能力目标

(1) 学会使用 RIP 对路由器进行配置。

(2) 学会在配置 RIP 后对网络进行调试。

3. 素质目标

(1) 培养自主学习能力。

(2) 培养较强的动手能力。

任务描述

图 3-7-16 所示为一个小型网络，试为该小型网络配置 RIP，使得网络按照 RIP 进行通信。

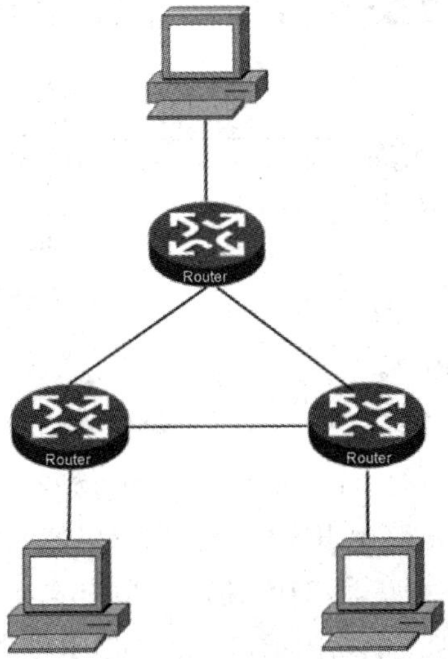

图 3-7-16　小型网络

知识引导

1. RIP 简介

RIP 是在同一个自治系统内路由器之间传送路由的最常用协议。RIP 采用距离向量算法，默认情况下，其使用一种非常简单的度量制，距离就是通往目的站点所需经过的链路数[跳数(Hop Count)]，取值为 1~15，数值 16 表示无穷大。也就是说，RIP 只适用于 16 跳以内的小型网络，而不适用于更大型的网络。

路由器将 RIP 分组每隔 30 s 以广播形式发送一次，分组中包含到达某个网络所需要的跳数，这样每个与之相邻的路由器或者 PC 就可以得到到达该网络所需要的跳数(在原有的跳数上加 1)。如此循环往复，该小型网络中每个路由器就都得到了到达其他网络所需要经过的路径，还可以知道到达该网络所需要的跳数。在 RIP 网络中，如果一个路由在 180s 内未被刷新，则相应的距离就被设定成无穷大，并从路由表中删除该表项。

RIP 协议在发展过程中形成了两种 RIP 协议，即 RIP1 与 RIP2。RIP1 作为一个有类别路由协议，更新消息中不携带子网掩码，这意味着其不支持 VLSM(Variable Length Subnet Mask，可变长子网掩码)和 CIDR(Classless Inter-Domain Routing，无类型域间选路)；同样，RIP1 作为一个古老协议，不提供认证功能，这可能会产生潜在的危险性。RIP2 与 RIP1 相比较而言，最大的不同是 RIP2 为一个无类别路由协议，其更新消息中携带子网掩码，支持 VLSM、CIDR、认证和多播，应用范围更加广泛。

2. RIP 的实现

1) *初始化 RIP 路由表*

RIP 路由表的初始化如图 3-7-17 所示。

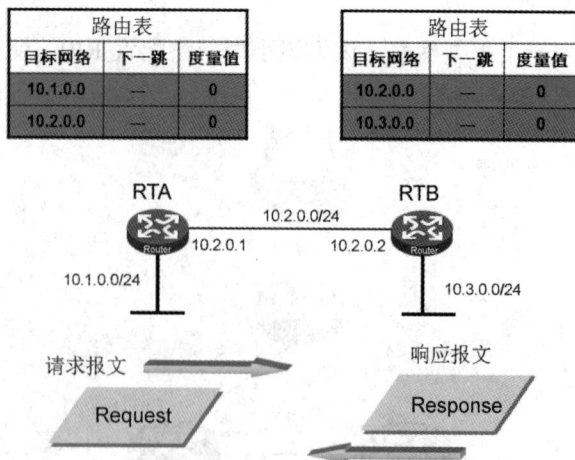

图 3-7-17　RIP 路由表的初始化

未启动 RIP 的初始状态下，路由表中仅包含本路由器的一些直连路由。RIP 启动后，为了尽快从邻居获得 RIP 路由信息，RIP 使用广播方式向各接口发送请求报文(Request Message)，其目的是向 RIP 邻居请求路由信息；相邻的 RIP 路由器收到请求报文后，响应该请求，回送包含本地路由表信息的响应报文(Response Message)；路由器收到响应报文后，查看响应报文中的路由，并更新本地路由表。

2) 更新 RIP 路由表

如图 3-7-18 所示，RIP 路由器收到响应报文后，更新本地路由表。

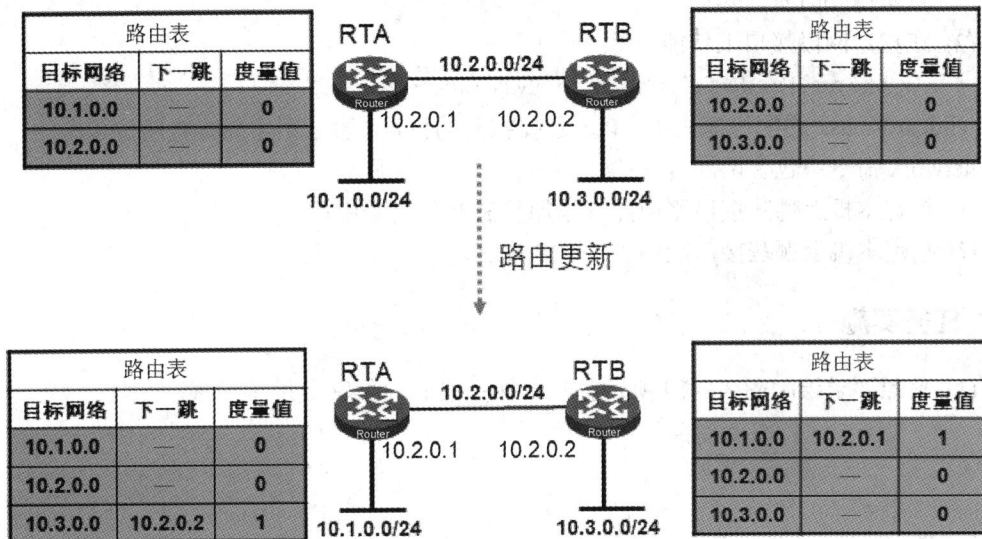

图 3-7-18　更新 RIP 路由

路由表的更新原则如下：

(1) 对本路由表中已有的路由项，当发送响应报文的 RIP 邻居相同时，不论响应报文中携带的路由项度量值增大还是减少，都更新该路由项(度量值相同时，只将其老化定时器清零)；

(2) 对本路由表中已有的路由项，当发送响应报文的 RIP 邻居不同时，只在路由项度量值减少时更新该路由项；

(3) 对本路由表中不存在的路由项，当度量值小于协议规定最大值(16)时，在路由表中增加该路由项。

RIP 响应报文中携带有度量值，其值为路由表中的路由度量值加上发送附加度量值。

附加度量值是附加在 RIP 路由上的输入/输出度量值，包括发送附加度量值和接收附加度量值。发送附加度量值不会改变路由表中的路由度量值，仅当接口发送 RIP 路由信息时才会添加到发送路由上，其默认值为 1；接收附加度量值会影响接收到的路由度量值，接口接收到一条 RIP 路由时，在将其加入路由表前会把度量值附加到该路由上，其默认值为 0。

根据以上规则，图 3-7-18 中，当 RTB 向 RTA 发送响应报文时，包含路由项 10.2.0.0 和 10.3.0.0，并计算出度量值为 1 (原度量值 0 加上发送附加度量值 1)。RTA 从 RTB (10.2.0.2) 接收到响应报文后，将响应报文中携带的路由项与本路由表中的路由项进行比较，发现路由项 1.3.0.0 是本路由表没有的，于是将其增加到路由表中。添加时需要计算度量值，计算结果为 1(原度量值 1 加上接收附加度量值 0)，并设置下一跳为 RTB (10.2.0.2)。

图 3-7-8 中，由于 RTB 响应报文中的路由项 10.2.0.0 对于 RTA 路由表来说是直连路由，

因此 RTA 并不对其进行路由更新。

3. 配置 RIP

(1) 创建 RIP 进程并进入 RIP 视图：

```
[Router] rip [ process-id ]
```

(2) 在指定网段接口上使能 RIP：

```
[Router-rip-1] network network-address [ wildcard-mask ]
```

wildcard-mask 通配符掩码中，0 表示要检查的位，1 表示不需要检查的位。

network 命令中包含两层含义：

① 指定本机上哪些接口路由能够添加到 RIP 路由表中。

② 指定本机上哪些接口能够收发 RIP 报文。

任务实施

(1) 按照要求绘制图 3-7-19 所示拓扑，并完成 PC 的 IP 地址等配置。

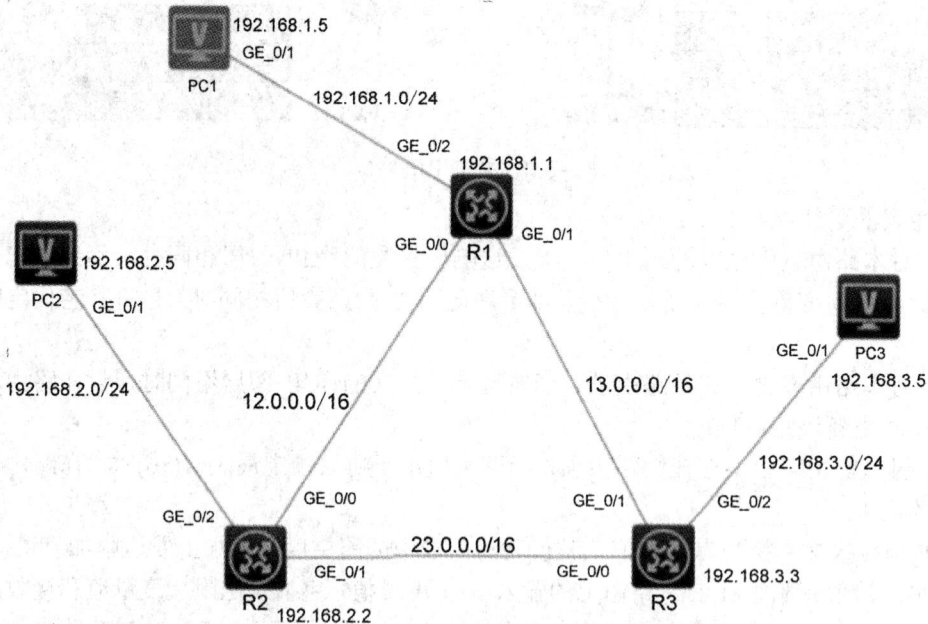

图 3-7-19　拓扑

(2) 配置路由器。

配置 R1：

```
<H3C>sys
<H3C>system-view
[H3C]sys R1
[R1]interface g0/0
[R1-GigabitEthernet0/0]ip add 12.0.0.1 16
[R1-GigabitEthernet0/0]interface g0/1
```

```
[R1-GigabitEthernet0/1]ip add 13.0.0.1 16
[R1-GigabitEthernet0/1]interface g0/2
[R1-GigabitEthernet0/2]ip add 192.168.1.1 24
[R1-GigabitEthernet0/2]qu
[R1]rip                              #启动 RIP
[R1-rip-1]version 2                  #指定 RIP 版本为 2
[R1-rip-1]network 12.0.0.0           #指定网段使能 RIP
[R1-rip-1]network 13.0.0.0
[R1-rip-1]network 192.168.1.0
[R1-rip-1]undo summary               #关闭自动路由聚合功能
[R1]interface range g0/0 g0/1
[R1-if-range]rip authentication-mode md5 rfc2453 plain 123456
[R1-if-range]save
The current configuration will be written to the device. Are you sure? [Y/N]:y
```

配置 R2：

```
<H3C>sys
[H3C]sys R2
[R2]interface g0/0
[R2-GigabitEthernet0/0]ip add 12.0.0.2 16
[R2-GigabitEthernet0/0]interface g0/1
[R2-GigabitEthernet0/1]ip add 23.0.0.2 16
[R2-GigabitEthernet0/1]interface g0/2
[R2-GigabitEthernet0/2]ip add 192.168.2.2 24
[R2-GigabitEthernet0/2]qu
[R2]rip
[R2-rip-1]version 2
[R2-rip-1]network 12.0.0.0
[R2-rip-1]network 23.0.0.0
[R2-rip-1]network 192.168.2.0
[R2-rip-1]undo    summary
[R2-rip-1]qu
[R2]inter range g0/0 g0/1
[R2-if-range]rip authentication-mode md5 rfc2453 plain 123456
[R2-if-range]save
The current configuration will be written to the device. Are you sure? [Y/N]:y
```

配置 R3：

```
<H3C>sys
[H3C]sys R3
```

[R3]interface g0/0

[R3-GigabitEthernet0/0]ip add 23.0.0.3 16

[R3-GigabitEthernet0/0]interface g0/1

[R3-GigabitEthernet0/1]ip add 13.0.0.3 16

[R3-GigabitEthernet0/1]interface g0/2

[R3-GigabitEthernet0/2]ip add 192.168.3.3 24

[R3-GigabitEthernet0/2]qu

[R3]rip

[R3-rip-1]version 2

[R3-rip-1]netwo

[R3-rip-1]network 13.0.0.0

[R3-rip-1]network 23.0.0.0

[R3-rip-1]network 192.168.3.0

[R3-rip-1]undo summary

[R3]int range g0/0 g0/1

[R3-if-range]rip authentication-mode md5 rfc2453 plain 123456

[R3-if-range]save

The current configuration will be written to the device. Are you sure? [Y/N]:y

(3) 进行实验验证，PC 可以 ping 通，如图 3-7-20 和图 3-7-21 所示。

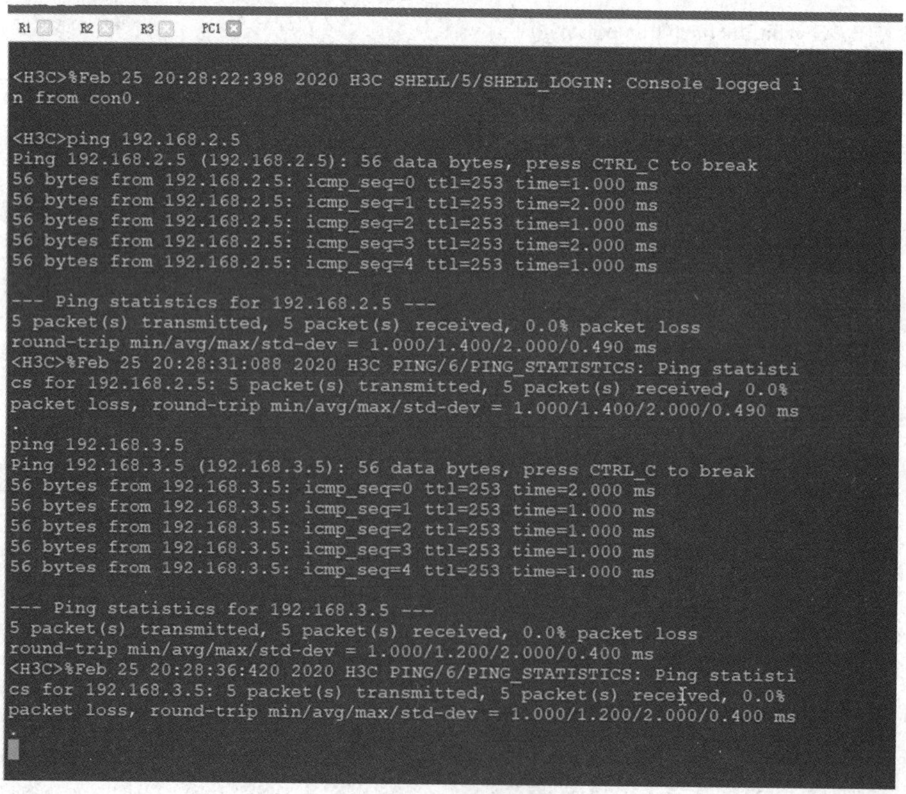

图 3-7-20   PC ping 通

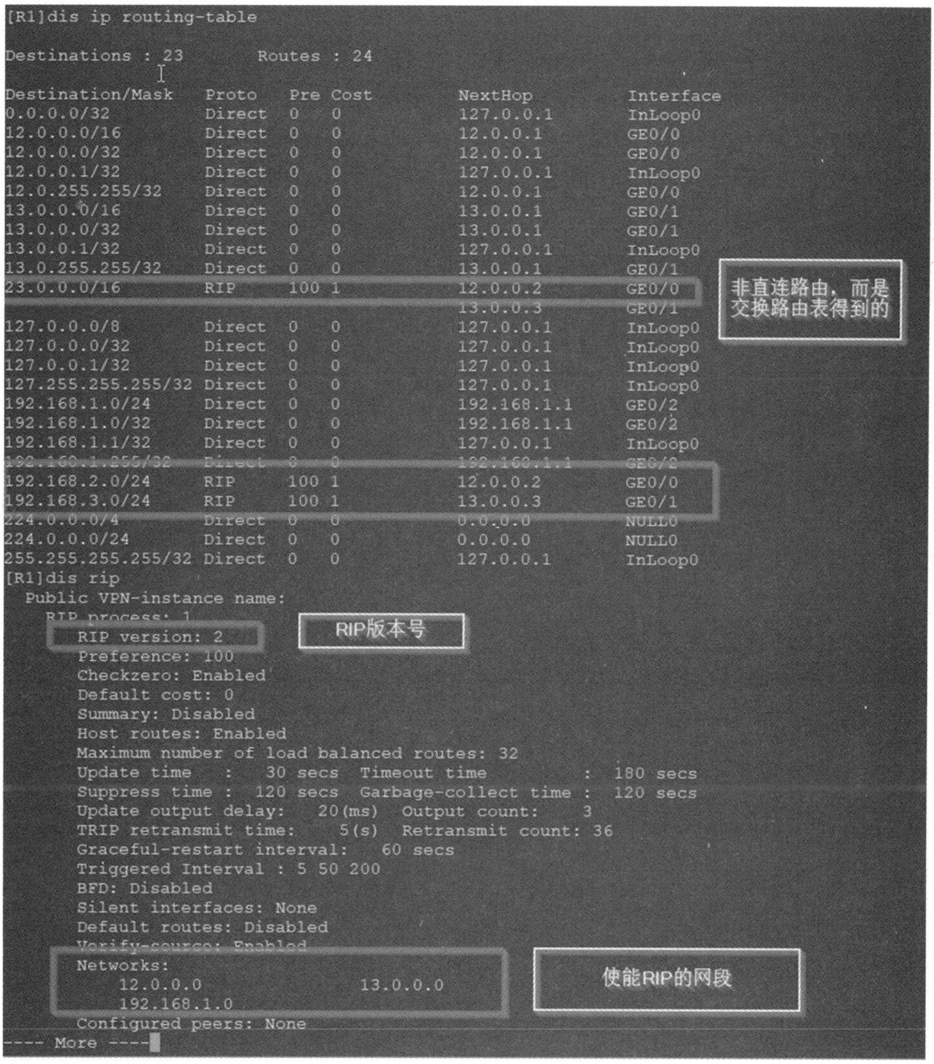

```
[R1]dis ip routing-table

Destinations : 23      Routes : 24

Destination/Mask    Proto    Pre  Cost        NextHop        Interface
0.0.0.0/32          Direct   0    0           127.0.0.1      InLoop0
12.0.0.0/16         Direct   0    0           12.0.0.1       GE0/0
12.0.0.0/32         Direct   0    0           12.0.0.1       GE0/0
12.0.0.1/32         Direct   0    0           127.0.0.1      InLoop0
12.0.255.255/32     Direct   0    0           12.0.0.1       GE0/0
13.0.0.0/16         Direct   0    0           13.0.0.1       GE0/1
13.0.0.0/32         Direct   0    0           13.0.0.1       GE0/1
13.0.0.1/32         Direct   0    0           127.0.0.1      InLoop0
13.0.255.255/32     Direct   0    0           13.0.0.1       GE0/1
23.0.0.0/16         RIP      100  1           12.0.0.2       GE0/0
                                              13.0.0.3       GE0/1
127.0.0.0/8         Direct   0    0           127.0.0.1      InLoop0
127.0.0.0/32        Direct   0    0           127.0.0.1      InLoop0
127.0.0.1/32        Direct   0    0           127.0.0.1      InLoop0
127.255.255.255/32  Direct   0    0           127.0.0.1      InLoop0
192.168.1.0/24      Direct   0    0           192.168.1.1    GE0/2
192.168.1.0/32      Direct   0    0           192.168.1.1    GE0/2
192.168.1.1/32      Direct   0    0           127.0.0.1      InLoop0
192.168.1.255/32    Direct   0    0           192.168.1.1    GE0/2
192.168.2.0/24      RIP      100  1           12.0.0.2       GE0/0
192.168.3.0/24      RIP      100  1           13.0.0.3       GE0/1
224.0.0.0/4         Direct   0    0           0.0.0.0        NULL0
224.0.0.0/24        Direct   0    0           0.0.0.0        NULL0
255.255.255.255/32  Direct   0    0           127.0.0.1      InLoop0
[R1]dis rip
  Public VPN-instance name:
    RIP process: 1
    RIP version: 2
    Preference: 100
    Checkzero: Enabled
    Default cost: 0
    Summary: Disabled
    Host routes: Enabled
    Maximum number of load balanced routes: 32
    Update time    :   30 secs  Timeout time      :  180 secs
    Suppress time  :  120 secs  Garbage-collect time :  120 secs
    Update output delay:   20(ms)  Output count:       3
    TRIP retransmit time:     5(s)  Retransmit count: 36
    Graceful-restart interval:   60 secs
    Triggered Interval : 5 50 200
    BFD: Disabled
    Silent interfaces: None
    Default routes: Disabled
    Verify-source: Enabled
    Networks:
      12.0.0.0              13.0.0.0
      192.168.1.0
    Configured peers: None
---- More ----
```

非直连路由，而是
交换路由表得到的

RIP版本号

使能RIP的网段

图 3-7-21　RIP 信息

📖 总结与提高

(1) RIP 是一种较为简单的内部网关协议，主要用于规模较小的网络中，如校园网及结构较简单的地区性网络。由于 RIP 的实现较为简单，在配置和维护管理方面也远比 OSPF 和 IS-IS 容易，因此在实际组网中有广泛的应用。

(2) RIP 是一种基于距离矢量(Distance-Vector)算法的路由协议。RIP 使用跳数来衡量到达目的网络的距离。RIP 规定度量值取 0～15 的整数，大于或等于 16 的跳数被定义为无穷大，即目的网络或主机不可达。

(3) RIP 适用于中小型网络，分为 RIPv1 和 RIPv2。

(4) RIP 支持水平分割、毒性逆转和触发更新等工作机制，防止路由环路。

(5) RIP 基于 UDP 传输，端口号为 520。

练习与巩固

1. 下面(　　)协议只关心到达目的网段的距离和方向(选择一项或多项)。
A. IGP　　　　　　　B. OSPF　　　　　　C. RIPv1　　　　　　D. RIPv2
2. RIP 将(　　)作为选择路由的度量标准。
A. 跳数　　　　　　　B. 带宽　　　　　　C. 负载　　　　　　D. 时延

任务 7.4　配置与调试 OSPF

学习目标

1. 知识目标

(1) 了解 OSPF 的定义。
(2) 掌握 OSPF 的原理以及配置命令。
(3) 掌握 OSPF 的配置方法。

2. 能力目标

(1) 学会使用 OSPF 对路由器进行配置。
(2) 学会在配置 OSPF 后对网络进行调试。

3. 素质目标

(1) 培养自主学习能力。
(2) 培养较强的动手能力。

任务描述

如图 3-7-22 和图 3-7-23 所示，完成 OSPF 的单区域配置和多区域配置。

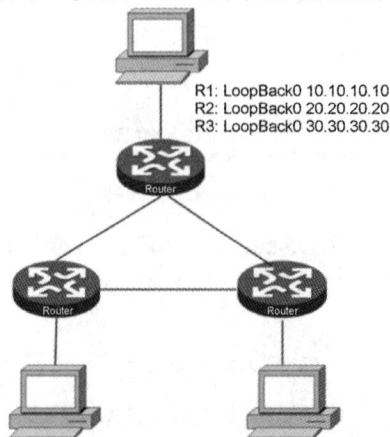

```
R1: LoopBack0 10.10.10.10
R2: LoopBack0 20.20.20.20
R3: LoopBack0 30.30.30.30
```

图 3-7-22　单区域配置

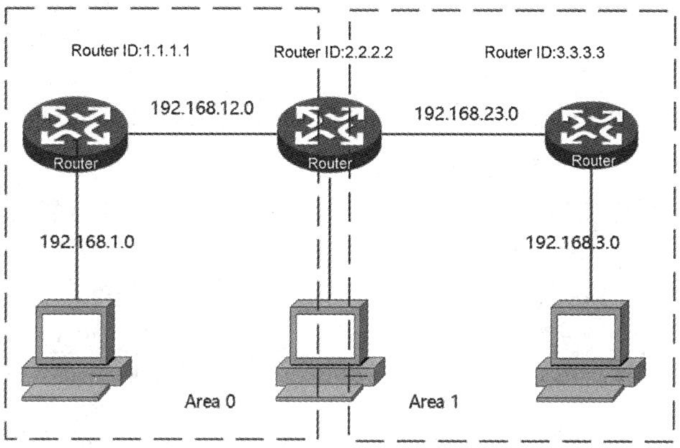

图 3-7-23　多区域配置

知识引导

1. OSPF 的定义

随着网络规模的日益扩大，RIP 已经不能完全满足需求，而 OSPF 解决了很多 RIP 无法解决的问题，因而得到了广泛应用。

OSPF 是 IETF 开发的基于链路状态的自治系统内部路由协议，其同样是一种非常重要的 IGP(Interior Gateway Protocol，内部网关协议)协议。OSPF 是由 IETF IGP 工作小组提出的一种基于 SPF(Shortest Path First，最短路径优先)算法的路由协议。与 RIP 不同，在 OSPF 协议中没有跳数限制，并且选择最佳路径的度量标准可以基于带宽、延迟、可靠性、负载和 MTU 等服务类型。因此，OSPF 协议是目前 Internet 和企业网采用较多、应用极为广泛的路由协议之一。

2. OSPF 协议工作过程概述

1) 寻找邻居

不同于 RIP，OSPF 协议运行后，并不立即向网络广播路由信息，而是先寻找网络中可与自己交互链路状态信息的周边路由器。可以交互链路状态信息的路由器互为邻居(Neighbour)。

2) 建立邻接关系

邻接关系(Adjacency)可以想象为一条点到点的虚链路，它是在一些邻居路由器之间构成的。只有建立了可靠邻接关系的路由器才可相互传递链路状态信息。

3) 传递链路状态信息

OSPF 路由器将建立描述网络链路状况的 LSA(Link State Advertisement，链路状态公告)，建立邻接关系的 OSPF 路由器之间将交互 LSA，最终形成包含网络完整链路状态信息的 LSDB (Link State DataBase，链路状态数据库)。

4) 计算路由

获得了完整的 LSDB 后，OSPF 区域内的每个路由器将会对该区域的网络结构有相同的认识，随后各路由器将依据 LSDB 的信息，使用 SPF 算法独立计算出路由。

3. OSPF 协议工作过程示例

1) 寻找邻居

如图 3-7-24 所示，OSPF 路由器周期性地从其启动 OSPF 协议的每一个接口以组播地址 224.0.0.5 发送 Hello 包，以寻找邻居。Hello 包里携带有一些参数，如始发路由器的 Router ID(路由器 ID)、始发路由器接口的区域 ID(Area ID)、始发路由器接口的地址掩码、选定的 DR(Designated Router，指定路由器)、路由器优先级等信息。

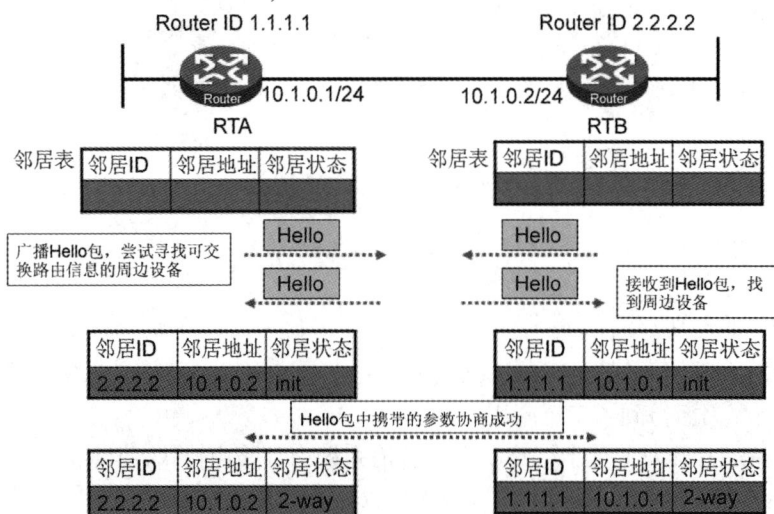

图 3-7-24   寻找邻居

当两台路由器共享一条公共数据链路，并且相互成功协商它们各自 Hello 包中所指定的某些参数时，它们就能成为邻居。邻居地址一般为启动 OSPF 协议并向外发送 Hello 包的路由器接口地址。

路由器通过记录彼此的邻居状态来确认是否与对方建立了邻接关系。路由器初次接收到某路由器的 Hello 包时，仅将该路由器作为邻居候选人，将其状态记录为 init；只有在相互成功协商 Hello 包中所指定的某些参数后，才将该路由器确定为邻居，将其状态修改为 2-way。当双方的链路状态信息交互成功后，邻居状态将变迁为 Full，这表明邻居路由器之间的链路状态信息已经同步。

一台路由器可以有很多邻居，也可以同时成为几台其他路由器的邻居。邻居状态和维护邻居路由器的一些必要的信息都被记录在一张邻居表内，为了跟踪和识别每台邻居路由器，OSPF 协议定义了 Router ID。

Router ID 在 OSPF 区域内唯一标识一台路由器的 IP 地址。一台路由器可能有多个接口启动 OSPF，这些接口分别处于不同的网段，它们各自使用自己的接口 IP 地址作为邻居地址与网络里的其他路由器建立邻居关系，但网络里的所有其他路由器只会使用 Router ID 来标识这台路由器。

2) 建立邻接关系

可以将邻接关系比喻为一条点到点的虚连接，那么可以想象，广播型网络的 OSPF 路由器之间的邻接关系是很复杂的。假设 OSPF 区域内有 5 台路由器，它们彼此互为邻居并都建立邻接关系，那么总共会有 10 个邻接关系；如果是 10 台路由器，那么就有 45 个邻接关系；如果有 n 台路由器，那么就有 $n(n-1)/2$ 个邻接关系。邻接关系需要消耗较多的资源来维持，而且邻接路由器之间要两两交互链路状态信息，这也会造成网络资源和路由器处理能力的巨大浪费。

为了解决这个问题，OSPF 要求在广播型网络里选举一台 DR。DR 负责用 LSA 描述该网络类型及该网络内的其他路由器，同时也负责管理它们之间的链路状态信息交互过程。

DR 选定后，该广播型网络内的所有路由器只与 DR 建立邻接关系，与 DR 互相交换链路状态信息，以实现 OSPF 区域内路由器链路状态信息同步。值得注意的是，一台路由器可以有多个接口启动 OSPF，这些接口可以分别处于不同的网段里，这就意味着这台路由器可能是其中一个网段的 DR，而不是其他网段的 DR，或者可能同时是多个网段的 DR。换句话说，DR 是一个 OSPF 路由器接口的特性，而不是整台路由器的特性；DR 是某个网段的 DR，而不是全网的 DR。

如果 DR 失效，所有的邻接关系都会消失，此时必须重新选取一台新的 DR，网络上的所有路由器也要重新建立新的邻接关系并重新同步全网的链路状态信息。当这种问题发生时，网络将在一个较长时间内无法有效地传送链路状态信息和数据包。

为加快收敛速度，OSPF 在选举 DR 的同时，还会再选举一个 BDR(Backup Designated Router，备份指定路由器)。网络上所有的路由器将与 DR 和 BDR 同时形成邻接关系，如果 DR 失效，BDR 将立即成为新的 DR。

采用选举 DR 和 BDR 的方法，广播型网络内的邻接关系减少为 $2(n-2)+1$ 条，即 5 台路由器的邻接关系为 7 条，10 台路由器的邻接关系为 17 条。

3) 传递链路状态信息

建立邻接关系的 OSPF 路由器之间通过发布 LSA 来交互链路状态信息。通过获得对方的 LSA，同步 OSPF 区域内的链路状态信息后，各路由器将形成相同的 LSDB。

LSA 通告描述了路由器所有的链路信息(或接口)和链路状态信息。这些链路可以是到一个末梢网络(没有和其他路由器相连的网络)的链路，也可以是到其他 OSPF 路由器的链路或是到外部网络的链路等。

为避免网络资源浪费，OSPF 路由器采取路由增量更新的机制发布 LSA，即只发布邻居缺失的链路状态给邻居。当网络变更时，路由器立即向已经建立邻接关系的邻居发送 LSA 摘要信息；而如果网络未发生变化，则 OSPF 路由器每隔 30 min 向已经建立邻接关系的邻居发送一次 LSA 的摘要信息。摘要信息仅对该路由器的链路状态进行简单的描述，并不是具体的链路信息。邻居接收到 LSA 摘要信息后，比较自身链路状态信息，如果发现对方具有自己不具备的链路信息，则向对方请求该链路信息，否则不做任何动作。当 OSPF 路由器接收到邻居发来的请求某个 LSA 的包后，将立即向邻居提供其所需要的 LSA，邻居在接收到 LSA 后，会立即给对方发送确认包进行确认。

综上可见，OSPF 协议在发布 LSA 时进行了 4 次握手，这种方式不仅有效避免了类似 RIP 协议发送全部路由带来的网络资源浪费的问题，而且保证了路由器之间信息传递的可靠性，提高了收敛速度。

4) 计算路由

OSFP 路由计算步骤如下：

(1) 评估一台路由器到另一台路由器所需的开销(Cost)。OSPF 协议是根据路由器的每一个接口指定的度量值来决定最短路径的，这里的度量值指的就是接口指定的开销。一条路由的开销是指沿着到达目的网络的路径上所有路由器出接口的开销总和。

(2) 同步 OSPF 区域内每台路由器的 LSDB。OSPF 路由器通过交换 LSA 实现 LSDB 的同步。LSA 不但携带了网络连接状况信息，而且携带了各接口的 Cost 信息。

由于一条 LSA 是对一台路由器或一个网段拓扑结构的描述，因此整个 LSDB 就形成了对整个网络的拓扑结构的描述。LSDB 实质上是一张带权的有向图，这张图便是对整个网络拓扑结构的真实反映。显然，OSPF 区域内的所有路由器得到的是一张完全相同的图。

(3) 使用 SPF 算法计算路由。OSPF 路由器使用 SPF 算法，以自身为根节点计算出一棵最短路径树。在这棵树上，由根到各节点的累计开销最小，即由根到各节点的路径在整个网络中都是最优的，这样也就获得了由根去往各个节点的路由。计算完成后，路由器将路由加入 OSPF 路由表。当 SPF 算法发现有两条到达目标网络的路径的 Cost 值相同时，就会将这两条路径都加入 OSPF 路由表，形成等价路由。

4. 配置 OSPF

(1) 配置 Router ID：

[Router]router id router-id

(2) 启动 OSPF 进程：

[Router]ospf [process-id]

(3) 重启 OSPF 进程：

<Router>reset ospf [process-id] process

(4) 配置 OSPF 区域：

[Router-ospf-100]area area-id

(5) 在指定的接口上启动 OSPF：

[Router-ospf-1-area-0.0.0.0] network ip-address wildcard-mask

任务实施

1. 单区域配置

(1) 按照网络图绘制拓扑，并配置 PC 的 IP 地址等信息，如图 3-7-25 所示。

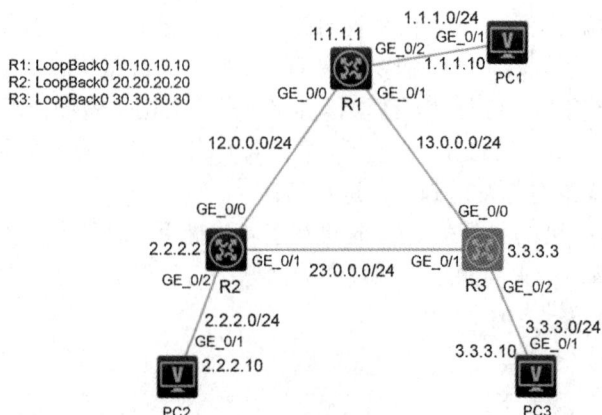

图 3-7-25　拓扑

(2) 配置路由器。

① R1：将 R1 上的 Loopback0 的 IP 地址 10.10.10.10 设置为 R1 的 Router ID，将 R1 所有接口都加入 OSPF 的区域 0。

```
<H3C>sys
[H3C]sys R1
[R1]int loopback 0
[R1-LoopBack0]ip address 10.10.10.10 32
[R1-LoopBack0]int g0/0
[R1-GigabitEthernet0/0]ip add 12.0.0.1 24
[R1-GigabitEthernet0/0]int g0/1
[R1-GigabitEthernet0/1]ip add 13.0.0.1 24
[R1-GigabitEthernet0/1]int g0/2
[R1-GigabitEthernet0/2]ip add 1.1.1.1 24
[R1-GigabitEthernet0/2]qu
[R1]router id 10.10.10.10
[R1]ospf
[R1-ospf-1]area 0
[R1-ospf-1-area-0.0.0.0]network 1.1.1.0 0.0.0.255
[R1-ospf-1-area-0.0.0.0]network 13.0.0.0 0.0.0.255
[R1-ospf-1-area-0.0.0.0]network 12.0.0.0 0.0.0.255
[R1-ospf-1-area-0.0.0.0]sa
The current configuration will be written to the device. Are you sure? [Y/N]:y
```

② R2：配置略。

③ R3：配置略。

(3) 实验验证。3 台 PC 能够 ping 通，如图 3-7-26 所示。查看 OSPF 路由，如图 3-7-27 所示。

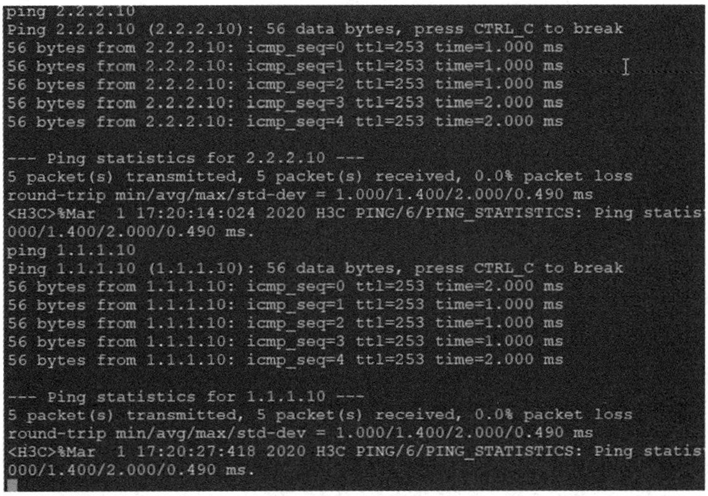

图 3-7-26　ping 通

```
<R1>dis ospf routing

         OSPF Process 1 with Router ID 10.10.10.10
                    Routing Table

            Topology base (MTID 0)
                                    下一跳           发布路由器        区域
Routing for network
Destination        Cost    Type    NextHop       AdvRouter        Area
23.0.0.0/24        2       Transit 12.0.0.2       20.20.20.20      0.0.0.0
23.0.0.0/24        2       Transit 13.0.0.3       20.20.20.20      0.0.0.0
13.0.0.0/24        1       Transit 0.0.0.0        10.10.10.10      0.0.0.0
3.3.3.0/24         2       Stub    13.0.0.3       30.30.30.30      0.0.0.0
2.2.2.0/24         2       Stub    12.0.0.2       20.20.20.20      0.0.0.0
1.1.1.0/24         1       Stub    0.0.0.0        10.10.10.10      0.0.0.0
12.0.0.0/24        1       Transit 0.0.0.0        10.10.10.10      0.0.0.0

Total nets: 7
Intra area: 7  Inter area: 0  ASE: 0  NSSA: 0
```

图 3-7-27　OSPF 路由

2. 多区域配置

(1) 按照网络图绘制拓扑，并配置 PC 的 IP 地址等信息，如图 3-7-28 所示。

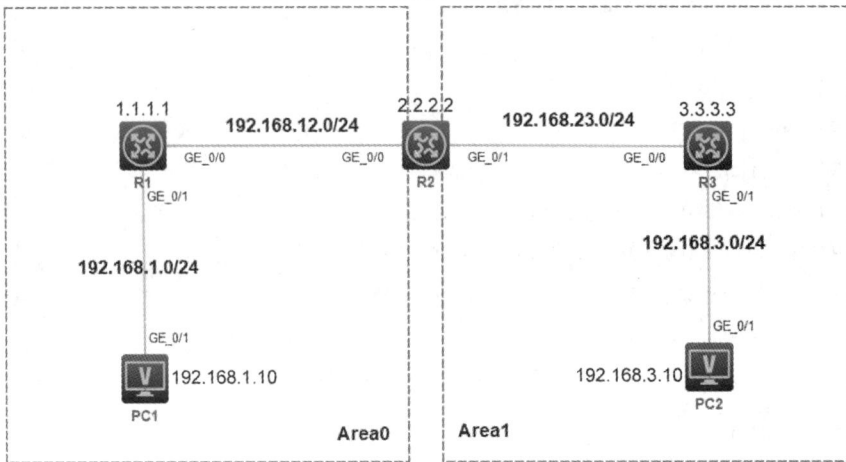

图 3-7-28　拓扑

(2) 配置 R1：

```
<H3C>sys
[H3C]sys R1
[R1]int LoopBack 0
[R1-LoopBack0]ip add 1.1.1.1 32
[R1-LoopBack0]int g0/0
[R1-GigabitEthernet0/0]ip add 192.168.12.1 24
[R1-GigabitEthernet0/0]int g0/1
[R1-GigabitEthernet0/1]ip add 192.168.1.1 24
[R1-GigabitEthernet0/1]qu
[R1]router id 1.1.1.1
[R1]ospf
[R1-ospf-1]area 0
[R1-ospf-1-area-0.0.0.0]network 192.168.1.0 0.0.0.255
```

```
[R1-ospf-1-area-0.0.0.0]network 192.168.12.0 0.0.0.255
[R1]save
The current configuration will be written to the device. Are you sure? [Y/N]:y
```

(3) 配置 R2：

```
<H3C>sys
[H3C]sys R2
[R2]int LoopBack 0
[R2-LoopBack0]ip add 2.2.2.2 32
[R2-LoopBack0]int g0/0
[R2-GigabitEthernet0/0]ip add 192.168.12.2 24
[R2-GigabitEthernet0/0]int g0/1
[R2-GigabitEthernet0/1]ip add 192.168.23.2 24
[R2-GigabitEthernet0/1]qu
[R2]router id 2.2.2.2
[R2]ospf
[R2-ospf-1]area 0
[R2-ospf-1-area-0.0.0.0]network 192.168.12.0 0.0.0.255
[R2-ospf-1-area-0.0.0.0]qu
[R2-ospf-1]area 1
[R2-ospf-1-area-0.0.0.1]net
[R2-ospf-1-area-0.0.0.1]network 192.168.23.0 0.0.0.255
[R2-ospf-1-area-0.0.0.1]save
The current configuration will be written to the device. Are you sure? [Y/N]:y
```

(4) R3 同 R1 配置方法相同 注意配置的区域为 1，此处略。

(5) 实验验证。查看 R2 OSPF 邻居关系信息，如图 3-7-29 所示。PC1 ping PC2，结果如图 3-7-30 所示。

```
[R2-GigabitEthernet0/1]dis ospf p

          OSPF Process 1 with Router ID 2.2.2.2
                 Neighbor Brief Information

Area: 0.0.0.0
Router ID        Address          Pri Dead-Time   State        Interface
1.1.1.1          192.168.12.1     1   40          Full/DR      GE0/0

Area: 0.0.0.1
Router ID        Address          Pri Dead-Time   State        Interface
3.3.3.3          192.168.23.3     1   30          Full/DR      GE0/1
[R2-GigabitEthernet0/1]
```

图 3-7-29　R2 OSPF 邻居关系信息

```
<H3C>ping 192.168.3.10
Ping 192.168.3.10 (192.168.3.10): 56 data bytes, press CTRL_C to break
56 bytes from 192.168.3.10: icmp_seq=0 ttl=252 time=3.199 ms
56 bytes from 192.168.3.10: icmp_seq=1 ttl=252 time=1.980 ms
56 bytes from 192.168.3.10: icmp_seq=2 ttl=252 time=1.976 ms
56 bytes from 192.168.3.10: icmp_seq=3 ttl=252 time=2.059 ms
56 bytes from 192.168.3.10: icmp_seq=4 ttl=252 time=1.900 ms
```

图 3-7-30　PC1 ping PC2

📖 总结与提高

(1) OSPF 是 IETF 开发的基于链路状态的自治系统内部路由协议。

(2) OSPF 仅传播对端设备不具备的路由信息，网络收敛迅速，并可有效避免网络资源的浪费。

(3) OSPF 直接工作于 IP 层之上，IP 协议号为 89。

(4) OSPF 以组播地址发送协议包。

📇 练习与巩固

下列关于网络中 OSPF 的区域(Area)，说法正确的是(   )。(选择一项或多项)

A. 网络中的一台路由器可能属于多个不同的区域，但是其中必须有一个区域是骨干区域

B. 网络中的一台路由器可能属于多个不同的区域，但是这些区域可能都不是骨干区域

C. 只有在同一个区域的 OSPF 路由器才能建立邻居和邻接关系

D. 在同一个 AS 内多个 OSPF 区域的路由器共享相同的 LSDB

📰 拓展阅读

大国工匠——张嘉：匠心铸就 5G 冬奥

2018 年，延庆的小海坨山只是一座彻头彻尾的荒山，基础设施几近于零，没有路，气象条件也无比恶劣，其最低温度可达到零下二十多摄氏度。冬奥会期间，这里举办的高山滑雪作为冬奥会快速度的项目之一，运动员从山顶下冲，最快速度可达 140 km/h，极致"快"的体验也让高山滑雪有着"冬奥会皇冠上的明珠"的美称。高山滑雪比赛极具观赏性，但同时也有很高的危险性，一旦发生事故，医疗力量必须在 4 min 内到达现场，以最快速度完成对伤员的评估、急救和转运。要想快速定位伤员，进行初步会诊，就必须要保证场地具备全方位、无死角、高速度的网络通信保障。

为了保证现场通信信号的传输效果，张嘉团队进入无人区，成为拓荒者。面对奥运会庞杂的系统，为了实现 5G 通信保障，张嘉团队多次修改基站建设方案，在极寒温度下通过徒手熔接电缆、去极低温环境下做实验等工作，特别设计了大带宽、低时延、高可靠的 5G 网络。两年的时间，张嘉团队就把小海坨山从一座荒山变成了一座通过通信信号可以连通多个终端实现智慧化工作的智慧山。

正是有了这样的通信网络，冬奥会期间，高山滑雪男子全能滑降项目现场，一位外籍运动员摔倒受伤，滑雪医生仅仅用了 45 s 就到达现场进行紧急救援。

而张嘉和同事们打造的北京、延庆以及张家口三个冬奥赛区"一张网一个标准一套指挥体系"的高速低延时稳定的网络系统，更是为北京冬奥会在组织保障方面提供了多个领域突破的可能。

第 4 部分
高级 TCP/IP 知识

本部分包含 3 个项目，分别为 FTP、DHCP 协议和 IPv6 基础。项目 8 主要介绍 FTP 和 TFTP，用于在 Internet 中控制文件的双向传输。项目 9 主要介绍 DHCP 的原理和特点、DHCP 中继工作原理、DHCP 协议 IP 地址获取过程、DHCP 及 DHCP 中继配置方法等。项目 10 主要介绍 IPv6 协议基础，如 IPv6 数据包封装、地址表示方式；IPv6 地址分类，如 IPv6 单播地址、组播地址和任播地址。

项目 8 FTP

任务 8.1 配置 FTP

学习目标

1. 知识目标

(1) 掌握 FTP 协议基础知识。

(2) 熟悉 FTP 数据传输方式。

(3) 掌握 FTP 相关配置方法。

2. 能力目标

(1) 能够描述 FTP 数据传输方式。

(2) 能够配置 FTP。

3. 素质目标

(1) 培养自主学习能力。

(2) 培养较强的动手能力。

任务描述

在互联网中，我们经常需要在远端主机和本地服务器之间传输文件，文件传输协议提供的应用服务就满足了这种需求。FTP 是互联网中文件传输的标准协议，其使用 TCP 作为传输协议，支持用户的登录认证及访问权限的设置。

本任务在简要介绍 FTP 协议、FTP 数据传输方式的基础上，使用路由器作为 FTP 客户端及 FTP 服务器，在模拟环境中实现通过 FTP 客户端访问 FTP 服务器。本任务的配置拓扑如图 4-8-1 所示。

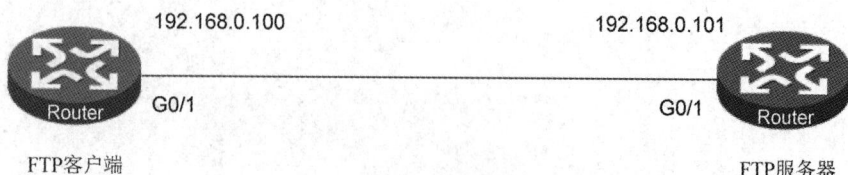

图 4-8-1　FTP 配置拓扑

知识引导

1. FTP 协议简介

FTP 用于在 Internet 中控制文件的双向传输。同时，FTP 也是一个应用程序(Application)，基于不同的操作系统有不同的 FTP 应用程序，而所有这些应用程序都遵守同一种协议以传输文件。在万维网(World Wide Web，WWW)出现以前，用户使用命令行方式传输文件，最通用的应用程序就是 FTP。

使用 FTP 时，经常会接触"下载"(Download)和"上传"(Upload)这两个概念。其中，下载文件就是从远程主机复制文件至自己的计算机上，而上传文件就是将文件从自己的计算机中复制至远程主机上。

FTP 采用客户端/服务器的设计模式，一旦底层 TCP 协议建立连接，客户端和服务器就可以通过交互控制命令来建立连接。FTP 功能强大，拥有丰富的命令集，可以支持对登录服务器的用户名和口令进行验证，可以提供交互式的文件访问，允许客户指定文件的传输类型，并且可以设定文件的存取权限。

通过 FTP 进行文件传输时，需要在服务器和客户端之间建立两个 TCP 连接：FTP 控制连接和 FTP 数据连接。其中，FTP 控制连接负责 FTP 客户端和 FTP 服务器之间交互 FTP 控制命令和命令执行的应答信息，在整个 FTP 会话过程中一直保持打开；而 FTP 数据连接负责在 FTP 客户端和 FTP 服务器之间进行文件和文件列表的传输，仅在需要传输数据时建立数据连接，数据传输完毕后终止。

FTP 服务器启动后，FTP 服务打开 TCP 端口号 21 作为侦听端口，等待客户端连接。客户端随机选择一个 TCP 端口号作为控制连接的源端口，主动发起对 FTP 服务器端口号 21 的 TCP 连接。控制连接建立后，FTP 客户端和 FTP 服务器之间通过该连接交互 FTP 控制命令和命令执行的应答信息。

FTP 协议定义了 4 种文件传输模式，分别为 ASCII 模式、二进制模式、EBCDIC(Extended Binary Coded Decimal Interchange Code，扩展二进制编码十进制交换码)模式和本地文件模式，适用于在不同操作系统之间进行文件传输，保障文件准确无误传送。其中，ASCII 模式和二进制模式是使用最广泛的两种传输模式。

1) ASCII 模式

ASCII 模式是默认文件传输模式。发送方首先将本地文件转换成标准的 ASCII 码，然后在网络中进行传输；接收方在收到发送方的文件后，根据自己的文件存储表达方式将其转换成本地文件。ASCII 模式通常适用于传输文本文件。

2) 二进制模式

二进制模式也称为图像文件传输模式，发送方不做任何转换，直接把文件按照比特流的方式进行传输。二进制模式通常适用于传送程序文件。

3) EBCDIC 模式

EBCDIC 是一种字符编码标准，主要用于 IBM 的大型机系统。在 FTP 的 EBCDIC 模式下，数据在传输过程中会进行特殊的编码处理。具体来说，每个字节的数据会先被重新编码为对应的 EBCDIC 码,再进行传输。EBCDIC 模式要求文件传输的两端都是 EBCDIC 系统。

4) 本地文件模式

本地文件模式是在具有不同字节大小的主机间传输二进制文件,每一字节的比特数由发送方规定。对使用 8 B 的系统来说,本地文件以 8 B 传输就等同于以二进制文件传输。

2. FTP 数据传输方式

在 FTP 数据连接过程中有两种数据传输方式,即主动方式和被动方式。

1) FTP 主动方式建立连接过程

首先,客户端从一个任意大于 1023(N)的端口连接到 FTP 服务器的命令端口(21)后,开始监听端口 N+1,并发送 FTP 命令"port N+1"到 FTP 服务器;然后,服务器将自己的数据端口(20)连接到客户端指定的数据端口(N+1)。

FTP 主动传输方式也称为 PORT 方式,是 FTP 最初定义的数据传输方式。采用主动方式建立数据连接时,FTP 客户端会通过 FTP 控制连接向 FTP 服务器发送 PORT 命令。PORT 命令携带如下格式的参数(A1,A2,A3,A4,P1,P2),其中 A1、A2、A3、A4 表示需要建立数据连接的主机 IP 地址;而 P1 和 P2 表示客户端用于传输数据的临时端口号,临时端口号的数值为 256 × P1+P2。

FTP 主动方式建立连接过程如下:

阶段 1: 建立控制通道 TCP 连接,如图 4-8-2 所示。

图 4-8-2　FTP 主动方式阶段 1

(1) FTP 客户端以随机端口(1217)作为源端口,向 FTP 服务器的 TCP 端口 21 发送一个 TCP SYN 报文,开始建立 TCP 连接。

(2) FTP 服务器收到 SYN 报文后,发送 SYN ACK 报文给客户端,源端口为 TCP 端口 21,目的端口为 FTP 客户端使用的随机端口 1217。

(3) FTP 客户端收到 FTP 服务器发送的 SYN ACK 报文后,向 FTP 服务器回送一个 ACK 报文,完成 TCP 3 次握手,建立 FTP 控制连接。

阶段 2: 主动方式传递参数,如图 4-8-3 所示。

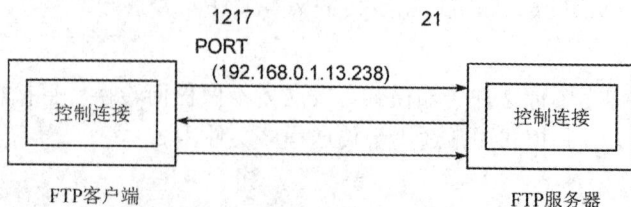

客户端使用PORT命令通告用于数据传输的临时端口号
(13×256+238=3566)

图 4-8-3　FTP 主动方式阶段 2

当 FTP 客户端希望请求文件列表或者需要同服务器进行文件传输时,FTP 客户端会通过已经建立好的控制通道向服务器发送 PORT 命令。PORT 命令中包含自己的 IP 地址和端口号,在图 4-8-3 中,IP 地址是 192.168.0.1,端口号是 $13 \times 256 + 238 = 3566$。

阶段 3:建立数据通道 TCP 连接,如图 4-8-4 所示。

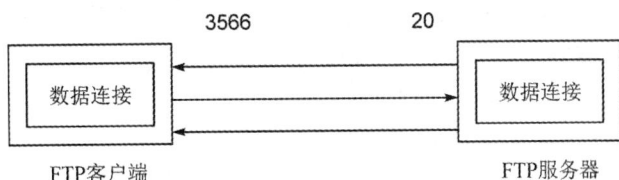

TCP3 次握手建立数据通道的TCP连接

图 4-8-4 FTP 主动方式阶段 3

(1) FTP 服务器向 FTP 客户端发送一个 SYN 报文,主动建立 TCP 连接。通信的源端口为 FTP 服务器的 TCP 端口号 20,目的端口为客户端在 PORT 命令中发送给服务器的端口号 3566。

(2) FTP 客户端以端口号 3566 为源端口,20 为目的端口,向 FTP 服务器发送一个 SYN ACK 报文。

(3) FTP 服务器端向 FTP 客户端发送一个 ACK 报文,完成 TCP 3 次握手,建立数据通道的 TCP 连接。

阶段 4:数据传输,如图 4-8-5 所示。

双方进行数据传输,传输完毕后,发送数据的一方主动关闭数据连接

图 4-8-5 FTP 主动方式阶段 4

(1) 数据通道连接建立后,FTP 客户端与 FTP 服务器利用该通道进行数据的传输。

(2) 数据传输完毕后,由发送数据的一方发送 FIN 报文,关闭这条数据连接。如果 FTP 客户端需要打开新的数据连接,则可以通过控制通道发送相关命令再次建立新的数据传输通道。

2) FTP 被动方式建立连接过程

阶段 1:建立控制通道 TCP 连接,如图 4-8-6 所示。

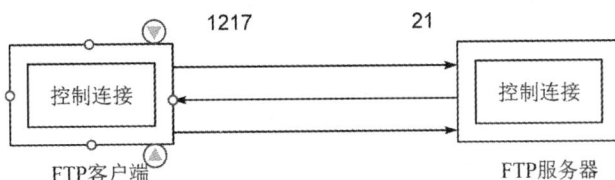

TCP 3 次握手建立数据通道的TCP连接

图 4-8-6 FTP 被动方式阶段 1

(1) FTP 客户端以随机选择的临时端口号(图 4-8-6 中是 1217)作为源端口向 FTP 服务器 TCP 21 端口发送一个 TCP SYN 报文，开始建立 TCP 连接。

(2) FTP 服务器收到 SYN 报文后，发送 SYN ACK 报文给客户端，源端口为 TCP 21 端口，目的端口为 FTP 客户端使用的随机端口号 1217。

(3) FTP 客户端收到 FTP 服务器发送的 SYN ACK 报文后，向 FTP 服务器回送一个 ACK 报文，完成 TCP 3 次握手，建立 FTP 控制连接。

阶段 2：被动方式传递参数，如图 4-8-7 所示。

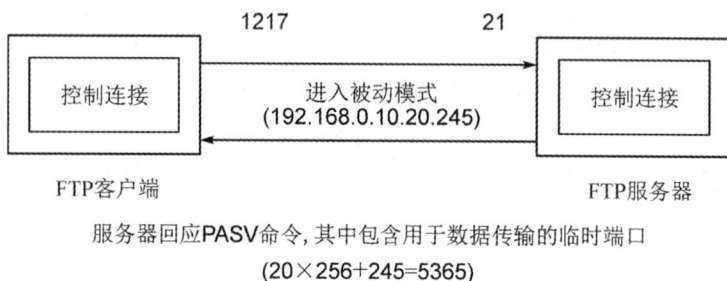

图 4-8-7 FTP 被动方式阶段 2

当 FTP 客户端希望请求文件列表或者需要同服务器进行文件传输时，FTP 客户端会通过已经建立好的控制通道向服务器发送 PASV 命令，告诉服务器进入被动模式。服务器对客户端的 PASV 命令进行应答，应答中包含服务器的 IP 地址和一个临时端口信息。图 4-8-8 中，IP 地址是 192.168.0.10，端口号是 $20 \times 256 + 245 = 5365$。

阶段 3：建立数据通道 TCP 连接，如图 4-8-8 所示。

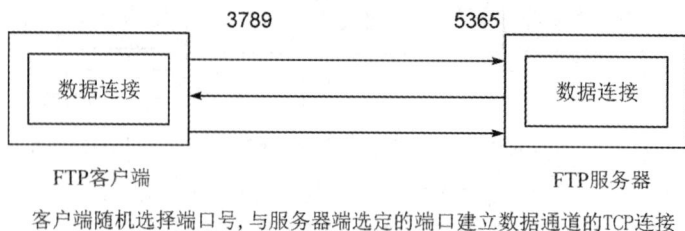

图 4-8-8 FTP 被动方式阶段 3

(1) 此时，FTP 客户端已经得知 FTP 服务器使用的临时端口号是 5365。FTP 客户端以随机选择的临时端口号(图 4-8-8 中是 3789) 作为源端口，向 FTP 服务器的端口 5365 发送一个 SYN 报文，主动建立 TCP 连接。

(2) FTP 服务器端发送 SYN ACK 给 FTP 客户端，目的端口为客户端自己选择的端口 3789，源端口为 5365。

(3) FTP 客户端向 FTP 服务器端发送 ACK 消息，完成 TCP 3 次握手，建立数据通道的 TCP 连接。

阶段 4：传输数据，如图 4-8-9 所示。

(1) 数据通道连接建立后，FTP 客户端与 FTP 服务器利用该通道进行数据传输。

(2) 数据传输完毕后，由发送数据的一方发送 FIN 报文，关闭这条数据连接。如果 FTP

客户端需要打开新的数据连接，则可以通过控制通道发送相关命令再次建立新的数据传输通道。

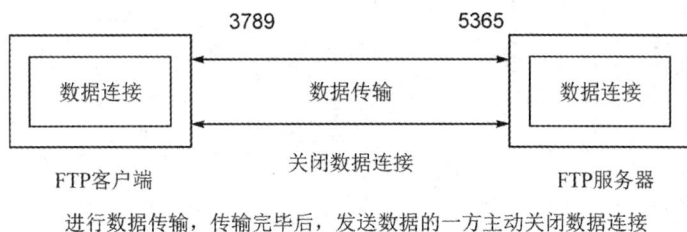

图 4-8-9 FTP 被动方式阶段 4

任务实施

构建图 4-8-10 所示的网络拓扑，完成 FTP 服务器的配置。

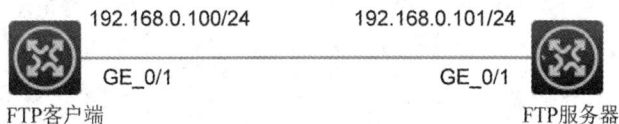

图 4-8-10 FTP 实验拓扑

1. 配置 FTP 服务器

(1) 在系统视图下启动 FTP 服务器功能：

```
<H3C>system-view
[H3C]ftp server enable
```

(2) 创建本地用户并设置相应密码、服务类型、权限级别等参数：

```
[H3C-luser-manage-ftp] local-user ftp class manage
[H3C-luser-manage-ftp] password simple 123456
[H3C-luser-manage-ftp]service-type ftp
```

(3) 配置 FTP 服务器路由器的接口 g0/1 IP 地址：

```
[H3C] int g0/1
[H3C-GigabitEthernet0/1] ip add 192.168.0.101 24
```

2. 配置 FTP 客户端

(1) 配置 FTP 客户端路由器的接口 g0/1 IP 地址：

```
<H3C>system-view
[H3C] int g0/1
[H3C-GigabitEthernet0/1] ip add 192.168.0.100 24
```

(2) 测试连通性(图 4-8-11)：

```
[H3C] ping 192.168.0.101
```

```
[H3C]ping 192.168.0.101
Ping 192.168.0.101 (192.168.0.101): 56 data bytes, press CTRL_C to break
56 bytes from 192.168.0.101: icmp_seq=0 ttl=255 time=3.000 ms
56 bytes from 192.168.0.101: icmp_seq=1 ttl=255 time=1.000 ms
56 bytes from 192.168.0.101: icmp_seq=2 ttl=255 time=1.000 ms
56 bytes from 192.168.0.101: icmp_seq=3 ttl=255 time=0.000 ms
56 bytes from 192.168.0.101: icmp_seq=4 ttl=255 time=1.000 ms

--- Ping statistics for 192.168.0.101 ---
5 packet(s) transmitted, 5 packet(s) received, 0.0% packet loss
round-trip min/avg/max/std-dev = 0.000/1.200/3.000/0.980 ms
[H3C]%Sep 15 08:51:55:367 2022 H3C PING/6/PING_STATISTICS: Ping statistics for 192.168.0.1
01: 5 packet(s) transmitted, 5 packet(s) received, 0.0% packet loss, round-trip min/avg/ma
x/std-dev = 0.000/1.200/3.000/0.980 ms.
```

图 4-8-11   FTP 服务器与客户端连通性测试结果

(3) 用户视图下远程连接 FTP 服务器(图 4-8-12):

    <H3C>   ftp 192.168.0.101

```
<H3C>ftp 192.168.0.101
Press CTRL+C to abort.
Connected to 192.168.0.101 (192.168.0.101).
220 FTP service ready.
User (192.168.0.101:(none)): ftp
331 Password required for ftp.
Password:
230 User logged in.
Remote system type is UNIX.
Using binary mode to transfer files.
ftp> ls
227 Entering Passive Mode (192,168,0,101,160,107)
550 permission denied
ftp> pwd
550 permission denied
```

图 4-8-12   远程连接 FTP 服务器结果

总结与提高

本任务主要介绍了 FTP 的概念；FTP 的 4 种文件传输模式：ASCII 模式、二进制模式、EBCDIC 模式和本地文件模式；FTP 数据连接过程中的两种数据传输方式：主动方式和被动方式；FTP 服务器配置等。

练习与巩固

1. 互联网上文件传输的标准协议是(　　)。

A. TFTP　　　　　　　B. SFTP　　　　　　　C. FTP　　　　　　　D. STFTP

2. 在网络上进行文件传输时，如果需要用户进行登录认证，则可以使用(　　)文件传输协议。

A. FTP　　　　　　　　B. TFTP　　　　　　　C. 两者都可以　　　　D. 两者都不可以

3. FTP 使用的数据连接和控制连接端口号分别是(　　)。

A. 23、24　　　　　　B. 21、22　　　　　　C. 20、21　　　　　　D. 21、20

4. 试阐述 FTP 定义的文件传输模式及各自的特点。

5. 试阐述 FTP 主动方式建立连接过程。

6. 试阐述 FTP 被动方式建立连接过程。

任务 8.2　配 置 TFTP

学习目标

1. 知识目标

(1) 掌握 TFTP 基础知识。

(2) 熟悉 TFTP 文件传输过程。

(3) 掌握 TFTP 相关配置方法。

2. 能力目标

(1) 能够描述 TFTP 文件传输过程。

(2) 能够配置 TFTP。

3. 素质目标

(1) 培养自主学习能力。

(2) 培养较强的动手能力。

任务描述

TFTP(Trivial File Transfer Protocol，简单文件传输协议)用于在远端服务器和本地主机之间传输文件，和 FTP 相比，TFTP 没有复杂的交互存取接口和认证控制。

本任务在掌握 TFTP、TFTP 文件传输过程等内容基础上，实现将路由器作为 TFTP 客户端访问 TFTP 服务器，并下载文件到客户端。其配置拓扑如图 4-8-13 所示。

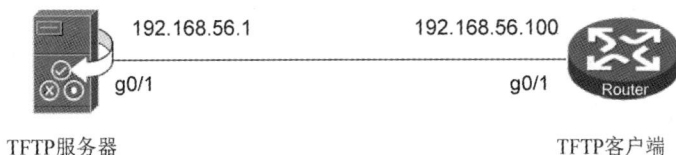

图 4-8-13　TFTP 配置拓扑

知识引导

1. TFTP 协议简介

TFTP 因为没有复杂的交互存取接口和认证控制，所以适用于客户端和服务器之间不需要复杂交互的环境。

TFTP 基于 UDP，采用客户端/服务器模式。TFTP 服务器通过端口号 69 侦听 TFTP 连接。由于 UDP 提供的是不可靠的数据传输，因此 TFTP 使用自身的超时重传机制确保数据正确传送。TFTP 只能提供简单的文件传输能力，包括文件的上传和下载。TFTP 没有庞大的命令集，不支持文件目录列表功能，也不能对用户的身份进行验证和授权。

TFTP 文件传输是由客户端发起的。当需要下载文件时，由客户端向 TFTP 服务器发送读请求包，从服务器接收数据，并向服务器发送确认；当需要上传文件时，由客户端向 TFTP 服务器发送写请求包，向服务器发送数据，并接收服务器的确认。

TFTP 传输文件有两种模式：octet 模式和 netascii 模式。其中，octet 模式对应于 FTP 中的二进制模式，用于传输程序文件；netascii 模式对应于 FTP 中的 ASCII 模式，用于传输文本文件。

2. TFTP 报文

TFTP 有 5 种报文，分别是 RRQ(读请求报文)、WRQ(写请求报文)、DATA(数据报文)、ACK(确认报文)和 ERROR(错误报文)。每种报文的前 2 B 都是操作码字段。

3. TFTP 文件传输过程

TFTP 进行文件传输时，将待传输文件看成由多个连续的文件块组成。每一个 TFTP 数据报文中包含一个文件块，同时对应一个文件块编号。每次发完一个文件块后，将等待对方的确认，确认时应指明所确认的块编号。发送方发完数据后，如果在规定时间内收不到对端的确认，那么发送方就要重新发送数据；发送确认的一方如果在规定时间内没有收到下一个文件块数据，则重发确认报文。这种方式可以确保文件的传送不会因某一数据的丢失而失败。

每次 TFTP 发送的数据报文中包含的文件块大小固定为 512 B。如果文件长度恰好是 512 B 的整数倍，那么在文件传送完毕后，发送方还必须在最后发送一个不包含数据的数据报文，用来表明文件传输完毕；如果文件长度不是 512 B 的整数倍，那么最后传送的数据报文所包含的文件块肯定小于 512 B，其正好作为文件结束的标志。

TFTP 文件传输过程以 TFTP 客户端向 TFTP 服务器发送一个读请求或写请求开始。其中，读请求表示 TFTP 客户端需要从 TFTP 服务器下载文件，写请求表示客户端需要向服务器上传文件。

TFTP 文件传输过程如下：

(1) 服务器使用端口号 69 被动打开连接；

(2) 客户端主动打开连接，使用临时端口作为源端口，而端口 69 作为目的端口，向服务器进程发送 RRQ 报文；

(3) 服务器主动打开连接，使用新的临时端口作为源端口，而使用收到的来自客户端的临时端口作为目的端口，向 TFTP 客户端进程发送 DATA 报文(2 B 操作码、2 B 数据块的块号、512 B 数据)；

(4) 客户端收到服务器的报文后，发送 4 B 的 ACK(2 B 的操作码和 2 B 的数据块号)给 TFTP 服务器，告诉 TFTP 客户端之前发送给客户端的数据报已经收到；

(5) 重复步骤(3)(4)，直到所有请求的数据发送完毕。

任务实施

在 HCL 软件中构建图 4-8-14 所示的网络拓扑。TFTP 客户端采用路由器，TFTP 服务器在本地计算机中用 Cisco TFTP Server 软件模拟。路由器作为 TFTP 客户端时，可以从服务器下载文件到本地，上传本地文件到服务器。

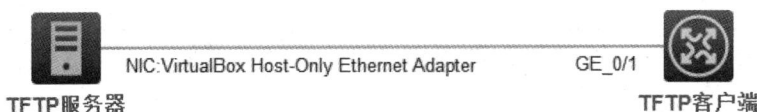

图 4-8-14　TFTP 实验拓扑

(1) 配置 TFTP 客户端路由器的接口 g0/1 IP 地址：

```
<H3C> system-view
[H3C] int g0/1
[H3C-GigabitEthernet0/1] ip add 192.168.56.100 24
```

(2) 配置 VirtualBox 软件虚拟网卡 IP 地址，如图 4-8-15 所示。

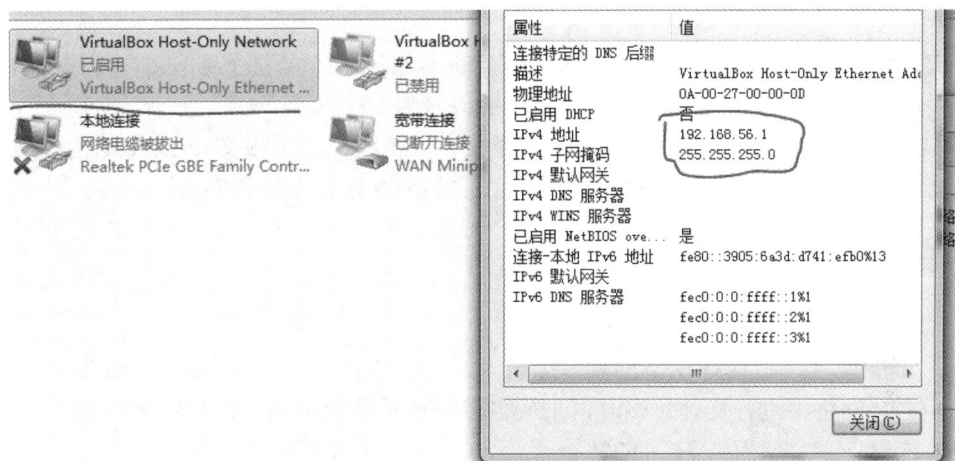

图 4-8-15　配置 TFTP 服务器 IP 地址

(3) 测试连通性(图 4-8-16)：

```
[H3C] ping 192.168.56.1
```

图 4-8-16　TFTP 服务器与客户端连通性测试结果

(4) 用户视图下远程连接 TFTP 服务器，上传客户端中的文件 msr36-cmw710-boot-

a7514.bin 到服务器中。TFTP 服务器接收文件结果如图 4-8-17 所示。

```
<H3C> tftp 192.168.56.1 put msr36-cmw710-boot-a7514.bin
```

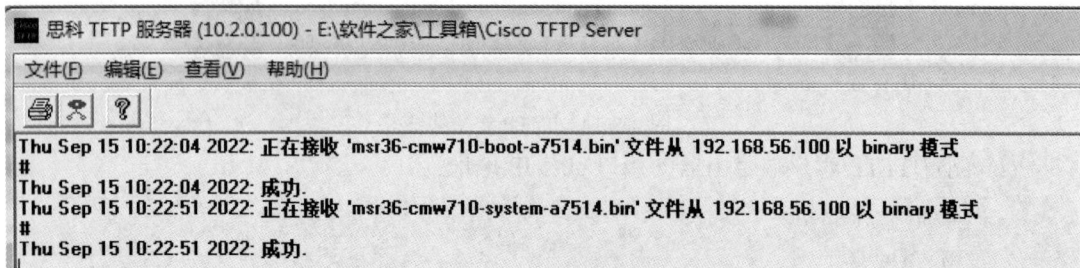

思科 TFTP 服务器 (10.2.0.100) - E:\软件之家\工具箱\Cisco TFTP Server
文件(F)　编辑(E)　查看(V)　帮助(H)

Thu Sep 15 10:22:04 2022: 正在接收 'msr36-cmw710-boot-a7514.bin' 文件从 192.168.56.100 以 binary 模式
#
Thu Sep 15 10:22:04 2022: 成功.
Thu Sep 15 10:22:51 2022: 正在接收 'msr36-cmw710-system-a7514.bin' 文件从 192.168.56.100 以 binary 模式
#
Thu Sep 15 10:22:51 2022: 成功.

图 4-8-17　TFTP 服务器接收文件结果

总结与提高

TFTP 是 TCP/IP 协议族中一个用来在客户端与服务器之间进行简单文件传输的协议，提供不复杂、开销不大的文件传输服务。其端口号为 69。

TFTP 的 5 种报文分别是 RRQ(读请求报文)、WRQ(写请求报文)、DATA(数据报文)、ACK(确认报文)和 ERROR(错误报文)。每种报文的前 2 B 是操作码字段。

练习与巩固

1. TFTP 采用的传输层协议是(　　)。

A. TFTP　　　　　　　　B. SFTP　　　　　　　　C. FTP　　　　　　　D. STFTP

2. 在 IP 网络上进行文件传输时，采用自己设计重传机制的文件传输协议是(　　)。

A. FTP　　　　　　　　B. TFTP　　　　　　　C. 两者都可以　　　D. 两者都不可以

3. TFTP 服务器监听 TFTP 连接的端口号是(　　)。

A. 23　　　　　　　　B. 21　　　　　　　　C. 20　　　　　　　D. 69

4. 试阐述 TFTP 文件传输过程。

项目 9　DHCP

任务 9.1　配置 DHCP

学习目标

1. 知识目标

(1) 掌握 DHCP 工作原理和特点。

(2) 掌握 DHCP 地址分配方式。

(3) 熟悉 DHCP 中 IP 地址的获取过程。

2. 能力目标

(1) 能够描述 DHCP 中 IP 地址的获取过程。

(2) 能够阐述 DHCP 地址分配方式。

3. 素质目标

(1) 培养自主学习能力。

(2) 培养较强的动手能力。

任务描述

路由器可以作为DHCP(Dynamic Host Configuration Protocol，动态主机配置协议)服务器，为连接到网络中的终端自动分配 IP 地址、掩码、网关等信息。

某公司的财务部和技术部通过一台路由器进行互联。为方便实现 IP 地址信息的获取，在路由器上配置 DHCP 服务，实现财务部和技术部终端 PC 从 DHCP 服务器分别获取 192.168.1.0 网段、192.168.2.0 网段中的地址信息。公司网络拓扑如图 4-9-1 所示。

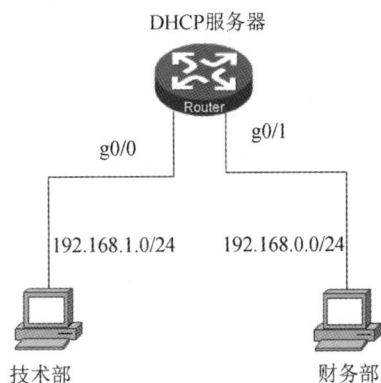

图 4-9-1　公司网络拓扑

🖊 知识引导

1. DHCP 简介

1）DHCP 产生背景

随着网络规模的不断扩大和网络复杂度的提高，计算机的数量经常超过可供分配的 IP 地址数量。同时，随着便携机及无线网的广泛使用，计算机的位置也经常变化，相应的 IP 地址也必须经常更新，从而导致网络配置越来越复杂。DHCP 就是为满足这些需求而发展起来的。

DHCP 是在 BOOTP(Bootstrap Protocol，引导程序协议)的基础上发展起来的，可以说是 BOOTP 的增强版本，能够动态地为主机分配 IP 地址，并设定主机的其他信息，如默认网关、DNS 服务器地址等。DHCP 运行在客户端/服务器模式，服务器负责集中管理 IP 配置信息，客户端主动向服务器提出请求，服务器根据所预先配置的策略返回相应 IP 配置信息。

DHCP 报文采用 UDP 方式进行封装。DHCP 服务器侦听的端口号是 67，客户端口号是 68。

2）DHCP 的概念

DHCP 是局域网的网络协议，指的是由服务器控制一段 IP 地址范围，客户机登录服务器时就可以自动获得服务器分配的 IP 地址和子网掩码。默认情况下，DHCP 作为 Windows Server 的一个服务组件，不会被系统自动安装，需要管理员手动安装并进行必要的配置。因为 DHCP 没有复杂的交互存取接口和认证控制，所以其适用于客户端和服务器之间不需要复杂交互的环境。

3）DHCP 的特点

(1) 即插即用：客户端无须配置即能获得 IP 地址及相关参数，简化客户端网络配置，降低维护成本。

(2) 统一管理：所有 IP 地址及相关参数信息由 DHCP 服务器统一管理，统一分配。

(3) 有效利用 IP 地址资源：通过 IP 地址租期管理，提高 IP 地址的使用效率。

(4) 可跨网段实现：采用广播方式实现报文交互，DHCP 服务仅限于本地网段。通过使用 DHCP 中继，可使处于不同子网中的客户端和 DHCP 服务器之间实现协议报文交互。

4）DHCP 系统的组成

DHCP 系统由 DHCP 服务器、DHCP 中继和 DHCP 客户端组成。

(1) DHCP 服务器：提供网络参数给 DHCP 客户端，通常是一台能提供 DHCP 服务功能的服务器或网络设备。

(2) DHCP 中继：转发跨网段 DHCP 报文的设备，通常是网络设备。

(3) DHCP 客户端：DHCP 客户端通过 DHCP 服务器获取网络配置参数，通常是一台主机或网络设备。

2. DHCP 地址分配方式

(1) 手工分配：根据需求，网络管理员为某些少数特定的主机(如 DNS 服务器、打印机)静态绑定固定的 IP 地址，其地址不会过期。

(2) 自动分配：为连接到网络的某些主机分配 IP 地址，该地址将长期由该主机使用。

(3) 动态分配：主机申请 IP 地址最常用的方法。DHCP 服务器为客户端指定一个 IP 地址,同时为此地址规定了一个租用期限,如果租用时间到期,客户端必须重新申请 IP 地址。

DHCP 服务器为 DHCP 客户端分配 IP 地址时采用的顺序如下:

(1) DHCP 服务器数据库中与 DHCP 客户端的 MAC 地址静态绑定的 IP 地址。

(2) DHCP 客户端曾使用过的地址。

(3) 最先找到的可用 IP 地址。

如果未找到可用 IP,则依次查询超过租期、发生冲突的 IP 地址,如果找到则进行分配,否则报告错误。

3. DHCP 报文

DHCP 主要的协议报文类型分为 8 种,其中 DHCP Discover、DHCP Offer、DHCP Request、DHCP Ack 和 DHCP Release 5 种报文在 DHCP 协议交互过程中比较常见,而 DHCP Nak、DHCP Decline 和 DHCP Inform 3 种报文则较少使用。

(1) DHCP Discover 报文:DHCP 客户端系统初始化完毕后第一次向 DHCP 服务器发送的请求报文,该报文通常以广播方式发送。

(2) DHCP Offer 报文:DHCP 服务器对 DHCP Discover 报文的回应报文,采用广播或单播方式发送。该报文中会包含 DHCP 服务器要分配给 DHCP 客户端的 IP 地址、子网掩码、网关地址等网络参数。

(3) DHCP Request 报文:DHCP 客户端发送给 DHCP 服务器的请求报文,根据 DHCP 客户端当前所处的不同状态采用单播或广播方式发送。其完成的功能包括 DHCP 服务器选择及租期更新等。

(4) DHCP Release 报文:当 DHCP 客户端想要释放已经获得的 IP 地址资源或取消租期时,将向 DHCP 服务器发送 DHCP Release 报文,采用单播方式发送。

(5) DHCP Ack/Nak 报文:DHCP Ack 报文和 DHCP Nak 报文都是 DHCP 服务器对所收到的客户端请求报文的一个最终确认。当收到的请求报文中的各项参数均正确时,DHCP 服务器就回应一个 DHCP Ack 报文,否则将回应一个 DHCP Nak 报文。

4. DHCP 服务器与客户端交互过程

当 DHCP 客户端接入网络,第一次进行 IP 地址申请时,DHCP 服务器和 DHCP 客户端将完成如下信息交互过程,如图 4-9-2 所示。

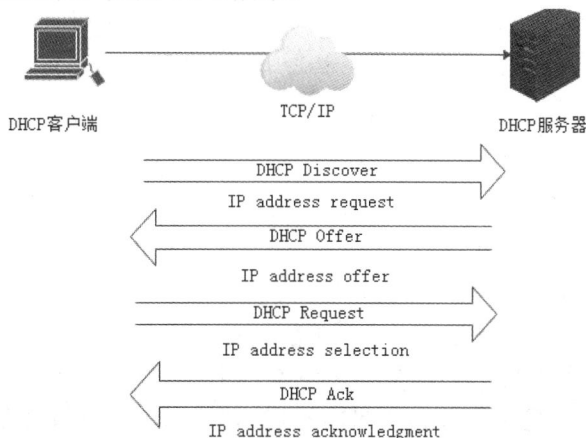

图 4-9-2　DHCP 服务器与客户端交互过程

1) 请求阶段

DHCP 客户端启用 DHCP 服务后，在其所处的物理网络中发送 DHCP Discover 报文，该报文的 IP 数据报的源 IP 地址为 0.0.0.0(因为主机还没有分配到 IP 地址)，目的 IP 地址为广播地址 255.255.255.255，目的是寻找能够给其分配 IP 地址等信息的 DHCP 服务器。请求报文中可以包含 IP 地址、IP 地址租期的建议值等信息。

2) 提供阶段

本地物理网络中的所有 DHCP 服务器都将通过 DHCP Offer 报文来回应 DHCP Discover 报文(DHCP 协议报文采用 UDP 方式封装，DHCP 服务器侦听的端口号是 67。DHCP 服务器得到 DHCP Discover 报文后，逐步向上层解封 UDP 用户数据包。本地物理网络中的其他设备，因其应用层没有监听该 UDP 用户数据包中目的端口号 67 的进程，即 DHCP 服务器进程，因此无法交付 DHCP，只能选择丢弃。而对于 DHCP 服务器，其应用层始终运行 DHCP 服务器进程，所以会接收 DHCP 发送报文并做出响应)，DHCP Offer 报文包含可用网络地址和其他 DHCP 配置参数。DHCP 收到服务器 DHCP Discover 报文后，根据其中封装的 DHCP 客户端 MAC 地址来查找自己的数据库，看是否有 MAC 对应的配置信息，若有则使用这些配置信息构建并发送 DHCP Offer 报文，否则采用默认配置信息构建并发送 DHCP Offer 报文。封装该 DHCP Offer 报文的 IP 数据包的源 IP 地址为 DHCP 服务器的 IP 地址，目的地址仍然为广播地址。

3) 选择阶段

DHCP 客户端收到一个或多个 DHCP 服务器发送的 DHCP Offer 报文，会根据 DHCP 提供报文中的事务 ID 判断该报文是不是自己所请求的报文。如果该事务 ID 和之前发送的 DHCP 请求报文的事务 ID 一致，就表明是自己请求的报文，接收该报文。DHCP 客户端将从多个 DHCP 服务器中选择其中一个，并且广播 DHCP Request 报文(封装该报文的源地址仍然为 0.0.0.0，因为该客户端还没有得到 DHCP 服务器的同意，只是收到了其发过来的信息)，以表明哪个 DHCP 服务器被选择。

4) 确认阶段

DHCP 服务器收到 DHCP 客户端发送过来的请求报文后，DHCP 会发送一个 DHCP 确认报文，这时封装的报文包含源 IP 地址，但是目的地址仍然为广播地址。DHCP 客户端收到该确认报文后，即可使用 IP 地址。在使用该 IP 地址前，DHCP 客户端会再次用 ARP 检查分配到的 IP 地址是否被其他主机使用，若被占用，则该客户端将向 DHCP 服务器发送 DHCP Decline 报文，撤销分配到的 IP 地址，并重新发送 DHCP 请求报文。

5. DHCP 服务器配置

1) DHCP 服务器基本配置步骤

(1) 系统视图下启动 DHCP 功能。

(2) 在系统视图下创建 DHCP 地址池。

(3) 在 DHCP 地址池视图下配置动态分配的主要网段地址范围。

(4) 在 DHCP 地址池视图下配置为 DHCP 客户端分配的网关地址。

(5) 在 DHCP 地址池视图下配置为 DHCP 客户端分配的 DNS 服务器地址。

(6) 在 DHCP 地址池视图下配置 DHCP 客户端的 IP 地址的租用期限为永不过期。

2) DHCP 服务器(静态绑定)配置步骤

(1) 接口视图下配置接口 IP 地址。

(2) 在系统视图下启动 DHCP 服务。

(3) 配置 DHCP 地址池，采用静态绑定方法。

(4) 在 DHCP 地址池视图下配置为 DHCP 客户端分配的网关地址。

(5) 在 DHCP 地址池视图下配置为 DHCP 客户端分配的 DNS 服务器地址。

(6) 在 DHCP 地址池视图下配置为 DHCP 客户端分配的 IP 地址的租用期限。

(7) 在系统视图下配置 DHCP 地址池中哪些 IP 地址不参与分配。

任务实施

(1) 根据图 4-9-1，在 HCL 中完成实验拓扑搭建，如图 4-9-3 所示。

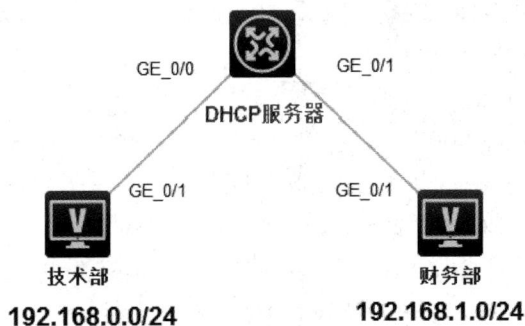

图 4-9-3　DHCP 服务器配置拓扑

(2) 在 HCL 中配置 PC (接口启动，选择 DHCP 模式)，如图 4-9-4 所示。

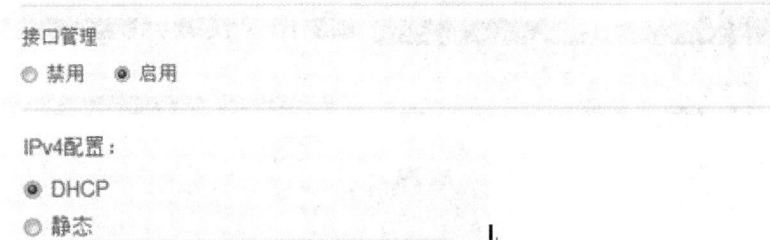

图 4-9-4　配置 PC

(3) 配置路由器接口 IP：

```
<H3C>system-view
[H3C]int g0/0
[H3C-GigabitEthernet0/0]ip add 192.168.0.254 24
[H3C-GigabitEthernet0/0]qu
[H3C]int g0/1
[H3C-GigabitEthernet0/1]ip add 192.168.1.254 24
```

(4) 配置路由器 DHCP 服务：

```
[H3C]dhcp enable    //系统视图下启动 DHCP 功能
```

① 配置 DHCP 地址池 ip-pool 0：

//系统视图下配置 DHCP 地址池中哪些地址不参与自动分配

[H3C] dhcp Server forbidden-ip 192.168.1.254

[H3C]dhcp Server forbidden-ip 192.168.0.254

//系统视图下创建 DHCP 地址池

[H3C]dhcp Server ip-pool 0

//地址池视图下配置动态分配的主网段地址范围

[H3C-dhcp-pool-0]Network 192.168.0.0 mask 255.255.255.0

//地址池视图下配置为 DHCP 客户端分配的网关地址、DNS 地址

[H3C-dhcp-pool-0]Gateway-list 192.168.0.254

[H3C-dhcp-pool-0]Dns-list 192.168.0.10

//配置租期

[H3C-dhcp-pool-0]Expired day 5

② 配置 DHCP 地址池 ip-pool 1：

//系统视图下创建 DHCP 地址池

[H3C]dhcp Server ip-pool 1

//地址池视图下配置动态分配的主网段地址范围

[H3C-dhcp-pool-1]Network 192.168.1.0 mask 255.255.255.0

//地址池视图下配置为 DHCP 客户端分配的网关地址、DNS 地址

[H3C-dhcp-pool-1]Gateway-list 192.168.1.254

[H3C-dhcp-pool-1]Dns-list 192.168.1.10

(5) 验证。打开技术部、财务部终端配置界面，查看 IP 地址的获取情况，如图 4-9-5 所示。

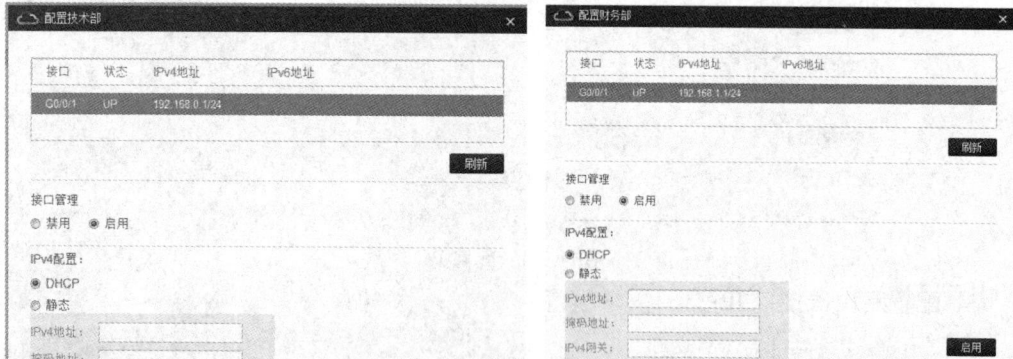

图 4-9-5 终端获取 IP 地址情况

总结与提高

(1) DHCP 是基于客户端服务器的架构。

(2) DHCP 协议报文采用 UDP 方式封装。DHCP 服务器侦听的端口号是 67，客户端端口号是 68。

(3) DHCP 主要的协议报文类型分为 8 种。

(4) DHCP 可以自动为客户端分配 IP 地址。

(5) DHCP 通过租期管理 IP 地址来提高使用效率。

按照图 4-9-6，在 HCL 中搭建实验拓扑。三层交换机作为 DHCP 服务器，两台终端分别属于 VLAN 10 和 VLAN 20，配置三层交换机及二层交换机，实现终端两台 PC 自动获取 IP 地址等信息。

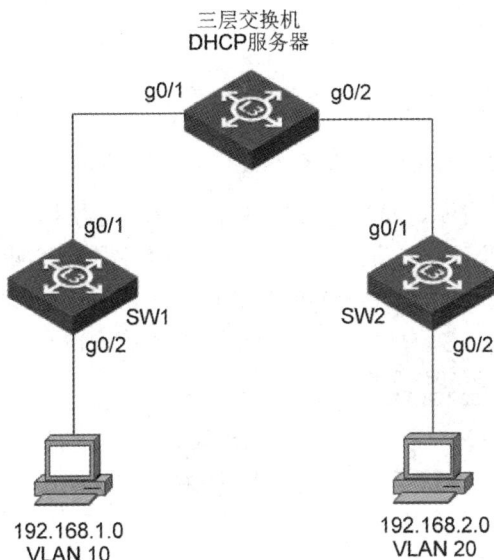

图 4-9-6　实验拓扑

练习与巩固

1. DHCP 采用的传输层协议是(　　)。

A. TCP　　　　　　　　B. UDP　　　　　　　C. TCP 或 UDP　　　　D. NCP

2. DHCP 地址分配方式有(　　)。

A. 自动分配　　　　　　B. 静态分配　　　　　C. 手工分配　　　　　D. 动态分配

3. DHCP 系统由哪些部分组成？

4. DHCP 主要的协议报文类型有哪几种？分别有什么作用？

5. 试简述 DHCP 服务器与客户端的交互过程。

任务 9.2　配置 DHCP 中继

学习目标

1. 知识目标

(1) 了解 DHCP 中继工作原理。

(2) 掌握 DHCP 中继配置方法。

⊛ 2. 能力目标

(1) 能够阐述 DHCP 中继应用环境。

(2) 能够配置 DHCP 中继。

⊛ 3. 素质目标

(1) 培养自主学习能力。

(2) 培养较强的动手能力。

任务描述

　　某公司销售部、人力资源、财务部分处 3 个网段，人力资源、财务部通过三层交换机连接 DHCP 服务器，销售部通过路由器连接 DHCP 服务器，其网络拓扑如图 4-9-7 所示。为了实现销售部客户端向 DHCP 服务器申请 IP 地址等信息，需要对销售部连接路由器配置 DHCP 中继。

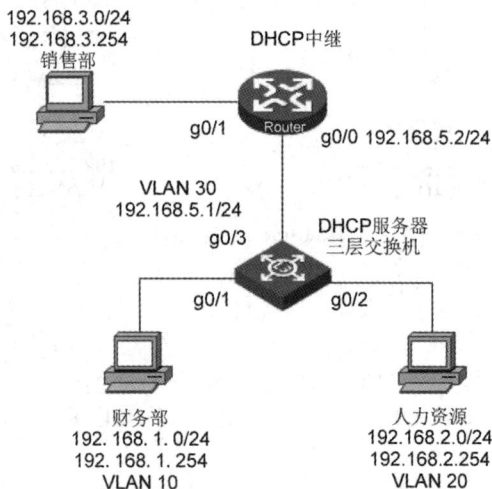

图 4-9-7　某公司网络拓扑

知识引导

1. DHCP 中继原理

　　DHCP 客户端使用 IP 广播寻找同一网段上的 DHCP 服务器。当服务器和客户端处在不同网段，即被路由器分割开来时，由于路由器隔离广播的特性其不会转发 IP 广播包，因此可能需要在每个网段上设置一个 DHCP 服务器。虽然 DHCP 只消耗很小的一部分资源，但多个 DHCP 服务器会导致管理上的不方便。使用 DHCP 中继使一个 DHCP 服务器同时为多个网段服务成为可能。配置 DHCP 中继的网络设备可以在不同网段上从 DHCP 总服务器获取 IP 地址分配给下面的各主机，路由器或者三层交换机都可以充当 DHCP 中继。

　　DHCP 中继的工作原理如下：

　　(1) 具有 DHCP 中继功能的网络设备收到 DHCP 客户端以广播方式发送的 DHCP Discover 或 DHCP Request 报文后，根据配置将报文单播转发给指定的 DHCP 服务器。

(2) DHCP 服务器进行 IP 地址的分配，并通过 DHCP 中继将配置信息广播发送给客户端，完成对客户端的动态配置。

2. DHCP 中继配置步骤

(1) 系统视图下启动 DHCP 功能。

(2) 接口视图下配置接口工作在 DHCP 中继模式。

(3) 系统视图下指定 DHCP 服务器的地址。

任务实施

(1) 根据图 4-9-7，在 HCL 中完成实验拓扑搭建，如图 4-9-8 所示。

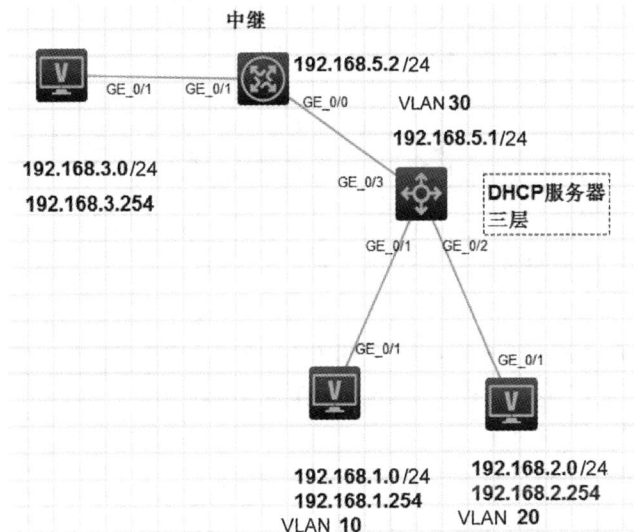

图 4-9-8　DHCP 服务器配置拓扑

(2) 在 HCL 中配置 PC (接口启动，选择 DHCP 模式，如图 4-9-9 所示)。

图 4-9-9　配置 PC

(3) 配置路由器接口 IP：

```
<H3C>system-view
[H3C]int g0/0
[H3C-GigabitEthernet0/0]ip add 192.168.5.2 24
[H3C-GigabitEthernet0/0]qu
[H3C]int g0/1
[H3C-GigabitEthernet0/1]ip add 192.168.3.254 24
```

(4) 配置三层交换机。

① 配置接口：

```
[H3C] vlan 10
[H3C-vlan10]port g1/0/1
[H3C-vlan10]vlan 20
[H3C-vlan20]port g1/0/2
[H3C-vlan20]vlan 30
[H3C-vlan30] port g1/0/3
[H3C-vlan30] qu
[H3C] int vlan 30
[H3C-valn-interface30] ip add 192.168.5.1 24
[H3C-valn-interface30]qu
[H3C] int vlan 10
[H3C-valn-interface10] ip add 192.168.1.254 24
[H3C] int vlan 20
[H3C-valn-interface20] ip add 192.168.2.254 24
```

② 配置 DHCP 地址池 ip-pool 0：

```
[H3C]dhcp enable     //系统视图下启动 DHCP 功能
//系统视图下配置 DHCP 地址池中哪些地址不参与自动分配
[H3C] dhcp Server forbidden-ip 192.168.1.254
[H3C]dhcp Server forbidden-ip 192.168.2.254
[H3C]dhcp Server forbidden-ip 192.168.3.254
//系统视图下创建 DHCP 地址池
[H3C]dhcp Server ip-pool 0
//地址池视图下配置动态分配的主网段地址范围
[H3C-dhcp-pool-0]Network 192.168.0.0 mask 255.255.255.0
//地址池视图下配置为 DHCP 客户端分配的网关地址、DNS 地址
[H3C-dhcp-pool-0]Gateway-list 192.168.0.254
[H3C-dhcp-pool-0]Dns-list 192.168.0.10
```

③ 配置 DHCP 地址池 ip-pool 1：

```
//系统视图下创建 DHCP 地址池
[H3C]dhcp Server ip-pool 1
//地址池视图下配置动态分配的主网段地址范围
[H3C-dhcp-pool-1]Network 192.168.1.0 mask 255.255.255.0
//地址池视图下配置为 DHCP 客户端分配的网关地址、DNS 地址
[H3C-dhcp-pool-1]Gateway-list 192.168.1.254
[H3C-dhcp-pool-1]Dns-list 192.168.1.10
```

④ 配置 DHCP 地址池 ip-pool 2：

//系统视图下创建 DHCP 地址池

[H3C]dhcp Server ip-pool 2

//地址池视图下配置动态分配的主网段地址范围

[H3C-dhcp-pool-2]Network 192.168.2.0 mask 255.255.255.0

//地址池视图下配置为 DHCP 客户端分配的网关地址、DNS 地址

[H3C-dhcp-pool-2]Gateway-list 192.168.2.254

[H3C-dhcp-pool-2]Dns-list 192.168.2.10

(5) 路由器中配置中继：

[H3C]dhcp enable

[H3C] int g0/1

[H3C-GigabitEthernet0/1]dhcp select relay

[H3C-GigabitEthernet0/1]dhcp relay server-address 192.168.5.1

(6) 配置静态路由。

① 路由器：

[H3C] ip route-static 192.168.1.0 24 192.168.5.1

[H3C] ip route-static 192.168.2.0 24 192.168.5.1

② 三层交换机：

[H3C] ip route-static 192.168.3.0 24 192.168.5.2

(7) 实验验证。打开技术部、财务部、销售部终端配置界面，查看 IP 地址的获取情况，如图 4-9-10 所示。

图 4-9-10　终端获取 IP 地址情况

📖 总结与提高

DHCP 服务器和 DHCP 客户端都必须处于同一个网络中，这是因为 DHCP 的报文有些以广播形式发送，如果不位于同一个网络，则这些广播的报文就无法跨越三层路由设备传输。

当 DHCP 客户端和 DHCP 服务器处于不同网络时，DHCP 服务必须跨越不同的网络，这就需要配置 DHCP 中继服务。

DHCP 中继，其实就是在与 DHCP 服务器不同而又需要申请 DHCP 服务的网络内设置一个中继器，中继器在该网络中代替 DHCP 服务器接收 DHCP 客户端的请求，并将 DHCP 客户端发送给 DHCP 服务器的 DHCP 报文以单播形式发送给 DHCP 服务器。

🖥 练习与巩固

1. DHCP 客户端和 DHCP 中继之间的 DHCP Discover 报文和 DHCP Request 报文采用 (   )形式发送。

    A. 单播   B. 广播   C. 组播   D. 任播

2. 试阐述 DHCP 中继的配置步骤。

3. 试阐述 DHCP 中继的工作原理。

项目 10　IPv6 基础

任务　认识 IPv6

学习目标

1. 知识目标

(1) IPv6 的优势。

(2) IPv6 数据包封装。

(3) IPv6 地址表达方式。

(4) IPv6 地址分类。

2. 能力目标

(1) 能够对 IPv4 和 IPv6 进行对比。

(2) 能够正确表示 IPv6 地址。

(3) 能够对 IPv6 地址进行分类。

3. 素质目标

(1) 培养自主学习能力。

(2) 培养较强的动手能力。

任务描述

　　IETF 在 20 世纪 90 年代提出了下一代互联网协议，即 IPv6。IPv6 地址空间几乎无限，可以给沙漠中的每一粒沙子分配 IP 地址的描述也说明了 IPv6 地址空间的丰富。IPv6 使用全新的地址配置方式，使配置更加简单；采用全新的报文格式，提高了报文处理的效率和安全性，也能更好地支持 QoS(Quality of Service，服务质量)。目前，IPv6 地址空间中还有很多地址尚未分配。

　　本任务将简要介绍 IPv4 与 IPv6 的对比、IPv6 的数据包封装、IPv6 地址表示方式、IPv6 地址结构、IPv6 单播地址、IPv6 组播地址和 IPv6 任播地址等，并完成 IPv6 地址配置与 IPv6

静态路由器配置。

知识引导

IPv4 是目前 Internet 使用的网络层协议。IPv4 协议最初是为几百台计算机组成的小型网络而设计的，随着 Internet 及其所提供的服务突飞猛进的发展，IPv4 已经暴露出一些不足之处。IPv6(IP Next Generation，下一代 Internet 协议)是 IETF 设计的一套 Internet 协议规范，是 IPv4 的升级版本，其地址长度为 128 bit，是 IPv4 地址长度的 4 倍，能提供海量 IP 地址。

1. IPv4 与 IPv6 的对比

1) IPv4 的局限性

IPv4 是目前广泛部署的互联网协议，经过多年的发展，其已经非常成熟，且易于实现，得到了所有厂商和设备的支持。但是，IPv4 也有一些不足之处，具体如下：

(1) 能够提供的地址空间不足且分配不均。互联网起源于 20 世纪 60 年代的美国国防部，每台联网的设备都需要一个 IP 地址，由于初期只有上千台设备联网，因此采用 32 bit 长度的 IP 地址在当时看来几乎不可能被耗尽。但随着互联网的发展，用户数量大量增加，尤其是随着互联网的商业化，用户呈现几何倍数增长，IPv4 地址资源即将耗尽。IPv4 可以提供 2^{32} 个地址，由于协议设计之初的规划问题，因此部分地址不能被分配使用，如 D 类地址(组播地址)和 E 类地址(实验保留)，造成整个地址空间进一步缩小。

另外，在初期看来不可能被耗尽的 IP 地址，在具体数量的分配上也非常不均匀。美国占了一半以上的 IP 地址数量，特别是一些大型公司如 IBM，申请并获得了 1000 万个以上的 IP 地址，但实际上这些公司往往用不完，造成非常大的浪费。亚洲人口众多，但获得的地址却非常有限，互联网发展起步较晚，地址不足这个问题显得更加突出，进一步限制了互联网的发展和壮大。

(2) 互联网骨干路由器的路由表非常庞大。由于 IPv4 发展初期缺乏合理的地址规划，造成地址分配不连续，导致当今互联网骨干设备的 BGP(Border Gateway Protocol，边界网关协议)路由表非常庞大，已经达到数十万条的规模，并且还在持续增长中。另外，由于缺乏合理的规划(地址不连续)，路由无法进行汇总，这就对骨干设备的处理能力和内存空间带来较大压力，影响了数据包的转发效率。

2) IPv6 的优势

IPv6 采用 128 bit 地址长度，其地址总数可达 2^{128} 个。这不但解决了网络地址资源数量的问题，而且为万物互联所限制的 IP 地址数量扫清了障碍。因此，相比 IPv4，IPv6 具有诸多优点。

(1) 地址空间巨大。相比 IPv4 的地址空间而言，IPv6 可以提供 2^{128} 个地址空间，几乎不会被耗尽，可以满足未来网络的任何应用，如物联网等新应用。

(2) 层次化的路由设计。IPv6 地址规划设计时，吸取了 IPv4 地址分配不连续带来的问题，采用了层次化的设计方法，前 3 bit 固定，第 4～16 bit 是顶级聚合。理论上，互联网骨干设备上的 IPv6 路由表只有 $2^{13} = 8192$ 条路由信息。

(3) 效率高, 扩展灵活。IPv4 根据提供的 IP 选项, 有 20~60 B 的可变长度; 而 IPv6 报头采用定长设计, 大小固定为 40 B。相对 IPv4 报头中数量多达 12 个的选项, IPv6 把报头分为基本报头和扩展报头, 基本报头中只包含选路所需要的 8 个基本选项, 很多其他的功能都设计为扩展报头。这样有利于提高路由器的转发效率, 同时可以根据新的需求设计出新的扩展报头, 具有良好的扩展性。

(4) 支持即插即用。设备连接到网络中, 可以通过自动配置方式获取网络前缀和参数, 并自动结合设备自身的链路地址生成 IP 地址, 简化了网络管理。

(5) 更好的安全性保障。由于 IPv6 协议通过扩展报头的形式支持 IPSec 协议, 无须借助其他安全加密设备, 因此可以直接为上层数据提供加密和身份验证, 保障数据传输的安全。

(6) 引入了流标签的概念。使用 IPv6 新增加的 Flow Label 字段, 加上相同的源地址和目的地址, 可以标记数据包同属于某个相同的流量; 业务可以根据不同的数据流进行更细的分类, 实现优先级控制, 如基于流的 QoS 等应用。流标签适合于对连接的服务质量有特殊要求的通信, 如音频或视频等实时数据传输。

2. IPv6 数据包封装

IPv4 数据包封装时包含过多的功能字段, 很多字段都是空的, 而路由器在转发时需要读取每个字段, 这就导致其转发效率低下。IPv6 数据包封装做了改变, 其报文的报头分为基本报头和扩展报头两部分, 基本报头中只包含基本的必要属性, 如源 IP 地址、目的 IP 地址等; 扩展报头添加在基本报头后面, 用于提供扩展功能。

1) 基本报头

IPv6 基本报头大小固定为 40 B, 其中包含 8 个字段, 其格式如图 4-10-1 所示。

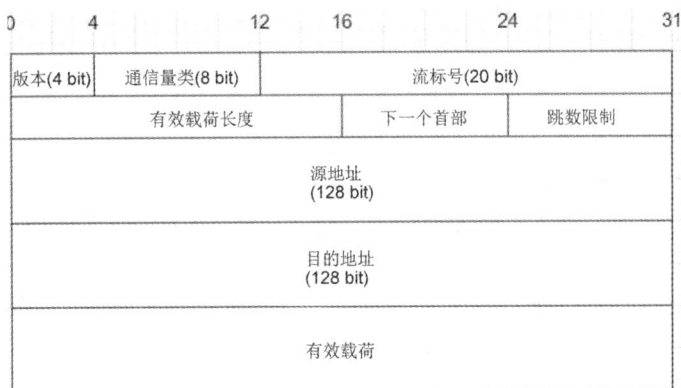

图 4-10-1　IPv6 基本报头格式

(1) 版本: 4 bit, 指定 IPv6, 数值 = 6。

(2) 通信量类: 8 bit, 与 IPv4 中的 ToS 字段类似, 用来区分不同类型或优先级的 IPv6 数据包。该字段根据 RFC 2647 中定义的差分服务技术, 使用 6 bit 作为 DSCP(Differentiated Services Code Point, 差分服务代码点), 可以表示的 DSCP 值的范围为 0~63。

(3) 流标号: 20 bit, 用于标识同一个数据流, 为 IPv6 新增字段。由于流标号可以标记一个流中的所有数据包, 因此路由器可以利用该字段辨别一个流, 而不用处理流中每个数据包头, 提高了处理效率。目前该字段还在试用阶段。

(4) 有效载荷长度：16 bit，数据包的有效载荷长度指报头后的数据内容长度，单位是B。有效载荷长度的最大值为 65 535，指 IPv6 基本报头后面的长度，包含扩展报头部分。该字段和 IPv4 报文头部中的总长度字段不同点在于，IPv4 报头中的总长度字段是指报头和数据两部分的长度，而 IPv6 的有效载荷长度字段只是指数据部分的长度，不包括 IPv6 基本报头。

(5) 下一个首部：8 bit，指明跟在基本报头后面的是哪种扩展报头或者上层协议中的协议类型。如果只有基本报头而无扩展报头，那么该字段的值表示数据部分所承载的协议类型，这一点类似于 IPv4 报头中的协议字段；另外，其与 IPv4 的协议字段使用相同的协议值，如 UDP 为 6，TCP 为 17。

(6) 跳数限制：8 bit，功能类似于 IPv4 中的 TTL 字段，最大值为 255，报文每经过一跳，该字段值会减 1，减到 0 后数据包被丢弃。对于 IPv6 来说，此时会发送一条 ICMPv6 超时消息，以通知数据包的源端数据已经被丢弃。

(7) 源地址：128 bit，数据包的源 IPv6 地址，必须是单播地址。

(8) 目的地址：128 bit，数据包的目标 IPv6 地址，可以是单播地址或组播地址。

(9) 有效载荷：紧跟在 IPv6 报头之后的数据包的其他部分。有效载荷包含扩展报头和上层协议数据单元。具体来说，IPv6 报头之后可能会有一个或多个扩展报头，这些扩展报头提供了 IPv6 协议的一些附加功能，如路由、分片、身份验证和加密等。这些扩展报头是可选的，应根据具体的应用场景和需求来决定是否使用。

2) 扩展报头

IPv6 定义了多种扩展报头，每种扩展报头都提供了特定的功能。以下是一些常见的 IPv6 扩展报头类型。

(1) 逐跳选项报头(Hop-by-Hop Options Header)。

功能：携带在报文发送路径上必须被每一条路由器检查和处理的可选信息。

特点：唯一一个在传输路径上每一跳都必须被处理的扩展报头。

(2) 目标选项报头(Destination Options Header)。

功能：携带只有目的节点才需要处理的信息，如源路由选项和 Mobile IPv6 中的家乡地址选项头。

特点：可能出现在路由报头前或上层协议头前。根据位置的不同，其处理方式也会有所不同。

(3) 路由报头(Routing Header)。

功能：选择源路由，即指定数据包在到达目的地之前必须经过的节点列表。

特点：与 IPv4 的 Loose Source and Record Route 选项类似，但提供了更灵活的路由选择能力。

(4) 分段报头(Fragment Header)。

功能：数据包的分片和组装，生成于源节点，只在最终目的节点使用。

特点：在 IPv6 中，只有源节点可以对数据包进行分片，而路由器不会进行分片操作。

(5) 认证报头(Authentication Header，AH)。

功能：用于 IPSec，提供报文验证、完整性检查以及重放保护。

特点：对 IPv6 基本报头中的一些字段进行保护，确保数据的完整性和真实性。

(6) 封装安全有效载荷报头(Encapsulating Security Payload Header，ESP)。

功能：用于 IPSec，提供报文验证、完整性检查和加密以及重放保护。

特点：将需要保护的字段加密后放入 ESP 报头的数据部分，与认证报头联合使用，可以提供更强的安全保护。

3. IPv6 地址表示方式

IPv6 地址长度为 128 bit，是 IPv4 地址长度的 4 倍。RFC 1884 规定的标准语法建议把 IPv6 地址的 128 bit(16 B)写成 8 个 16 bit 的无符号整数，每个整数用 4 个十六进制位表示，这些数之间用冒号分开，如 3ffe:3201:1401:1:280:c8ff:fe4d:db39。RFC 2373 提出了简化的 IPv6 的表示方法，即在出现 0 的地方采取适当的压缩方法。

例如，FC00:0000:130F:0000:0000:09C0:876A:130B 是 IPv6 地址的首选格式，现对其进行压缩，具体压缩规则如下：

每组中的前导 0 都可以省略，所以上述地址可写为 FC00:0:130F:0:0:9C0:876A:130B(注意，只有每组前导位为 0 才能省略，如果一组数值都为 0，则直接补 0)。

地址中包含的连续两个或多个均为 0 的组，可以用双冒号 "::" 代替，所以上述地址又可以进一步简写为 FC00:0:130F::9C0:876A:130B(注意，一个 IPv6 地址中只能使用一次双冒号 "::"，否则当计算机将压缩后的地址恢复成 128 位时，无法确定每个 "::" 所代表的 0 的个数)。

IPv6 的地址结构为 "网络前缀+接口 ID"，其中网络前缀相当于 IPv4 中的网络位，接口 ID 相当于 IPv4 中的主机位。

类似于 IPv4 的 CIDR 表示方法，用 /24 这样的形式表示 IPv4 地址中的网络地址位为 24 bit，IPv6 用前缀表示网络地址空间，如 2001:251:e000::/48 表示前缀为 48 bit 的地址空间，其后的 80 bit 可分配给网络中的主机，共有 2^{80} 个地址。IPv6 地址结构如图 4-10-2 所示。

n bit	(128-n) bit
子网前缀（Subnet Prefix）	接口ID (Interface ID)

图 4-10-2　IPv6 地址结构

例如，1080:0:0:0:8:800:200C:417A 可以简写为 1080::8:800:200C:417A，FF01:0:0:0:0:0:0:101 可以简写为 FF01::101，0:0:0:0:0:0:0:1 可以简写为::1，0:0:0:0:0:0:0:0 可以简写为::。

4. IPv6 地址作用域和地址分类

IPv6 地址指定给接口，一个接口可以指定多个地址。

1) IPv6 地址作用域

每一个 IPv6 地址都属于且只属于一个对应于其地址范围的区域。例如，可聚合的全球单播地址的地址范围就是全球，链路本地地址的地址范围就是由一条特定的网络链路和连接到这条链路的多个接口组成的区域。这样，地址的唯一性只能在其范围区域内得到保证。IPv6 地址作用域具体如下：

(1) link local 地址：本链路有效。

(2) site local 地址：本区域内有效，一个 site 通常是一个校园网。

(3) global 地址：全球有效，即可汇聚全球单播地址。

2) IPv6 地址分类

RFC 1884 中给出了 3 种类型的 IPv6 地址，它们分别占用不同的地址空间，具体如下：

(1) unicast 单播地址：在计算机网络中实现一对一数据传输的特定地址，在确保数据传输的准确性和可靠性方面发挥着重要作用。

单播地址可细分为链路本地地址、唯一本地地址、全球单播地址和嵌入 IPv4 地址的 IPv6 地址。

① 链路本地地址。链路本地地址的引入是 IPv6 地址一个非常方便的地方，其可以在节点未配置全球单播地址的前提下仍然互相通信。使用链路本地地址作为目的地址的数据报文不会转发到其他链路上，其前缀标识为 FE80::/10，于 IPv6 启动后自动生成。

例如，使用 EUI-64 为 MAC 地址为 A0-B1-C2-D3-E4-f5 的主机生成 IPv6 地址。其生成过程为：将 MAC 地址拆分为两部分，即 A0B1C2 和 D3E4F5；在 MAC 地址中间加上 FFFE，变成 A0B1C2FFFED3E4F5；将第 7 bit 求反，得 A2 B1C2FFFED3E4F5；EUI-64 计算得出的接口 ID 为 A2 B1:C2FF:FED3:E4F5。

② 唯一本地地址。唯一本地地址是 IPv6 地址空间中的一部分，设计用于组织内部网络的通信，这些地址在全局 IPv6 互联网中是不可路由的。唯一本地地址结构可以确保地址在本地网络中的唯一性，并避免与全局可路由地址发生冲突。唯一本地地址的结构(见图 4-10-3)可以分解为以下几个部分：

a. 前缀(Prefix)：地址的固定部分，标识了地址属于唯一本地地址空间。唯一本地地址的前缀是 FC00::/7，意味着所有唯一本地地址都以 FC00:开头。由该前缀可得路由器和网络设备迅速识别地址的类型，并相应地处理它们。

b. 全局 ID(Global ID)：伪随机生成的标识符，用于在本地网络内提供全局唯一性。全局 ID 可确保即便不同的组织使用了相同的子网 ID 和接口 ID，它们的唯一本地地址也不会发生冲突。

c. 子网 ID(Subnet ID)：标识本地网络中的特定子网，类似于 IPv4 地址中的子网掩码，用于划分和组织网络中的不同部分。

d. 接口 ID(Interface ID)：标识特定设备或接口。在 IPv6 中，接口 ID 通常是基于接口的 MAC 地址或其他唯一标识符生成的 ID。

Prefix	Global ID	Subnet ID	Interface ID

图 4-10-3　唯一本地地址结构

③ 全球单播地址。全球单播地址相当于 IPv4 中的公网地址，目前已经分配出去的前 3 bit 固定是 001，所以已分配的地址范围是 2000::/3。

全球单播地址结构如图 4-10-4 所示，具体介绍如下：

a. 001：3 bit，目前已分配的固定前缀为 001。

b. TLA(Top Level Aggregation，顶级聚合)：13 bit，IPv6 的管理机构根据 TLA 分配不同的地址给某些骨干网的 ISP，最大可以得到 8192 个顶级路由。

c. RES：8 bit，保留使用，为未来扩充 TLA 或者 NLA 预留。

d. NLA(Next Level Aggregation，次级聚合)：24 bit，骨干网 ISP 根据 NLA 为各个中小 ISP 分配不同的地址段，中小 ISP 也可以针对 NLA 进一步分割不同地址段，分配给不同用户。

e. SLA(Site Level Aggregation，站点级聚合)：16 bit，公司或企业内部根据 SLA 把同一大块地址分成不同的网段，分配给各站点使用，一般用作公司内部网络规划，最大可以有 65 536 个子网。

001	TLA	RES	NLA	SLA	Interface ID

图 4-10-4　全球单播地址结构

④ 嵌入 IPv4 地址的 IPv6 地址(兼容 IPv4 的 IPv6 地址)。嵌入 IPv4 地址的 IPv6 地址的低 32 bit 携带一个 IPv4 的单播地址，一般主要使用于 IPv4 兼容 IPv6 自动隧道。但由于每个主机都需要一个单播 IPv4 地址，扩展性差，因此其已经基本被 6to4 隧道取代。

(2) anycast 任播(任意点传送)地址：是一组接口的地址，发送到一个任意点传送地址的信息包只会发送到这组地址中的一个接口(根据路由距离的远近来选择)。

(3) multicast 组播(多点传送)地址：是一组接口的地址，发送到一个多点传送地址的信息包会发送到属于该组的全部接口。

3) 常见的 IPv6 地址及其前缀

(1) ::/128：0:0:0:0:0:0:0:0，只能作为尚未获得正式地址的主机的源地址，不能作为目的地址，不能分配给真实的网络接口。

(2) ::1/128：0:0:0:0:0:0:0:1，回环地址，相当于 IPv4 中的 localhost(127.0.0.1)，ping localhost 可得到此地址。

(3) 2001::/16：全球可聚合地址，由 IANA(The Internet Assigned Numbers Authority，互联网数字分配机构)按地域和 ISP 进行分配，是最常用的 IPv6 地址，属于单播地址。

(4) fe80::/10：本地链路地址，用于单一链路，适用于自动配置、邻机发现等，路由器不转发以 fe80 开头的地址。

(5) ff00::/8 (1111 1111)：组播地址。

(6) ::FFFF:A.B.C.D：IPv4 映射过来的 IPv6 地址，其中<A.B.C.D>代表 IPv4 地址。

任务实施

1. 配置 IPv6 地址

1) 任务要求

构建图 4-10-5 所示的网络拓扑，完成 IPv6 地址的配置。

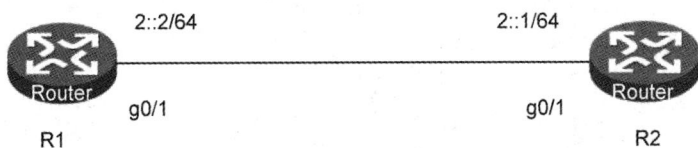

图 4-10-5　IPv6 地址的基本配置网络拓扑

2) 任务分析

路由器的 IPv6 功能在华三设备 v5 默认关闭，v7 默认开启。本次实验中 HCL 为 v7 系统，故默认开启路由器的 IPv6 功能。

(1) 进入路由器 R1、R2 接口 g0/1，配置 IPv6 地址。

(2) 测试两台路由器的连通性。

3) 任务实施

(1) 进入 R1 路由器 g0/0 接口，配置 IPv6 地址，如图 4-10-6 所示。

\<H3C\> system-view	//进入系统视图	
[H3C] sysname R1	//修改系统名为 R1	
[R1] int g0/0	//进入 g0/0 接口	
[R1-GigabitEthernet0/0]	ipv6 address 2::2/64	//配置 IPv6 地址

```
<R1>system-view
System View: return to User View with Ctrl+Z.
[R1]int g0/0
[R1-GigabitEthernet0/0]ipv6 address 2::1/64
```

图 4-10-6   R1 路由器配置过程

(2) 进入 R2 路由器 g0/0 接口，配置 IPv6 地址，如图 4-10-7 所示。

\<H3C\> system-view	//进入系统视图	
[H3C] sysname R2	//修改系统名为 R2	
[R1] int g0/0	//进入 G0/0 接口	
[R1-GigabitEthernet0/0]	ipv6 address 2::1/64	//配置 IPv6 地址

```
<H3C>system-view
System View: return to User View with Ctrl+Z.
[H3C]sysname R2
[R2]int g0/0
[R2-GigabitEthernet0/0]ipv6 address 2::1/64
```

图 4-10-7   R2 路由器配置过程

(3) 测试连通性。在 R1 路由器查看 g0/0 接口 IPv6 地址配置情况，如图 4-10-8 所示。

```
[R1]dis ipv6 int br
*down: administratively down
(s): spoofing
Interface              Physical Protocol IPv6 Address
GigabitEthernet0/0     up       up       2::2
GigabitEthernet0/1     down     down     Unassigned
GigabitEthernet0/2     down     down     Unassigned
GigabitEthernet5/0     down     down     Unassigned
GigabitEthernet5/1     down     down     Unassigned
GigabitEthernet6/0     down     down     Unassigned
GigabitEthernet6/1     down     down     Unassigned
Serial1/0              down     down     Unassigned
Serial2/0              down     down     Unassigned
Serial3/0              down     down     Unassigned
Serial4/0              down     down     Unassigned
```

图 4-10-8   在 R1 路由器查看地址配置情况

在 R2 路由器查看 g0/0 接口 IPv6 地址配置情况，如图 4-10-9 所示。

```
[R2]dis ipv6 int br
*down: administratively down
(s): spoofing
Interface                              Physical Protocol IPv6 Address
GigabitEthernet0/0                     up       up       2::1
GigabitEthernet0/1                     down     down     Unassigned
GigabitEthernet0/2                     down     down     Unassigned
GigabitEthernet5/0                     down     down     Unassigned
GigabitEthernet5/1                     down     down     Unassigned
GigabitEthernet6/0                     down     down     Unassigned
GigabitEthernet6/1                     down     down     Unassigned
Serial1/0                              down     down     Unassigned
Serial2/0                              down     down     Unassigned
Serial3/0                              down     down     Unassigned
Serial4/0                              down     down     Unassigned
```

图 4-10-9　在 R2 路由器查看地址配置情况

用路由器 R1 ping 路由器 R2，测试连通性，如图 4-10-10 所示。

```
[R1]ping ipv6 2::1
Ping6(56 data bytes) 2::2 --> 2::1, press CTRL_C to break
56 bytes from 2::1, icmp_seq=0 hlim=64 time=8.000 ms
56 bytes from 2::1, icmp_seq=1 hlim=64 time=1.000 ms
56 bytes from 2::1, icmp_seq=2 hlim=64 time=1.000 ms
56 bytes from 2::1, icmp_seq=3 hlim=64 time=0.000 ms
56 bytes from 2::1, icmp_seq=4 hlim=64 time=1.000 ms

--- Ping6 statistics for 2::1 ---
5 packet(s) transmitted, 5 packet(s) received, 0.0% packet loss
round-trip min/avg/max/std-dev = 0.000/2.200/8.000/2.926 ms
[R1]%Sep 11 16:42:06:109 2022 R1 PING/6/PING_STATISTICS: Ping6 statistics for 2::1: 5 pack
et(s) transmitted, 5 packet(s) received, 0.0% packet loss, round-trip min/avg/max/std-dev
= 0.000/2.200/8.000/2.926 ms.
```

图 4-10-10　测试连通性

2. 配置 IPv6 静态路由

1）任务要求

企业网络中，IPv6 的应用越来越普遍，在 IPv6 的网络环境中同样需要路由支持。在跨网段的 IPv6 主机通信时，同样需要路由表进行转发。构建图 4-10-11 所示的网络拓扑，完成基于 IPv6 的静态路由配置。

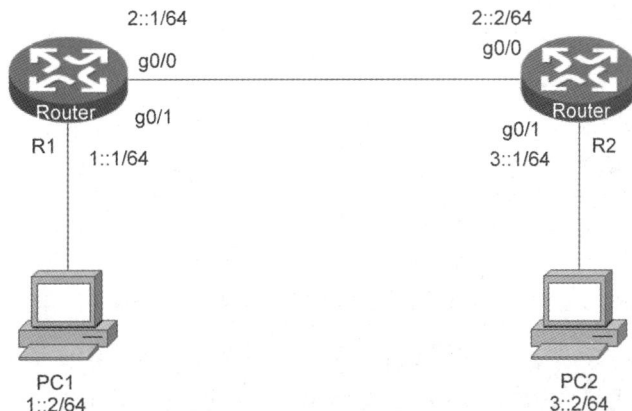

图 4-10-11　IPv6 静态路由配置网络拓扑

2) 任务分析

(1) 配置 PC 终端、路由器 R1 和 R2 的接口 IPv6 地址。

(2) 在路由器 R1、R2 中配置 IPv6 静态路由。

(3) 验证终端 PC1 和 PC2 的连通性。

3) 任务实施

(1) 配置路由器 R1、R2 以及 PC1、PC2 的 IPv6 地址，如图 4-10-12～图 4-10-15 所示。

```
[R1]int g0/1
[R1-GigabitEthernet0/1]ipv6 address 1::1/64
```

```
[R1]int g0/0
[R1-GigabitEthernet0/0]ipv6 address 2::1/64
```

图 4-10-12   配置 R1 IPv6 地址

```
[R2]int g0/0
[R2-GigabitEthernet0/0]ipv6 address 2::2/64
[R2-GigabitEthernet0/0]int g0/1
[R2-GigabitEthernet0/1]ipv6 address 3::1/64
```

图 4-10-13   配置 R2 IPv6 地址

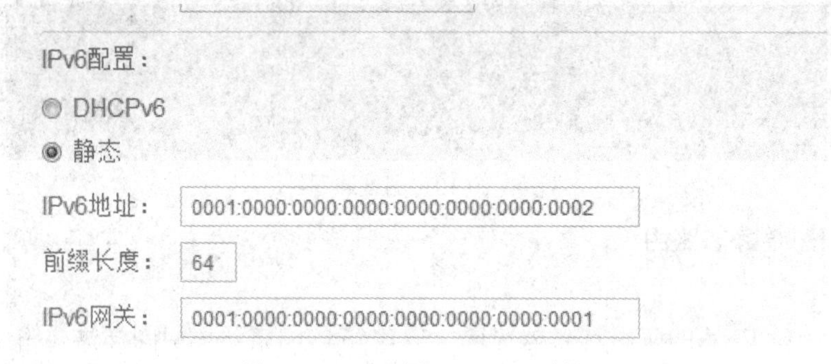

IPv6配置：

◎ DHCPv6

◉ 静态

IPv6地址：   `0001:0000:0000:0000:0000:0000:0000:0002`

前缀长度：   `64`

IPv6网关：   `0001:0000:0000:0000:0000:0000:0000:0001`

图 4-10-14   配置 PC1 IPv6 地址

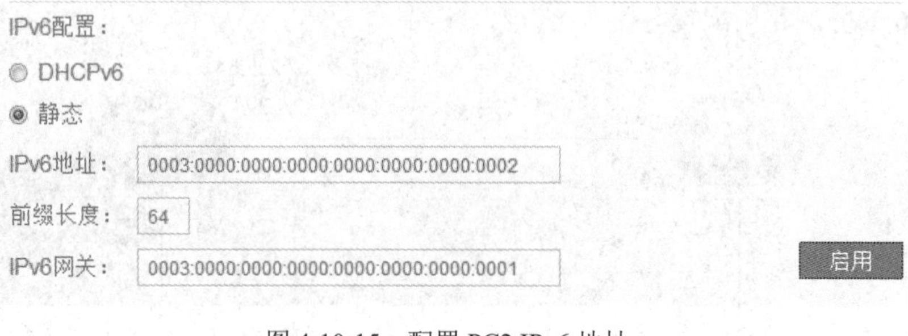

IPv6配置：

◎ DHCPv6

◉ 静态

IPv6地址：   `0003:0000:0000:0000:0000:0000:0000:0002`

前缀长度：   `64`

IPv6网关：   `0003:0000:0000:0000:0000:0000:0000:0001`   启用

图 4-10-15   配置 PC2 IPv6 地址

(2) 配置静态路由。在路由器 R1 上配置去往 3::/64 的静态路由，下一跳地址指向 2::2。

```
[R1] ipv6 route-static 3:: 64 2::2
```

在路由器 R2 上配置去往 1::/64 的静态路由，下一跳地址指向 2::1。

```
[R2]ipv6 route-static 1:: 64 2::1
```

(3) 测试连通性。在 R1 路由器上测试 ping 3::1 地址，如图 4-10-16 所示。

```
[R1]ping ipv6 3::1
Ping6(56 data bytes) 2::1 --> 3::1, press CTRL_C to break
56 bytes from 3::1, icmp_seq=0 hlim=64 time=3.000 ms
56 bytes from 3::1, icmp_seq=1 hlim=64 time=1.000 ms
56 bytes from 3::1, icmp_seq=2 hlim=64 time=2.000 ms
56 bytes from 3::1, icmp_seq=3 hlim=64 time=1.000 ms
56 bytes from 3::1, icmp_seq=4 hlim=64 time=1.000 ms

--- Ping6 statistics for 3::1 ---
5 packet(s) transmitted, 5 packet(s) received, 0.0% packet loss
round-trip min/avg/max/std-dev = 1.000/1.600/3.000/0.800 ms
[R1]%Sep 11 17:44:58:314 2022 R1 PING/6/PING_STATISTICS: Ping6 statistics for 3::1: 5 pack
et(s) transmitted, 5 packet(s) received, 0.0% packet loss, round-trip min/avg/max/std-dev
= 1.000/1.600/3.000/0.800 ms.
```

图 4-10-16　测试连通性(R1)

在 R2 路由器上测试 ping 1::1 地址，如图 4-10-17 所示。

```
[R2]ping ipv6 1::1
Ping6(56 data bytes) 2::2 --> 1::1, press CTRL_C to break
56 bytes from 1::1, icmp_seq=0 hlim=64 time=1.000 ms
56 bytes from 1::1, icmp_seq=1 hlim=64·time=1.000 ms
56 bytes from 1::1, icmp_seq=2 hlim=64 time=2.000 ms
56 bytes from 1::1, icmp_seq=3 hlim=64 time=1.000 ms
56 bytes from 1::1, icmp_seq=4 hlim=64 time=2.000 ms

--- Ping6 statistics for 1::1 ---
5 packet(s) transmitted, 5 packet(s) received, 0.0% packet loss
round-trip min/avg/max/std-dev = 1.000/1.400/2.000/0.490 ms
[R2]%Sep 11 17:29:02:257 2022 R2 PING/6/PING_STATISTICS: Ping6 statistics for 1::1: 5 pack
et(s) transmitted, 5 packet(s) received, 0.0% packet loss, round-trip min/avg/max/std-dev
= 1.000/1.400/2.000/0.490 ms.
```

图 4-10-17　测试连通性(R2)

总结与提高

本任务主要介绍了 IPv6 的缺陷和优势、IPv6 数据包封装、IPv6 地址表示方式及分类。IPv6 最大的优点是拥有几乎无限的地址空间。IPv6 取消了广播，增加了任播。IPv6 地址包括单播地址、组播地址和任播地址。

练习与巩固

1. IPv6 的优点包括(　　)。

A. 极大的地址空间 　　　　　　　　　B. 地址配置简单

C. 安全性、QoS 增强 　　　　　　　　D. 技术实现更加简单

2. IPv6 地址包含(　　)。

A. 单播地址 　　　　　　　　　　　　B. 组播地址

C. 广播地址 　　　　　　　　　　　　D. 任播地址

3. IPv6 地址的长度是(　　)bit。

A. 32 　　　　　　　　　　　　　　　B. 64

C. 128 　　　　　　　　　　　　　　　D. 256

4. 链路本地地址的前缀是(　　)。

A. FE80::/10

B. FEC0::/10

C. 2001::/64

D. FF00::/8

拓展阅读

加强 IPv6 规模部署，支持网络强国建设

IPv6 是互联网升级演进的必然趋势，是网络技术创新的重要方向，是网络强国建设的基础支撑。党中央、国务院高度重视 IPv6 规模部署工作。2017 年，中共中央办公厅、国务院办公厅印发《推进互联网协议第六版(IPv6)规模部署行动计划》。2021 年，全国人民代表大会通过的《国民经济和社会发展第十四个五年规划和 2035 年远景目标纲要》明确提出"全面推进互联网协议第六版(IPv6)商用部署"任务要求。

"十四五"时期是加快数字化发展、建设网络强国和数字中国的重要战略机遇期，中共中央网络安全和信息化委员会办公室会同国家发展和改革委员会、工业和信息化部等部门下发了《关于加快推进互联网协议第六版(IPv6)规模部署和应用工作的通知》，部署了 10 个方面 30 项重点任务，涵盖了设施、终端、应用、产业、技术、标准、安全等 IPv6 全链条全业务全场景。

5

第 5 部分
网络安全传输

　　网络安全隐患包括的范围比较广，如自然灾害、意外事故、人为行为(如使用不当、安全意识差等)、黑客行为、内部泄密、外部泄密、信息丢失、电子监听(如信息流量分析、信息窃取等)和信息战等。网络安全隐患的分类方法也比较多，如根据威胁对象可以分为对网络数据的威胁和对网络设备的威胁，根据来源可以分为内部威胁和外部威胁。安全隐患的来源一般可以分为以下几类：

　　(1) 非人为或自然力造成的硬件故障、电源故障、软件错误、火灾、水灾、风暴和工业事故等。

　　(2) 人为但属于操作人员无意的失误造成数据丢失或损坏。

　　(3) 网络内部和外部人员的恶意攻击和破坏。

　　其中，第(3)类安全隐患的来源产生的危害最大。外部威胁主要来自一些有意或无意的对网络的非法访问，并造成网络有形或无形的损失，黑客就是最典型的代表。

　　还有一种网络威胁来自网络系统内部人员，他们熟悉网络结构和系统操作步骤，并拥有合法的操作权限。中国首例"黑客"操纵股价便是网络安全隐患中安全策略失误和内部威胁的典型实例。

　　为了防止来自各方面的网络安全威胁，除进行宣传教育外，最主要的方法就是制订一个严格的安全策略，通过交换机端口安全、配置访问控制列表(Access Control List，ACL)、在防火墙实现包过滤等网络地址转换(Network Address Translation，NAT)等技术实现一套可行的网络安全解决方案。

项目 11　端口安全技术

任务 11.1　端口隔离技术

学习目标

1. 知识目标

(1) 了解常见网络安全隐患。

(2) 了解交换机端口隔离的分类及用途。

2. 能力目标

(1) 能够根据任务需求设计端口隔离组。

(2) 能够使用 HCL 绘制任务拓扑图。

(3) 能够完成交换机的端口隔离配置并实现功能。

3. 素质目标

(1) 培养网络信息安全意识。

(2) 培养网络管理员的责任心。

任务描述

如图 5-11-1 所示，SW1 交换机连接的两台 PC 为外来访客的主机，SW2 交换机连接的

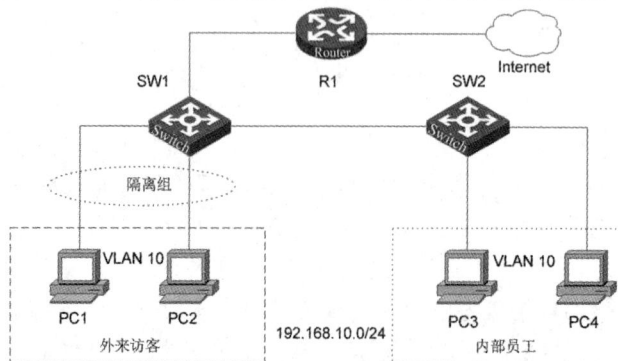

图 5-11-1　端口隔离系统

两台 PC 为企业内部员工的主机，要求外来访客的两台主机之间不能互访，但都可以与内部员工之间互访，所有主机都可以通过路由器访问外网。

所有 PC 全部划分在 VLAN 10，网段为 192.168.10.0/24。

📝 知识引导

1. 端口隔离技术背景

目前网络中以太网技术的应用非常广泛。然而，各种网络攻击的存在(如针对 ARP、DHCP 等协议的攻击、勒索病毒攻击、宾馆等公共场所的广播泛洪攻击等)，不仅造成了网络合法用户无法正常访问网络资源，而且对网络信息安全构成严重威胁，因此以太网交换的安全性越来越重要。

2. 端口隔离技术概述

端口隔离是基于交换机接口，对接口间的访问进行限制，从而影响 VLAN 通信。

采用端口隔离功能，可以实现同一 VLAN 内端口之间的隔离。用户只需要将端口加入隔离组中，就可以实现隔离组内端口之间二层数据的隔离。端口隔离功能为用户提供了更安全、更灵活的组网方案。

1) 端口隔离的种类

(1) 双向隔离。同一端口隔离组的接口之间互相隔离，不同端口隔离组的接口之间不隔离。端口隔离只是针对同一设备上的端口隔离组成员，对于不同设备上的接口而言，无法实现该功能。

(2) 单向隔离。不同端口隔离组的接口之间的隔离，可以通过配置接口之间的单向隔离来实现。默认情况下，华为设备未配置端口单向隔离。

如果用户希望隔离同一 VLAN 内的广播报文，但是不同端口下的用户还可以进行三层通信，则可以将隔离模式设置为二层隔离三层互通；如果用户希望同一 VLAN 不同端口下的用户彻底无法通信，则将隔离模式配置为二层三层均隔离即可。

默认情况下，端口隔离模式是二层隔离三层互通。若需要配置二、三层都隔离，则可以执行 port-isolate mode all 命令进行配置。

2) 隔离机制

(1) 同一个隔离组的端口之间不能互相访问。

(2) 不同隔离组端口之间可以互相访问。

(3) 隔离端口和非隔离端口可以互相访问。

(4) 隔离端口仅在交换机本地实现隔离，跨交换机无法实现隔离(如两个交换机的某个端口都是隔离组 1，但依然无法隔离)。

3) 注意事项

(1) 在一台交换机上可以创建多个隔离组，处于相同隔离组的端口互相隔离。

(2) 一个接口可以同时加入多个隔离组(用于完成复杂访问需求)。

(3) 隔离组具有本地意义(本台交换机有效)，在同一台交换机上生效。

(4) 本任务提到的端口隔离为常用的二层隔离(默认方式)。VLAN 内三层隔离(VLAN

内 ARP 代理场景)应用场景较少，在此不做讨论。

(5) 端口隔离在 Access 和 Trunk 两种接口下都可以生效。

任务实施

(1) 根据图 5-11-2，在 HCL 中放置交换机和 PC，绘制拓扑。

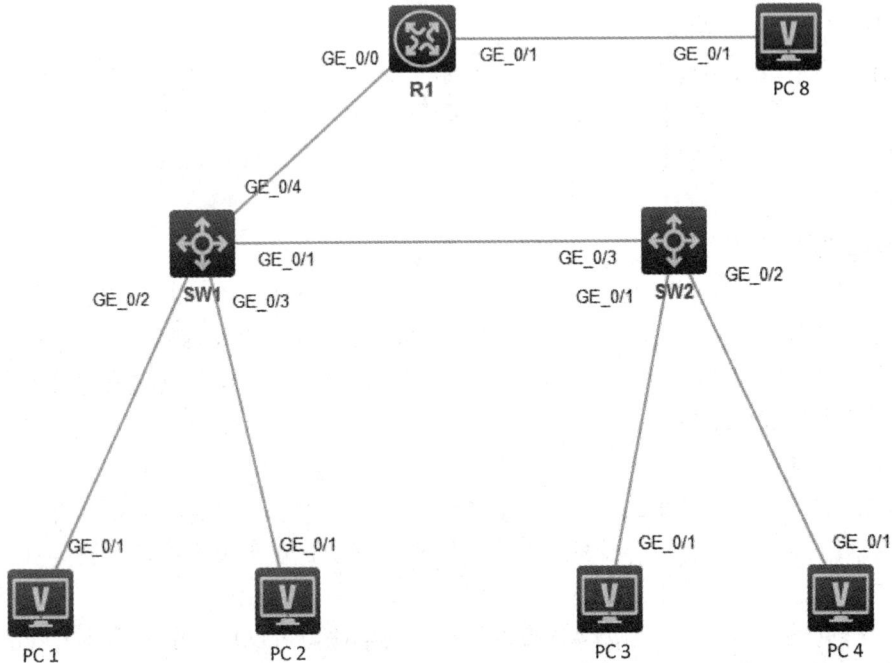

图 5-11-2 端口隔离拓扑

(2) 根据拓扑配置 PC 参数，此处由读者自行完成。

注意：PC1 的 IP 地址为 192.168.10.1，网关为 192.168.10.254；PC2～PC4 的 IP 地址参考 PC1；PC8 的 IP 地址 192.168.20.8，网关为 192.168.20.254。

(3) 交换机配置步骤如下。

配置交换机 SW1：

```
<H3C>undo terminal monitor              #禁止终端显示日志信息
The current terminal is disabled to display logs.
<H3C>system-view                        #进入系统视图
System View: return to User View with Ctrl+Z.
[H3C]sysname    SW1                      #交换机名字为 SW1
[SW1]vlan 10                             #创建 VLAN 10
[SW1-vlan10]port g1/0/1 to g1/0/3        #将 3 个端口加入 VLAN 10
[SW1]port-isolate    group 1             #创建端口隔离组  1
[SW1]interface g1/0/2                    #进入 2 号接口视图模式
[SW1-GigabitEthernet1/0/2]port-isolate enable group 1   #将端口 2 加入隔离组
[SW1-GigabitEthernet1/0/2]interface g1/0/3              #切换到 3 号接口视图模式
```

```
[SW1-GigabitEthernet1/0/3]port-isolate enable group 1    #将端口 3 加入隔离组
[SW1]dis port-isolate group        #查看 SW1 的端口隔离组
Port isolation group information:
Group ID: 1
Group members:
    GigabitEthernet1/0/2              GigabitEthernet1/0/3
```

配置交换机 SW2：

```
<H3C>undo terminal monitor    #禁止终端显示日志信息
The current terminal is disabled to display logs.
<H3C>system-view          #进入系统视图
System View: return to User View with Ctrl+Z.
[H3C]sysname    SW2        #交换机名字为 SW1
[SW2]vlan 10            #创建 VLAN 10
[SW2-vlan10]port g1/0/1 to g1/0/3  #将 3 个端口加入 VLAN10
```

配置 R1 交换机：

```
<H3C>sys            #进入系统视图
[H3C]sysname R1      #交换机名字为 R1
[R1]int g0/0          #进入 g0/0 端口视图
[R1-GigabitEthernet0/0]ip add 192.168.10.254 24 #配置端口 IP 地址
[R1-GigabitEthernet0/0]int g0/1
[R1-GigabitEthernet0/1]ip add 192.168.20.254 24  #配置端口 IP 地址
[R1-GigabitEthernet0/1]save
The current configuration will be written to the device. Are you sure? [Y/N]:y
```

由上可以看出，端口隔离组已经创建完成。由于 H3C Cloud Lab 软件不支持端口隔离，因此在模拟器中用 PC1 ping PC2，结果能 ping 通，但是端口隔离的配置没有问题，有实体交换机的读者可以实机测试。

总结与提高

端口隔离是为了实现报文之间的二层隔离，可以将不同的端口加入不同的 VLAN，但会浪费有限的 VLAN 资源。采用端口隔离特性，可以实现同一 VLAN 内端口之间的隔离。用户只需要将端口加入隔离组中，就可以实现隔离组内端口之间二层数据的隔离。端口隔离功能为用户提供了更安全、更灵活的组网方案。

练习与巩固

1. 关于隔离端口描述正确的是(　　)。

A. 在同一交换机中，同一 VLAN 及同一隔离组内的用户不能进行二层通信，也不可以支持三层通信

B. 隔离端口只能在同一交换机中生效，不同交换机之间不能使用隔离端口

C. 隔离端口可以实现同组隔离以及不同组也隔离访问控制功能

D. 以上描述都不正确

2. 如图 5-11-3 所示，要求 PC1 与 PC2 之间不能互相访问，PC1 与 PC3 之间可以互相访问，PC2 与 PC3 之间可以互相访问。试配置端口隔离，实现上述功能。

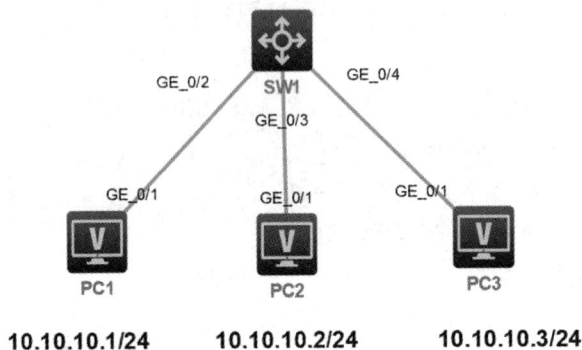

图 5-11-3　第 2 题图

任务 11.2　配置端口安全

学习目标

1. 知识目标

(1) 了解常见网络安全隐患。

(2) 了解交换机端口安全的基本工作原理。

2. 能力目标

(1) 能够完成交换机端口最大连接数的配置工作。

(2) 能够将主机 MAC 地址与交换机端口进行绑定。

(3) 能够将主机 IP 地址与交换机端口进行绑定。

3. 素质目标

(1) 培养网络信息安全意识。

(2) 培养网络管理员的责任心。

任务描述

如图 5-11-4 所示，某企业基于信息安全的考虑，希望加强网络管理，实行严格的网络接入控制，规定每个交换机端口只能接入一台主机，员工不能私自对网络进行扩展连接；每个工位接入网络的计算机都固定，不能随意改变；接入网络的计算机需要登记，不能随意改变。假如你是该企业的网络管理员，试提出解决方案。

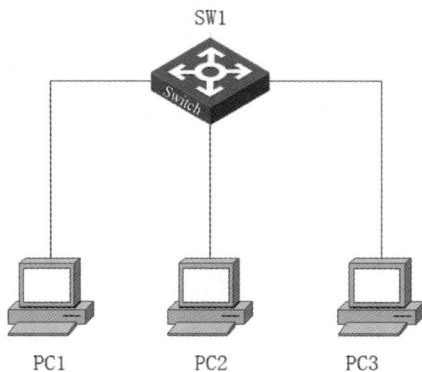

图 5-11-4　端口安全系统

知识引导

一般管理型交换机具有端口安全(Port Security)功能，利用该功能可以实现网络接入安全。交换机端口安全是一种网络安全机制，旨在保护网络免受恶意攻击，如 ARP 欺骗。交换机端口主要功能如下：

(1) 只允许特定 MAC 地址的设备接入交换机的指定端口，从而防止用户将非法或未授权的设备接入网络。

(2) 限制端口接入的设备数量，防止用户将过多的设备接入网络中。

当一个端口被配置为一个安全端口后，交换机将检查从此端口接收到的帧的源 MAC 地址，并检查在此端口配置的最大安全地址数。如果安全地址数没有超过配置的最大值，则交换机会检查安全地址表。若此帧的源 MAC 地址没有被包含在安全地址表中，那么交换机将自动学习此 MAC 地址，并将其加入安全地址表，标记为安全地址，进行后续转发；若此帧的源 MAC 地址已经存在于安全地址表中，那么交换机将直接对帧进行转发。安全端口的安全地址表项既可以通过交换机自动学习，也可以手工配置。

在 H3C 以太网交换机上可配置的端口安全模式总体来说可分为两大类：控制 MAC 地址学习类和认证类。控制 MAC 地址学习类无须对接入用户进行认证，但是允许或者禁止自动学习指定用户 MAC 地址，即允许或者禁止把对应 MAC 地址添加到本地交换机的 MAC 地址表中，通过这种方法就可以实现用户网络访问的控制；认证类则是利用 MAC 地址认证或 IEEE 802.1X 认证机制，或者同时结合这两种认证实现对接入用户的网络访问控制。配置了安全模式的 H3C 以太网交换机端口在收到用户发送的数据报文后，首先在本地 MAC 地址表中查找对应用户的 MAC 地址。如果该报文的源 MAC 地址已经在本地交换机中的 MAC 地址表中，则直接转发该报文；否则根据端口所在安全模式进行相应的处理，并在发现非法报文后触发端口，执行相应的安全防护特性。

在 H3C 以太网交换机中，可配置的端口安全模式及各自的工作原理如下。

AutoLearn(自动学习)模式与 Secure 模式：在 AutoLearn 模式下，可通过手工配置或动态学习 MAC 地址，此时得到的 MAC 地址称为 Secure MAC(安全 MAC 地址)。在这种模式下，只有源 MAC 为 Secure MAC 的报文才能通过该端口；但当该端口下的 Secure MAC 地址表项数超过端口允许学习的最大安全 MAC 地址数后，该端口也不会再添加新的 Secure

MAC，并且端口会自动转变为 Secure 模式。如果直接将端口安全模式设置为 Secure 模式，则将立即禁止端口学习新的 MAC 地址，只有源 MAC 地址是原来已在交换机上静态配置，或者已动态学习到的 MAC 地址的报文才能通过该端口转发。

任务实施

(1) 根据图 5-11-5，在 HCL 中放置交换机和 PC，绘制拓扑。

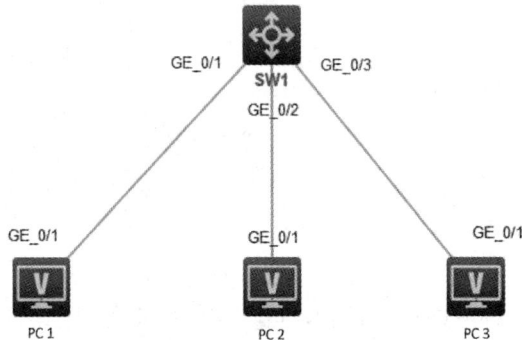

图 5-11-5　端口安全拓扑

(2) 根据拓扑配置 PC 参数，此处由读者自行完成。

注意：PC1 的 IP 地址为 192.168.10.1，PC2 的 IP 地址为 192.168.10.2，PC3 的 IP 地址为 192.168.10.3。

(3) 交换机配置步骤。

配置交换机端口安全模式和最大连接数：

```
<H3C>undo terminal monitor
The current terminal is disabled to display logs.
<H3C>system-view
[H3C]sysname SW1
[SW1]port-security enable
[SW1]port-security timer autolearn aging 3
[SW1]interface range g1/0/1 to g1/0/3
[SW1-if-range]port-security max-mac-count 1
[SW1-if-range]port-security port-mode autolearn
[SW1-if-range]port-security intrusion-mode disableport-temporarily
[SW1-if-range]qu
[SW1]port-security timer disableport 30
```

(4) 验证配置：

```
[SW1]display port-security interface g1/0/1
Global port security parameters:
   Port security                 : Enabled
   AutoLearn aging time          : 3 min
   Disableport timeout           : 30 s
```

MAC move	: Denied
Authorization fail	: Online
NAS-ID profile	: Not configured
Dot1x-failure trap	: Disabled
Dot1x-logon trap	: Disabled
Dot1x-logoff trap	: Disabled
Intrusion trap	: Disabled
Address-learned trap	: Disabled
Mac-auth-failure trap	: Disabled
Mac-auth-logon trap	: Disabled
Mac-auth-logoff trap	: Disabled
OUI value list	:
GigabitEthernet1/0/1 is link-up	
Port mode	: autoLearn
NeedToKnow mode	: Disabled
Intrusion protection mode	: DisablePortTemporarily
Security MAC address attribute	
Learning mode	: Sticky
Aging type	: Periodical
Max secure MAC addresses	: 1
Current secure MAC addresses	: 0
Authorization	: Permitted
NAS-ID profile	: Not configured

总结与提高

从基本原理上讲，端口安全特性会通过 MAC 地址表记录连接到交换机端口的以太网 MAC 地址(网卡号)，并只允许某个 MAC 地址通过本端口通信。其他 MAC 地址发送的数据包通过此端口时，会被端口安全特性阻止。使用端口安全特性可以防止未经允许的设备访问网络，并增强安全性。另外，端口安全特性也可用于防止 MAC 地址泛洪，导致 MAC 地址表填满。

端口安全可以采用动态绑定和静态绑定两种方式。

在对接入用户的安全性要求较高的网络中，可以配置端口安全功能，将接口学习到的 MAC 地址转换为安全动态 MAC、安全静态 MAC 或 Sticky MAC。接口学习的最大 MAC 数量达到上限后不再学习新的 MAC 地址，只允许这些 MAC 地址和路由器通信。这样可以阻止其他非信任的 MAC 主机通过本接口和路由器通信，提高路由器与网络的安全性。

练习与巩固

1. 简述端口安全的应用场景有哪些。
2. 简述端口安全的分类。

项目 12   访问控制列表

要增强网络安全性，网络设备需要具备控制某些访问或某些数据的能力。

ACL 包过滤是一种被广泛使用的网络安全技术，其使用 ACL 实现数据识别，并决定是转发还是丢弃这些数据包。

由 ACL 定义的报文匹配规则，还可以被其他需要对数据进行区分的场合引用。

任务 12.1   配置基本 ACL

学习目标

1. 知识目标

(1) 了解标准 ACL。

(2) 了解 ACL 的基本工作过程及规则。

2. 能力目标

(1) 能够在三层交换机或路由器中根据源 IP 地址过滤数据包。

(2) 能够根据流量控制要求在网络中选择合适的路由设备和接口配置标准 ACL。

(3) 能够进行标准 ACL 准确性的检验。

3. 素质目标

(1) 培养自主学习能力。

(2) 培养网络安全管理的基本素养。

任务描述

图 5-12-1 所示是某中小企业的网络拓扑，企业为生产部、管理部和财务部 3 个部门划分了子网，分别对应子网 VLAN 10、VLAN 20 和 VLAN 30。企业的核心数据保存在内网服务器 Server1 中，根据信息安全的要求，只允许管理部和财务部的计算机访问内网服务器 Server1，不允许生产部的计算机访问内网服务器 Server1。假如你是该企业的网络管理员，

试进行适当的配置，在确保各部门计算机对网络共享资源访问的条件下，限制生产部的计算机对内网服务器 Server1 的访问。

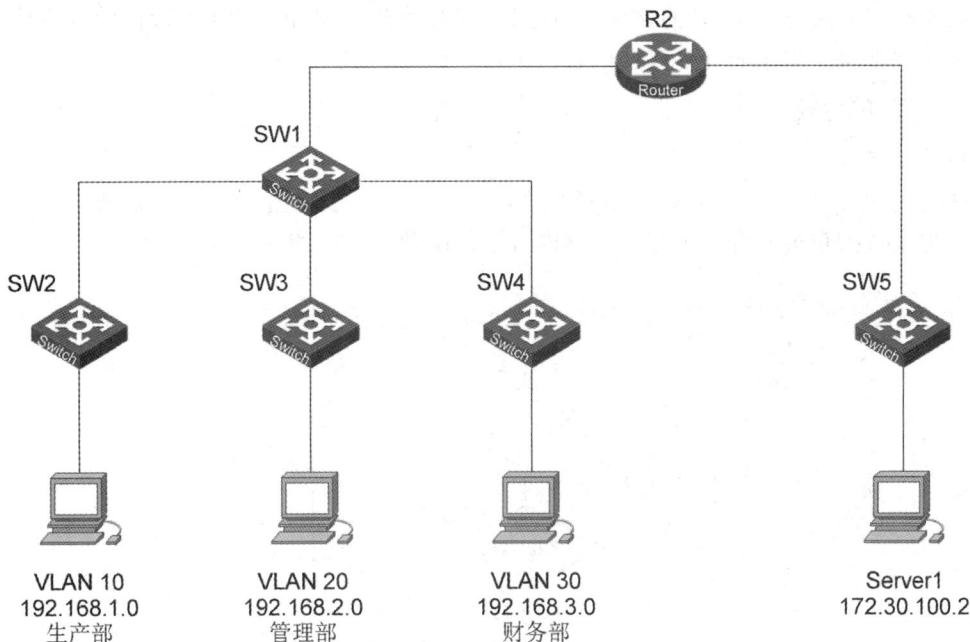

图 5-12-1　某中小企业的网络拓扑

知识引导

1. ACL 概述

随着网络规模的扩大和流量的增加，对网络安全的控制和对带宽的分配成为网络管理的重要内容。通过对数据包进行过滤，可以有效防止非法用户对网络的访问，同时也可以控制流量，节约网络资源。ACL 即是通过配置对报文的匹配规则和处理操作来实现包过滤的功能。

ACL 是一种基于包过滤的访问控制技术，可以根据设定的条件对接口上的数据包进行过滤，允许其通过或丢弃。ACL 被广泛地应用于路由器和三层交换机，借助于 ACL，可以有效地控制用户对网络的访问，从而最大程度地保障网络安全。

ACL 是应用在路由器接口的指令列表，这些指令列表用来告诉路由器哪些数据包可以接收，哪些数据包需要拒绝。至于数据包是被接收还是拒绝，可以由类似于源地址、目的地址、端口号等的特定指示条件来决定。

2. ACL 的功能

ACL 的功能如下：

(1) 限制网络流量，提高网络性能。例如，ACL 可以根据数据包的协议指定这种类型的数据包具有更高的优先级，同等情况下可预先被网络设备处理。

(2) 提供对通信流量的控制手段。

(3) 提供网络访问的基本安全手段。

（4）在网络设备接口处，决定哪种类型的通信流量被转发，哪种类型的通信流量被阻塞。

例如，用户可以允许 E- mail 通信流量被路由，拒绝所有的 Telnet 通信流量。例如，某部门要求只能使用 WWW 功能，就可以通过 ACL 实现；又如，为了某部门的保密性，不允许其访问外网，也不允许外网访问它，也可以通过 ACL 实现。

3. ACL 的分类

1）按出入栈不同分类

（1）入栈 ACL：在网络入口处对数据包进行检查，如果被拒绝，则不需要路由，直接丢弃；如果数据包被允许，则在路由器内进行路由转发，如图 5-12-2 所示。

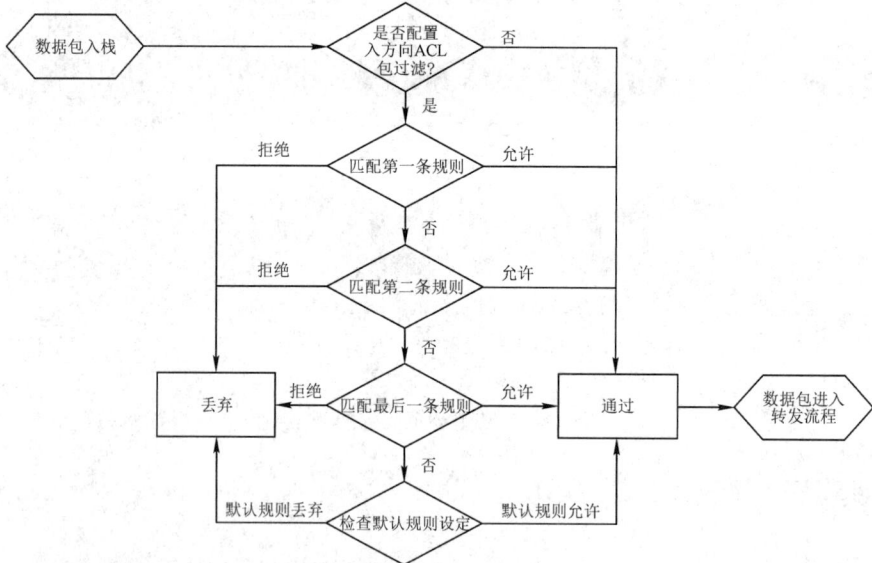

图 5-12-2　入站 ACL 工作流程

（2）出站 ACL：进入路由器的包被路由后到达出接口，进行 Outbound 访问列表匹配，如图 5-12-3 所示。

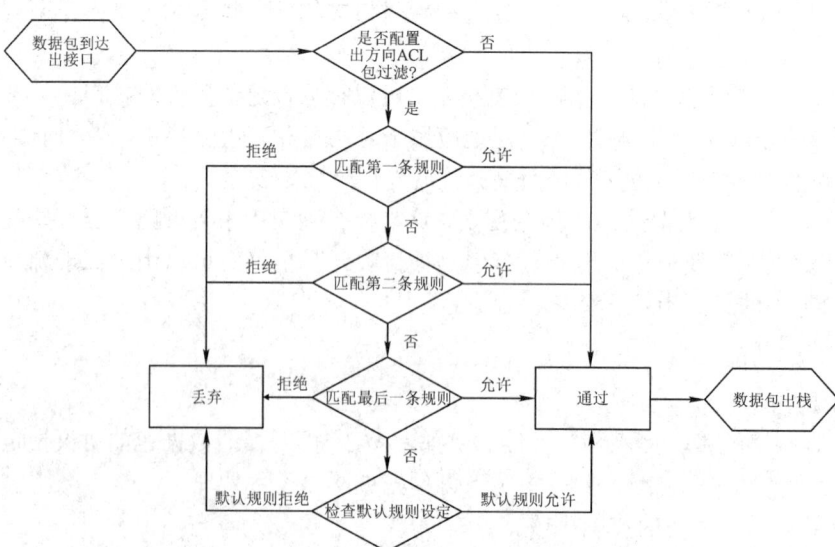

图 5-12-3　出站 ACL 流程

2) 其他分类

(1) 标准 ACL(也称基本 ACL)：检查数据包的源地址。标准 ACL 可以阻止来自某一网络的所有通信流量，或者允许来自某一特定网络的所有通信流量，或者拒绝某一特定协议族(如 IP)的所有特定流量。标准 ACL 只根据报文的源 IP 地址信息制定规则，如图 5-12-4 所示。标准 ACL 使用 2000～2999 的数字作为标号。

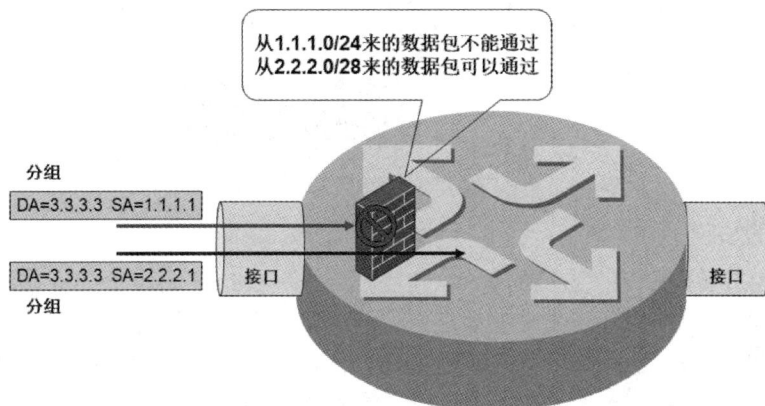

图 5-12-4　标准 ACL

(2) 扩展 ACL(也称高级 ACL)：检查数据包的源地址、目的地址、特定的协议、端口号码以及其他参数，使用更灵活。扩展 ACL 比标准 ACL 提供了更为广泛的控制范围，其根据报文的源 IP 地址、目的 IP 地址、IP 承载的协议类型、协议特性等三、四层信息制定规则，如图 5-12-5 所示。扩展 ACL 使用 3000～3999 的数字作为标号。

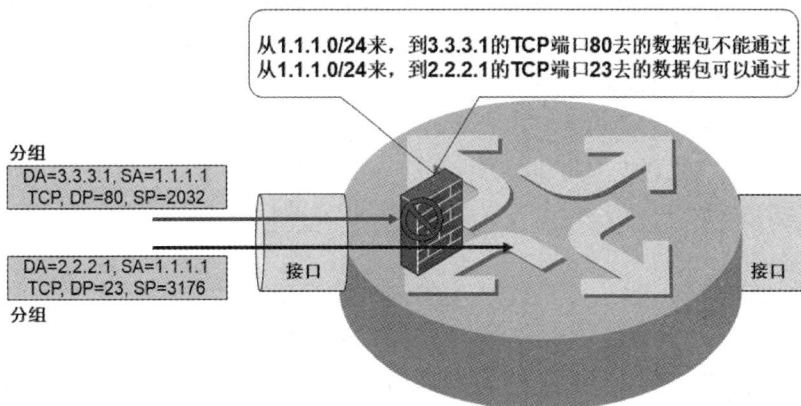

图 5-12-5　扩展 ACL

(3) 二层 ACL。在公司内部网络中，如想对特定的终端进行访问权限控制，就需要使用二层 ACL。使用二层 ACL，可以根据源 MAC 地址、目的 MAC 地址、802.1p 优先级、二层协议类型等二层信息制定匹配规则，对流量进行管控，如图 5-12-6 所示。二层 ACL 使用 4000～4999 的数字作为标号。

(4) 用户 ACL。由于企业内部同部门的工作人员的终端不在同一个网段，难以管理，因此需要将其纳入一个用户组，并对其用户组进行访问权限管理，这时就需要使用用户 ACL。用户 ACL 在标准 ACL 的基础上增加了用户组的配置项，可以实现对不同用户组的流量管控。

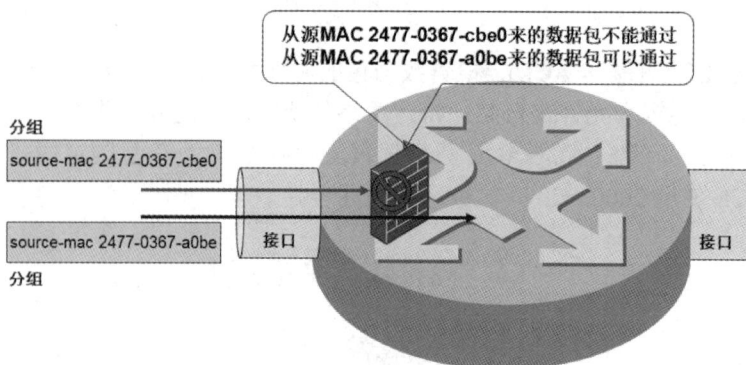

图 5-12-6　二层 ACL

4. ACL 的步长

ACL 中的每条规则都有自己的编号，该编号在该 ACL 中是唯一的。在创建规则时，可以手动为其指定一个编号；如未手动指定编号，则由系统为其自动分配一个编号。

由于规则的编号可能影响规则匹配的顺序，因此当由系统自动分配编号时，为了方便后续在已有规则之前插入新的规则，系统通常会在相邻编号之间留下一定的空间，该空间的大小(相邻编号之间的差值)就称为 ACL 的步长。

例如，当步长为 5 时，系统会将编号 0、5、10、15、…依次分配给新创建的规则。

5. 定义 ACL 的规则

定义 ACL 时，应该遵循下列规则：

(1) ACL 的列表号指明了其是哪种协议的 ACL。各种协议都有自己的 ACL 及列表号，如 IP 的 ACL、IPX 的 ACL 等。而每种协议的 ACL 又分为标准 ACL 和扩展 ACL。这些 ACL 是通过 ACL 列表号区分的。

(2) 一个 ACL 的配置是针对每种协议、每个接口、每个方向的。在路由器的每个接口上，每种协议都可以配置进方向和出方向两个 ACL。如果路由器上启用了 IP 和 IPX 两种协议栈，那么路由器的一个接口上可以配置 IP、IPX 两种协议，每种协议都有进出两个方向，共 4 个 ACL。

(3) ACL 的语句顺序决定了对数据包的控制顺序。ACL 由一系列语句组成，当数据包的信息和 ACL 语句内的条件开始比较时，是按照从上到下的顺序进行的。数据包按照语句顺序和 ACL 的语句进行逐一比较，一旦数据包的信息符合某条语句的条件，数据包就被执行该条语句所规定的操作，ACL 中余下的语句不再和数据包的信息进行比较。所以，错误的语句顺序将使用户得不到所要实现的结果。

(4) 最有限制性的语句应该放在 ACL 语句首行。由于 ACL 的操作是由上而下逐条比较语句的条件和数据包的信息，因此应把最有限制性的语句放在 ACL 的首行或者靠前的位置，把"全部允许"或者"全部拒绝"这样的语句放在末行或者接近末行，可以防止出现本该拒绝的数据包被放过的错误。

(5) ACL 的语句不能被逐条删除，只能一次性地删除整个 ACL。

6. 通配符掩码

通配符掩码(wildcard-mask)路由器使用的通配符掩码与源或目标地址一起来分辨匹配

的地址范围。通配符掩码与子网掩码不同，其不像子网掩码告诉路由器 IP 地址的哪一位属于网络号一样，通配符掩码告诉路由器为了判断出匹配，其需要检查 IP 地址中的多少位。

该地址掩码可以只使用两个 32 bit 的号码来确定 IP 地址的范围。这是十分方便的，因为如果没有掩码，则不得不对每个匹配的 IP 客户地址加入一个单独的 ACL 语句，这将造成很多额外的输入和路由器大量额外的处理过程。

在子网掩码中，将掩码的一位设置为 1，表示 IP 地址对应的位属于网络地址部分；相反，在 ACL 中将通配符掩码中的一位设置为 1，表示 IP 地址中对应的位既可以是 1 又可以是 0。有时，可将其称为"无关"位，因为路由器在判断是否匹配时并不关心它们。掩码位设置为 0，则表示 IP 地址中相对应的位必须精确匹配。

通配符掩码中，0 表示需要检查的位，1 表示不需要检查的位。例如，172.16.0.0/16 网段使用的子网掩码为 255.255.0.0，通配符掩码为 0.0.255.255。

通配符掩码中，可以用 255.255.255.255 表示所有 IP 地址，因为全为 1 说明 32 bit 中所有位都不需检查，此时可用 any 替代；而 0.0.0.0 则表示所有 32 bit 都必须要进行匹配，其只表示一个 IP 地址，可以用 host 表示。

例如，0.0.0.255 代表只对比前 24 bit，0.0.3.255 代表只对比前 22 bit，0.255.255.255 代表只对比前 8 bit。

任务实施

(1) 参考图 5-12-7，在 HCL 中绘制网络拓扑。

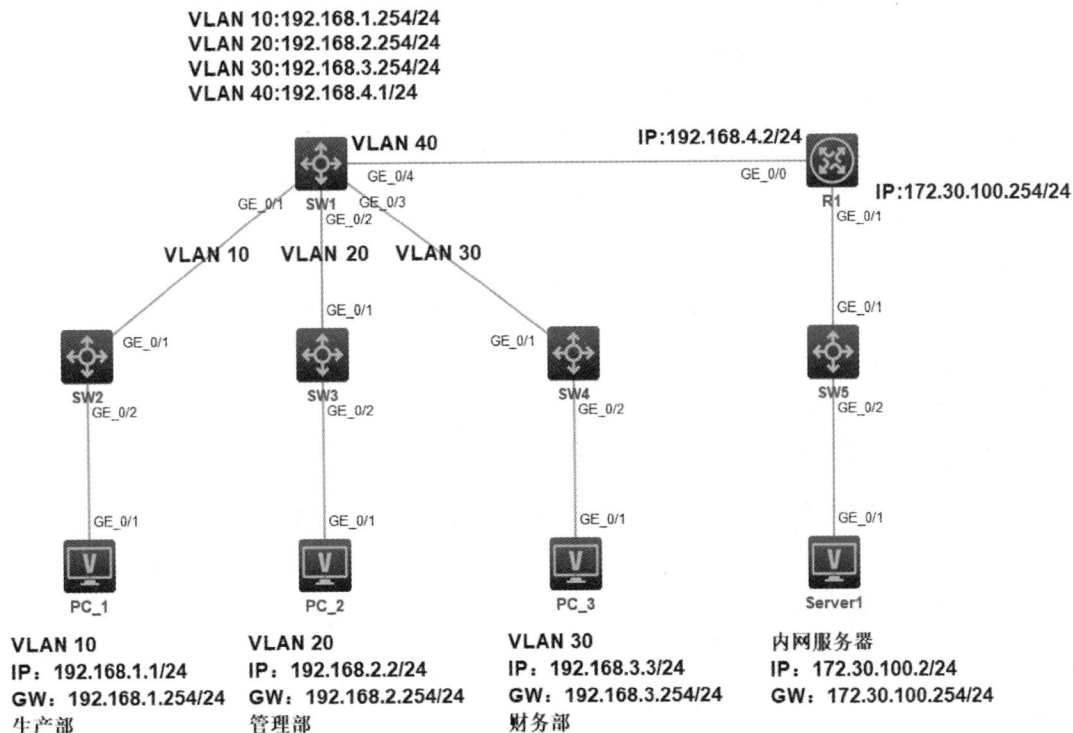

图 5-12-7　基本 ACL 网络拓扑

(2) 根据拓扑图配置 PC 参数，此处由读者自行完成。

(3) 配置二层交换机。

① SW2 配置命令如下：

```
<H3C>u t m
The current terminal is disabled to display logs.
<H3C>sys
System View: return to User View with Ctrl+Z.
[H3C]sysname SW2
[SW2]vlan 10
[SW2-vlan10]port g1/0/2
[SW2-vlan10]vlan 20
[SW2-vlan20]vlan 30
[SW2-vlan30]vlan 40
[SW2-vlan40]q
[SW2]int g1/0/1
[SW2-GigabitEthernet1/0/1]port link-type trunk
[SW2-GigabitEthernet1/0/1]port trunk permit vlan all
[SW2-GigabitEthernet1/0/1]qu
[SW2]save
```

② SW3、SW4 的配置和 SW2 的配置基本一样，请读者自行完成。

(4) 配置三层交换机 SW1。

① 基本 VLAN 以及虚接口配置命令如下：

```
<H3C>u t m
The current terminal is disabled to display logs.
<H3C>sys
System View: return to User View with Ctrl+Z.
[H3C]sysname SW1
[SW1]vlan 10
[SW1-vlan10]port g1/0/1
[SW1-vlan10]vlan 20
[SW1-vlan20]port g1/0/2
[SW1-vlan20]vlan 30
[SW1-vlan30]port g1/0/3
[SW1-vlan30]vlan 40
[SW1-vlan40]port g1/0/4
[SW1-vlan40]qu
[SW1]int vlan 10
```

```
[SW1-vlan-interface10]ip add 192.168.1.254 24

[SW1-vlan-interface10]int vlan 20

[SW1-vlan-interface20]ip add 192.168.2.254 24

[SW1-vlan-interface20]int vlan 30

[SW1-vlan-interface30]ip add 192.168.3.254 24

[SW1-vlan-interface30]int vlan 40

[SW1-vlan-interface40]ip add 192.168.4.1 24

[SW1-vlan-interface40]qu

[SW1]int g1/0/1

[SW1-GigabitEthernet1/0/1]port link-type trunk

[SW1-GigabitEthernet1/0/1]port trunk permit vlan all

[SW1-GigabitEthernet1/0/1]int g1/0/2

[SW1-GigabitEthernet1/0/2]port link-type trunk

[SW1-GigabitEthernet1/0/2]port trunk permit vlan all

[SW1-GigabitEthernet1/0/2]int g1/0/3

[SW1-GigabitEthernet1/0/3]port link-type trunk

[SW1-GigabitEthernet1/0/3]port trunk permit vlan all

[SW1-GigabitEthernet1/0/3]qu
```

② 静态路由配置命令如下：

```
[SW1]ip route-static 172.30.100.2 24 192.168.4.2

[SW1]save
```

(5) 配置路由器 R1。

① 基本端口配置命令如下：

```
<H3C>u t m

The current terminal is disabled to display logs.

<H3C>sys

System View: return to User View with Ctrl+Z.

[H3C]sysname R1

[R1]int g0/0

[R1-GigabitEthernet0/0]ip add 192.168.4.2 24

[R1-GigabitEthernet0/0]int g0/1

[R1-GigabitEthernet0/1]ip add 172.30.100.254 24

[R1-GigabitEthernet0/1]qu
```

② 静态路由配置命令如下：

```
[R1]ip route-static 192.168.1.0 24    192.168.4.1

[R1]ip route-static 192.168.2.0 24    192.168.4.1

[R1]ip route-static 192.168.3.0 24    192.168.4.1
```

③ ACL 配置命令如下：

```
[R1]acl basic 2000        #设置基本 ACL 序列号 2000
[R1-acl-ipv4-basic-2000]rule deny source 192.168.1.0 0.0.0.255
                         #本条规则用于拒绝源地址 192.168.1.0 网段的所有数据包
[R1-acl-ipv4-basic-2000]qu
[R1]int g0/0
[R1-GigabitEthernet0/0]packet-filter 2000 inbound   #将该接口设置为入接口包过滤模式
[R1]save
```

(6) ACL 验证。

① 在 R1 上查看 ACL。如图 5-12-8 所示，R1 上配置了 2000 的基本 ACL，共 1 条规则，步长为 5。规则的内容为拒绝来自 192.168.1.0 这个 VLAN 10 网段的数据包。

```
[R1]dis acl all
Basic IPv4 ACL 2000, 1 rule,
ACL's step is 5
 rule 0 deny source 192.168.1.0 0.0.0.255
```

图 5-12-8 查看 ACL 配置

② 用 PC_2 或者 PC_3 ping 服务器。结果可以 ping 通，如图 5-12-9 所示。3 台 PC 之间互相都能 ping 通，请读者自行验证。

```
acl1
PC_1    SW1    PC_2
<H3C>ping 172.30.100.2
Ping 172.30.100.2 (172.30.100.2): 56 data bytes, press CTRL_C to break
56 bytes from 172.30.100.2: icmp_seq=0 ttl=253 time=2.000 ms
56 bytes from 172.30.100.2: icmp_seq=1 ttl=253 time=8.000 ms
56 bytes from 172.30.100.2: icmp_seq=2 ttl=253 time=7.000 ms
56 bytes from 172.30.100.2: icmp_seq=3 ttl=253 time=7.000 ms
56 bytes from 172.30.100.2: icmp_seq=4 ttl=253 time=6.000 ms

--- Ping statistics for 172.30.100.2 ---
5 packet(s) transmitted, 5 packet(s) received, 0.0% packet loss
round-trip min/avg/max/std-dev = 2.000/6.000/8.000/2.098 ms
<H3C>%Sep 16 12:58:43:700 2022 H3C PING/6/PING_STATISTICS: Ping statistics for 172.30.100.
2: 5 packet(s) transmitted, 5 packet(s) received, 0.0% packet loss, round-trip min/avg/max
/std-dev = 2.000/6.000/8.000/2.098 ms.
```

图 5-12-9 管理部和财务部能够 ping 通服务器

③ 用 PC_1 ping 服务器。如图 5-12-10 所示，由于 PC_1 发往服务器的包被过滤，所以不能 ping 通服务器。

```
acl1
PC_1
<H3C>%Sep 16 13:28:05:374 2022 H3C SHELL/5/SHELL_LOGIN: Console logged in from con0.

<H3C>ping 172
ping: Unknown host.
<H3C>ping 172.30.100.2
Ping 172.30.100.2 (172.30.100.2): 56 data bytes, press CTRL_C to break
Request time out
Request time out
Request time out
Request time out
Request time out

--- Ping statistics for 172.30.100.2 ---
5 packet(s) transmitted, 0 packet(s) received, 100.0% packet loss
<H3C>%Sep 16 13:28:40:091 2022 H3C PING/6/PING_STATISTICS: Ping statistics for 172.30.100.
2: 5 packet(s) transmitted, 0 packet(s) received, 100.0% packet loss.
```

图 5-12-10 PC_1 ping 不通服务器

总结与提高

(1) 在交换机或者路由器中应用基本 ACL 时，可以首先在全局模式配置标准 ACL，配置命令为 "[H3C] acl basic acl-number"。其中，基本 ACL 的 acl-number 取值范围是 2000~2999。

(2) 通过上述命令进入基本 ACL 配置模式后，接下来定义 ACL 的匹配规则。其要点有如下两个：

① 指定要匹配的源 IP 地址范围；

② 指定动作是 permit 还是 deny。

配置命令：

> [H3C-acl-basic-2000] **rule** [rule-id] { **deny** | permit }**source** { sour-addr sour-wildcard | any } | [**time-range** time-range-name]

其中，[rule-id]为规则编号，在创建一条 ACL 规则时，用户可以不指定规则的编号，设备将自动为该规则分配一个编号。如果此 ACL 中没有规则，则编号为 0；如果此 ACL 中已有规则，则编号为现有规则的最大编号 + 1。

time-range 为时间段命令，time-range-name 为时间段名称，是可选项。

(3) 端口下发 ACL。

进入系统视图：

> system-view

进入端口组视图：

> interface interface-type interface-number

端口组下发 ACL：

> packet-filter inbound acl-id

(4) 基本 ACL 要应用在尽量靠近目的主机的路由设备端口上。

练习与巩固

1. 下列关于 ACL 的描述正确的是(　　)。

A. ACL 可应用于某个具体的 IP 接口的出方向或入方向

B. 每条 ACL 的末尾都隐含一条 deny any 的规则

C. 对于一个协议，一个接口的一个方向上同一时间内只能设置一个 ACL

D. 按照由上到下的顺序执行，找到第一个匹配后即执行相应的操作(然后跳出 ACL)

2. 下面属于扩展 ACL 的过滤参数的是(　　)。

A. 协议类型　　　　　　　　　B. 源端口

C. 源 IP 地址　　　　　　　　D. 目的 IP 地址

3. 标准 ACL 的范围是(　　)。

A. 2000~2999　　　　　　　　B. 3000~3999

C. 4000～4999   D. 都不对

4. 以下关于 ACL 的规则说法正确的是(   )。

A. 匹配退出

B. 越具体越明确的放在最后面

C. 逐条扫描

D. 隐含拒绝所有

5. 标准 ACL 放置的最佳位置是(   )。

A. 越靠近数据包的源位置越好

B. 越靠近数据包的目标位置越好

C. 接口的任意位置都可以

D. 无论什么位置都行

6. 如图 5-12-11 所示,试配置基本 ACL,使得 PC1 ping 不通 PC3,PC2 能 ping 通 PC3。

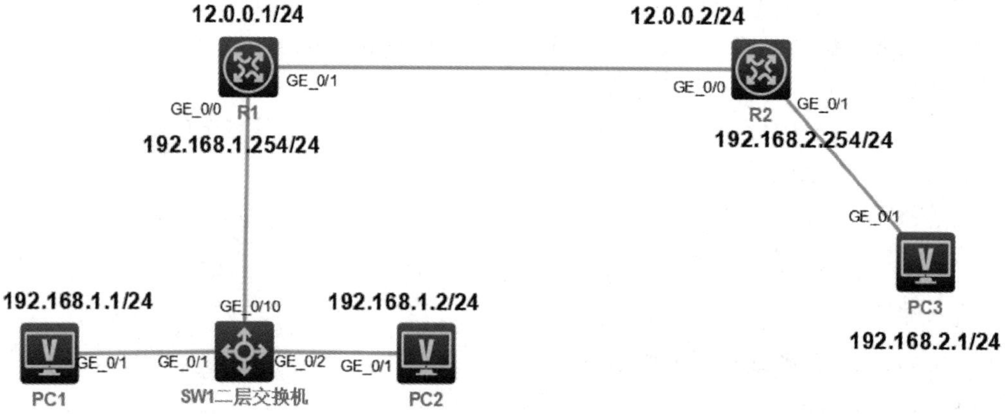

图 5-12-11   第 6 题图

任务 12.2   配置高级 ACL

学习目标

1. 知识目标

(1) 掌握高级 ACL 的作用和基本规则。

(2) 掌握高级 ACL 的包过滤显示和调试命令。

2. 能力目标

(1) 能够在三层设备中利用高级 ACL 对网络应用服务进行访问控制。

(2) 能够根据访问控制要求在网络中选择最佳的路由设备和接口配置扩展 ACL。

(3) 能够进行高级 ACL 准确性的检验。

3. 素质目标

(1) 培养分析问题和解决问题的能力。

(2) 能够按照网络安全管理的基本规程进行操作。

任务描述

图 5-12-12 所示是某中小企业的网络拓扑，现要求实现如下功能：

(1) 通过配置 RIP 路由，实现全网互通。

(2) 在 Server1 服务器上配置开启 Telnet 和 FTP 服务。

(3) 配置 ACL，实现如下效果：

① 采用基本 ACL，使 192.168.1.0 不能访问 192.168.2.0。

② 采用高级 ACL，使 PC1 可以访问服务器的 Telnet 服务，但不能访问 FTP 服务；PC2 可以访问服务器的 FTP 服务，但不能访问 Telnet 服务。

③ 192.168.2.0 网段不允许访问服务器。

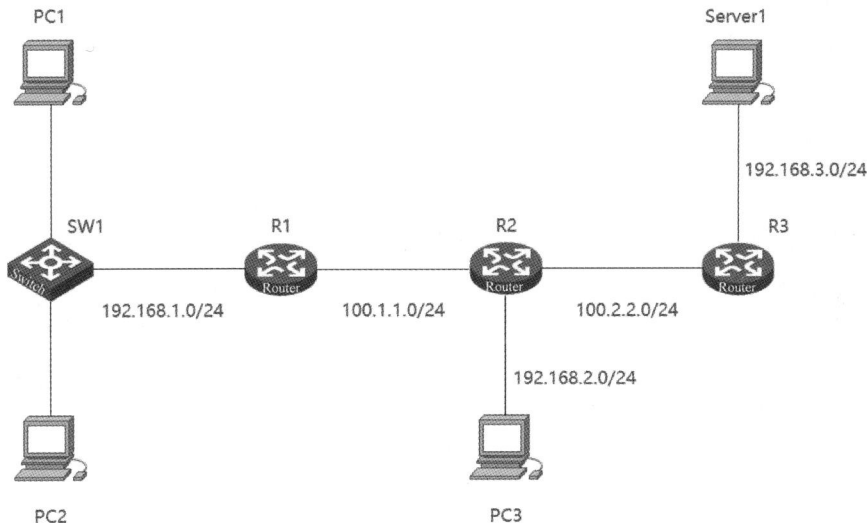

图 5-12-12　某中小企业的网络拓扑

知识引导

高级 ACL 在匹配项上进行了扩展，编号范围为 3000～3999，既可使用报文的源 IP 地址，也可使用目的地址、IP 优先级、IP 协议类型、ICMP 类型、TCP 源端口/目的端口、UDP 源端口/目的端口号等信息定义规则。

高级 ACL 可以定义比基本 ACL 更准确、更丰富、更灵活的规则，因此高级 ACL 得到了更加广泛的应用。

1. 配置高级 ACL 的步骤

(1) 配置高级 IPv4 ACL，并指定 ACL 序号。高级 IPv4 ACL 的序号取值范围为 3000～3999。

命令如下：

[H3C] acl advanced acl-number

(2) 定义规则。需要配置规则来匹配源 IP 地址、目的 IP 地址、IP 承载的协议类型、协议端口号等信息，其指定动作是 permit 或 deny。

命令如下：

[H3C-acl-adv-3000] rule [rule-id] { deny | permit } protocol [destination { dest-addr dest-wildcard |
any } | destination-port operator port1 [port2] established | fragment | source { sour-addr sour-wildcard | any } |
source-port operator port1 [port2] | time-range time-range-name]

2. ACL 规则的匹配顺序

匹配顺序指 ACL 中规则的优先级，ACL 支持如下两种匹配顺序：

(1) 配置顺序(config)：按照用户配置规则的先后顺序进行规则匹配。

(2) 自动排序(auto)：按照"深度优先"的顺序进行规则匹配，即地址范围小的规则被优先进行匹配。

配置 ACL 的匹配顺序的命令如下：

[H3C] acl number acl-number [match-order { auto | config }]

例 1　配置顺序。

命令如下：

acl number 2000 match-order config　#配置顺序
rule permit source 1.1.1.0 0.0.0.255
rule deny source 1.1.1.1 0

当一个 DA=3.3.3.3，SA=1.1.1.1 的报文经过端口时，上述规则是严格按照顺序匹配第一条，所以上述报文是被允许通过端口的。

例 2　自动排序。

命令如下：

acl number 2000 match-order auto　#自动排序
rule permit source 1.1.1.0 0.0.0.255
rule deny source 1.1.1.1 0

当一个 DA = 3.3.3.3，SA = 1.1.1.1 的报文经过端口时，上述规则是按照"深度优先"的顺序匹配到第二条规则，第二条规则的通配符掩码是 0.0.0.0，精准匹配一台主机地址，所以上述报文被拒绝通过端口。

📝 任务实施

1. 参考图 5-12-13，在 HCL 中绘制网络拓扑。

说明：由于在验证结果时 HCL 不支持 PC 运行访问服务器的一些命令，因此此处用路由器代替 PC1 和 PC2。

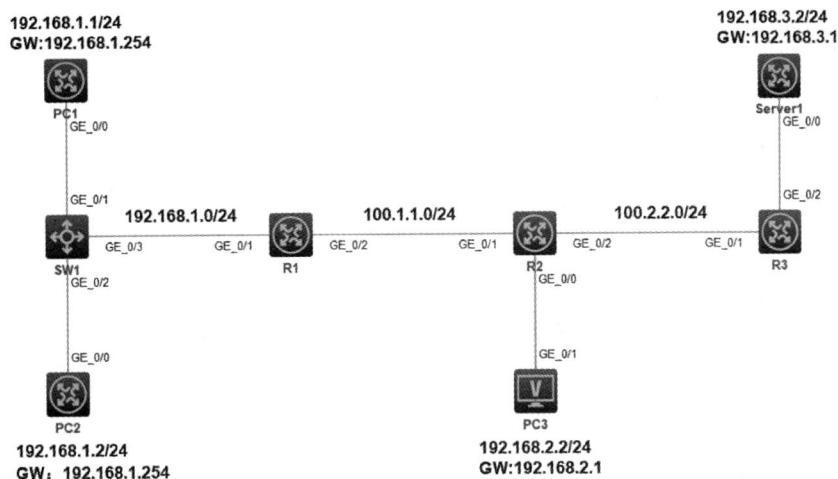

图 5-12-13　高级 ACL 网络拓扑

2. 为各个路由器及 PC 配置 IP 地址

(1) PC1:

```
[H3C]sysname PC1
[PC1-GigabitEthernet0/0]qu
[PC1]interface GigabitEthernet 0/0
[PC1-GigabitEthernet0/0]ip address 192.168.1.1 24
[PC1-GigabitEthernet0/0]qu
```

(2) PC2:

```
[H3C]sysname PC2
[PC2]interface GigabitEthernet 0/0
[PC2-GigabitEthernet0/0]ip address 192.168.1.2 24
[PC2-GigabitEthernet0/0]qu
```

(3) R1:

```
[H3C]sysname R1
[R1]interface GigabitEthernet 0/1
[R1-GigabitEthernet0/1]ip address 192.168.1.254 24
[R1-GigabitEthernet0/1]qu
[R1]interface GigabitEthernet 0/2
[R1-GigabitEthernet0/2]ip address 100.1.1.1 24
[R1-GigabitEthernet0/2]qu
```

(4) R2:

```
[H3C]sysname R2
[R2]int GigabitEthernet 0/1
[R2-GigabitEthernet0/1]ip address 100.1.1.2 24
[R2-GigabitEthernet0/1]qu
```

```
[R2]int GigabitEthernet 0/2
[R2-GigabitEthernet0/2]ip address 100.2.2.1 24
[R2]interface GigabitEthernet 0/0
[R2-GigabitEthernet0/0]ip address 192.168.2.1 24
[R2-GigabitEthernet0/0]qu
```

(5) R3：

```
[H3C]sysname R3
[R3]interface GigabitEthernet 0/1
[R3-GigabitEthernet0/1]ip address 100.2.2.2 24
[R3-GigabitEthernet0/1]qu
[R3]interface GigabitEthernet 0/2
[R3-GigabitEthernet0/2]ip address 192.168.3.1 24
[R3-GigabitEthernet0/2]qu
```

(6) Server1：

```
[H3C]sysname Server1
[Server1]interface GigabitEthernet 0/0
[Server1-GigabitEthernet0/0]ip address 192.168.3.2 24
[Server1-GigabitEthernet0/0]qu
```

(7) PC3 的 IP 地址配置如图 5-12-14 所示。

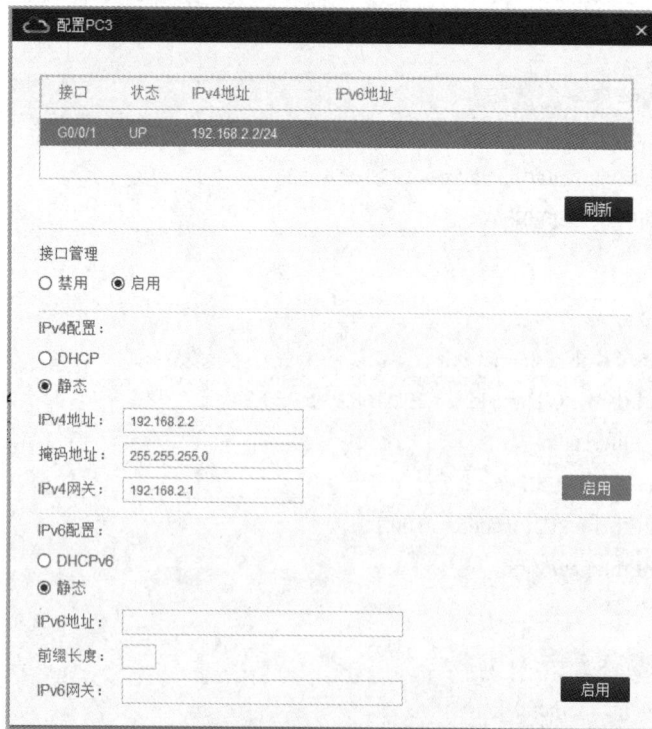

图 5-12-14　PC3 的 IP 地址配置

3. 配置 RIPv2 协议

(1) PC1：

```
[PC1]rip
[PC1-rip-1]network 192.168.1.0
[PC1-rip-1]version 2
[PC1-rip-1]undo summary
[PC1-rip-1]qu
```

(2) PC2：

```
[PC2]rip
[PC2-rip-1]network 192.168.1.0
[PC2-rip-1]version 2
[PC2-rip-1]undo summary
[PC2-rip-1]qu
```

(3) R1：

```
[R1]rip
[R1-rip-1]network 192.168.1.0
[R1-rip-1]network 100.1.1.0
[R1-rip-1]version 2
[R1-rip-1]undo summary
[R1-rip-1]qu
```

(4) R2：

```
[R2]rip
[R2-rip-1]network 100.1.1.0
[R2-rip-1]network 100.2.2.0
[R2-rip-1]network 192.168.2.0
[R2-rip-1]undo summary
[R2-rip-1]qu
```

(5) R3：

```
[R3]rip
[R3-rip-1]network 100.2.2.0
[R3-rip-1]network 192.168.3.0
[R3-rip-1]version 2
[R3-rip-1]undo summary
[R3-rip-1]qu
```

(6) Server1：

```
[Server1]rip
[Server1-rip-1]network 192.168.3.0
[Server1-rip-1]version 2
[Server1-rip-1]undo summary
[Server1-rip-1]qu
```

4. 检测网络是否连通

(1) PC1、PC2 都能 ping 通 PC3，图略。

(2) PC1、PC2 都能 ping 通服务器，图略。

(3) PC3 能 ping 通服务器，图略。

结论：全网互通。

5. Server 上配置 Telnet 以及 FTP 服务

```
<Server1>sys
[Server1]ftp server enable
[Server1]local-user ftp_addmin class manage
New local user added.
[Server1-luser-manage-ftp_addmin]password simple 123456
[Server1-luser-manage-ftp_addmin]service-type ftp
[Server1-luser-manage-ftp_addmin]qu
[Server1]
[Server1]telnet server enable
[Server1]line vty 0
[Server1-line-vty0]authentication-mode password
[Server1-line-vty0]set authentication password simple 123456
[Server1-line-vty0]user-role telnet_admin
[Server1-line-vty0]qu
```

6. 配置 ACL

(1) 采用基本 ACL，使 192.168.1.0 不能访问 192.168.2.0：

```
[R2]acl basic 2000
[R2-acl-ipv4-basic-2000]rule deny source 192.168.1.0 0.0.0.255
[R2-acl-ipv4-basic-2000]qu
[R2]interface GigabitEthernet 0/0
[R2-GigabitEthernet0/0]packet-filter 2000 outbound
[R2-GigabitEthernet0/0]qu
```

验证：PC1 和 PC2 都不能 ping 通 PC3。图略。

(2) 采用高级 ACL，PC1 可以访问服务器的 Telnet 服务，但不能访问 FTP 服务；PC2 可以访问服务器的 FTP 服务，但不能访问 Telnet 服务。

配置高级 ACL 之前，PC1、PC2 登录 FTP 和 Telnet 服务正常，如图 5-12-15 和图 5-12-16 所示。

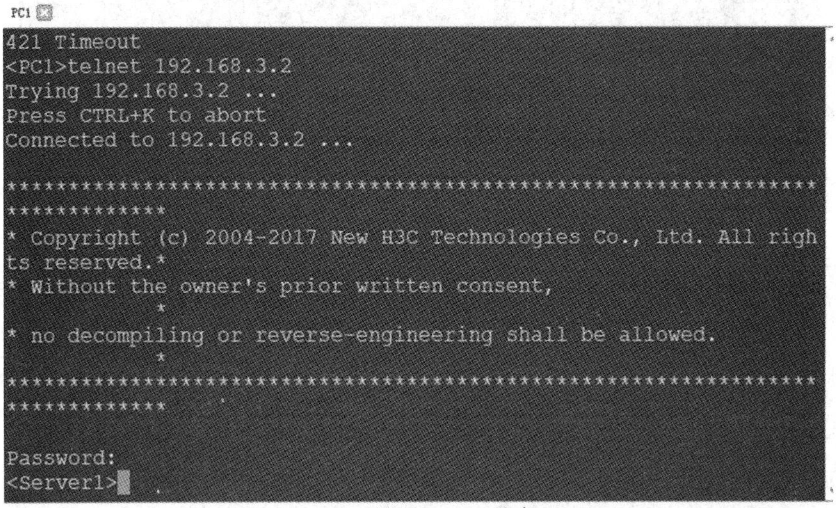

(a) PC1 登录 Telnet 服务

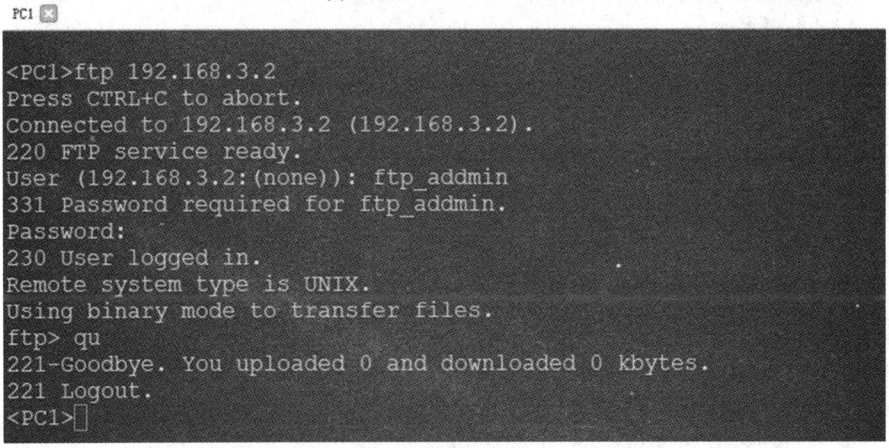

(b) PC1 登录 FTP 服务

图 5-12-15　PC1 登录 Telnet 和 FTP 服务

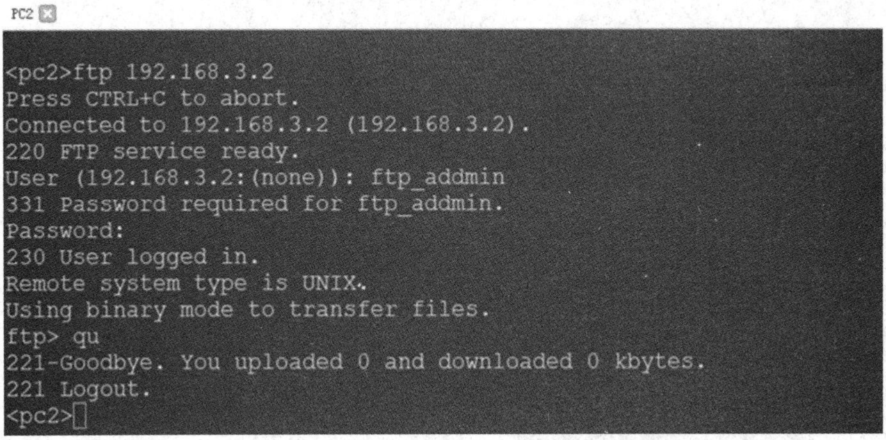

(a) PC2 登录 FTP 服务

```
<pc2>telnet 192.168.3.2
Trying 192.168.3.2 ...
Press CTRL+K to abort
Connected to 192.168.3.2 ...

*******************************************************************
*************
* Copyright (c) 2004-2017 New H3C Technologies Co., Ltd. All righ
ts reserved.*
* Without the owner's prior written consent,
            *
* no decompiling or reverse-engineering shall be allowed.
            *
*******************************************************************
*************

Password:
<Server1>
```

(b) PC2 登录 Telnet 服务

图 5-12-16　PC2 登录 FTP 和 Telnet 服务

(3) 为 Server1 配置高级 ACL：

```
[Server1]acl advanced 3000
[Server1-acl-ipv4-adv-3000]rule 1 deny tcp source 192.168.1.1 0 destination 192.168.3.2 0 destination-port eq ftp
[Server1-acl-ipv4-adv-3000]rule 2 deny tcp source 192.168.1.2 0 destination 192.168.3.2 0 destination-port eq telnet
[Server1-acl-ipv4-adv-3000]qu
[Server1]interface GigabitEthernet 0/0
[Server1-GigabitEthernet0/0]packet-filter 3000 inbound
[Server1-GigabitEthernet0/0]qu
```

验证：如图 5-12-17 所示，PC1 用 Telnet 登录服务器成功，FTP 则无法登录。

```
<PC1>ftp 192.168.3.2
Press CTRL+C to abort.
ftp: connect: Connection timed out
ftp>
ftp> qu
<PC1>telnet 192.168.3.2
Trying 192.168.3.2 ...
Press CTRL+K to abort
Connected to 192.168.3.2 ...

***********************************************************************
******
* Copyright (c) 2004-2017 New H3C Technologies Co., Ltd. All rights rese
rved.*
* Without the owner's prior written consent,
     *
* no decompiling or reverse-engineering shall be allowed.
     *
***********************************************************************
******

Password:
<Server1>qu
The connection was closed by the remote host!
<PC1>ftp 192.168.3.2
Press CTRL+C to abort.
ftp: connect: Connection timed out
ftp>
```

图 5-12-17　PC1 登录 FTP 和 Telnet 服务

(4) 配置 ACL，使 192.168.2.0 网段不允许访问服务器：

```
[Server1]acl basic 2000
[Server1-acl-ipv4-basic-2000]rule deny source 192.168.2.0 0.0.0.255
[Server1-acl-ipv4-basic-2000]qu
[Server1]interface GigabitEthernet 0/0
[Server1-GigabitEthernet0/0]packet-filter 2000 inbound
[Server1-GigabitEthernet0/0]qu
```

验证：如图 5-12-18 所示，PC3 ping 不通服务器。

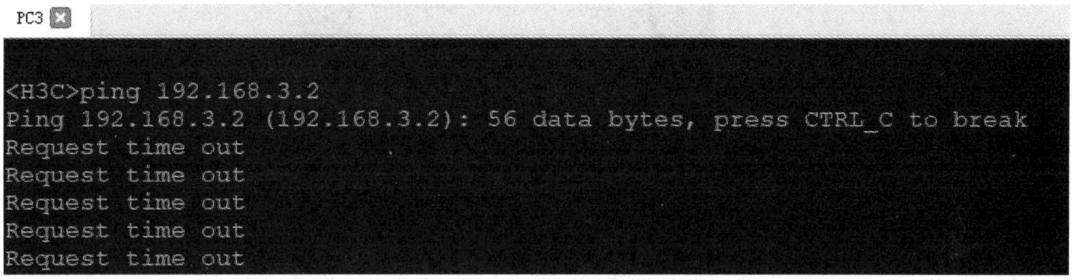

图 5-12-18　PC3 ping 不通服务器

总结与提高

高级 ACL 可以匹配的信息比基本 ACL 更多，如源/目标 IP 地址、协议类型、源/目标端口、TTL、地址类型等。由于高级 ACL 的匹配规则更复杂，因此其可以提供更细粒度的访问控制，如允许某个 IP 地址仅访问特定的应用程序或者端口。高级 ACL 通常应用在对网络流量进行深度控制的场景中，如防火墙、路由器等设备。

因此，基本 ACL 和高级 ACL 的选择应该根据网络环境和安全需求进行权衡。对于简单的内部网络环境，基本 ACL 足以满足需求；而对于较为复杂的网络环境和高安全等级的网络，高级 ACL 往往是更好的选择。

练习与巩固

1. 扩展 ACL 的范围是(　　)。
A. 2000～2999　　　　　B. 3000～3999　　　　　C. 4000～4999　　　　　D. 都不正确
2. 下面(　　)是 ACL 可以做到的。
A. 允许 125.36.0.0/16 网段的主机使用 FTP 协议访问主机 129.1.1.1
B. 不让任何主机使用 Telnet 登录
C. 拒绝一切数据包通过
D. 以上说法都不正确
3. 扩展 ACL 应该尽量应用在(　　)端。
A. 源端的 IN 方向　　　　　　　　　　　　B. 源端的 OUT 方向
C. 目标端的 IN 方向　　　　　　　　　　　D. 目标端的 OUT 方向
4. 为某 ACL 配置了下列 4 条 ACL 规则，如果设置其匹配次序为 auto，则系统首先将尝试用(　　)规则匹配数据包。

A. rule permit   source   192.18.0.0   0.0.0.63

B. rule deny source   192.18.0.1   0.0.0.15

C. rule permit source   192.18.0.1   255.255.255.255

D. rule deny source   192.18.0.1   0.0.1.255

5. 根据图 5-12-19 绘制拓扑，设置 PC 设备的 IP 地址、网关，设置路由器基础配置，在路由器 R2 上配置 Telnet 参数，在路由器 R1 上配置高级 ACL，不允许 ping 路由器 R2，但允许 Telnet 连接 R2，添加路由器当作 PC1 使用，进行测试。

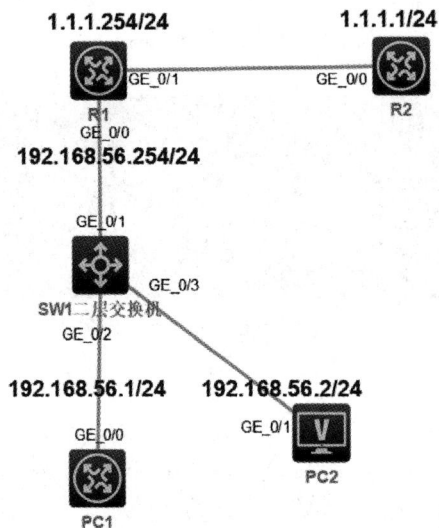

图 5-12-19   第 5 题图

任务 12.3   配置基于时间的 ACL

学习目标

1. 知识目标

(1) 能够进行基于时间的 ACL 准确性的检验。

(2) 能够描述基于时间的 ACL 的作用和基本规则。

2. 能力目标

(1) 能够在三层设备中利用基于时间的 ACL 过滤。

(2) 能够根据访问控制要求正确定义访问控制时间范围 time-range。

(3) 能够根据访问控制要求在网络中选择最佳的路由设备和接口配置基于时间的 ACL。

(4) 能够按照网络安全管理的基本规程进行操作。

3. 素质目标

(1) 培养遇到问题主动思考的能力。

(2) 培养在操作过程中团结互助的精神。

任务描述

如图 5-12-20 所示，某公司新配置了一台财务管理服务器，现经理提出如下要求：经理计算机可以随时访问服务器，财务部计算机在 8:00～17:00 工作时间可以访问服务器，保卫部不允许访问服务器。

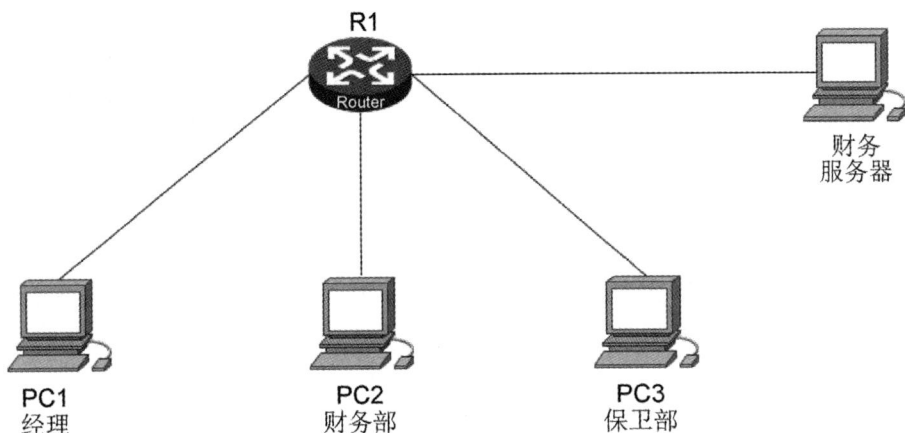

图 5-12-20　基于时间的 ACL 系统图

知识引导

在某些环境中可能会出现如下需求：在每个工作日(星期一到星期五)的 8:30～17:30 可以访问公司内部的某些服务，下班后和非工作日则不能访问。对于这种情况，标准 ACL 和扩展 ACL 无法满足控制需求，所以产生了基于时间的 ACL。基于时间的 ACL 从使用原则与语法上来说与基本 ACL 没有太大区别，不同之处仅在于其能使控制策略在不同的时间段生效。

基于时间的 ACL 是在原来基本 ACL 和扩展 ACL 中加入有效的时间范围来更合理、高效地控制网络流量的技术。其首先定义一个时间范围，然后在原来的各种 ACL 的基础上应用它。实现基于时间的 ACL 只需要两个步骤：第一步，定义时间范围；第二步，在 ACL 中用关键字 time-range 引用第一步定义的时间范围。

第一步：定义时间范围。定义时间范围又分为以下两个步骤。

在全局模式下用 time-range 命名时间范围，格式如下：

```
time-range time-range-name { start-time to end-time days [ from time1 date1 ] [ to time2 date2 ] |
from

time1 date1 [ to time2 date2 ] | to time2 date2 }
```

例如：

```
[R1]time-range working-time 08:00 to 17:00 working-day
```

第二步：配置 ACL 的控制语句，并将建立的时间表关联到 ACL 规则上。例如：

[R1-acl-ipv4-adv-3000]rule permit ip source 192.168.1.0 0.0.0.255 destination 1.1.1.1 0 **time-range
working-time**

📝 任务实施

(1) 参考图 5-12-21，在 HCL 中绘制网络拓扑。

(2) PC 的配置由读者自行完成。

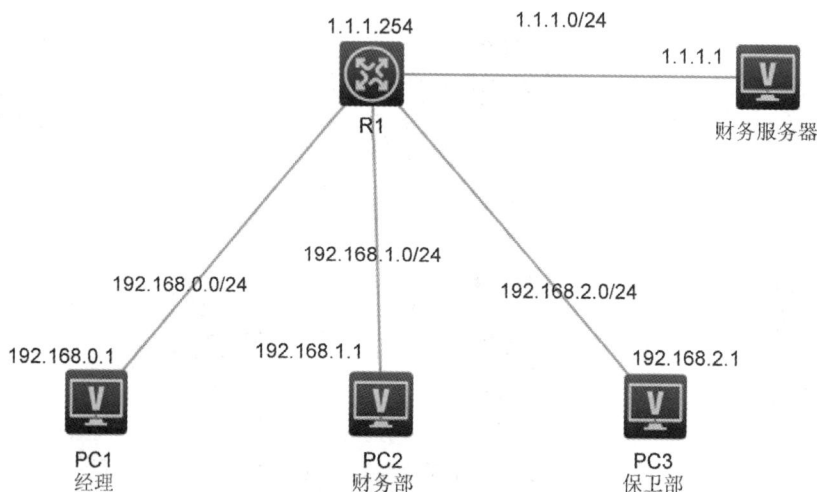

图 5-12-21 基于时间的 ACL 网络拓扑

(3) 配置 R1 路由器：

```
[H3C]sys R1
[R1]int g0/0
[R1-GigabitEthernet0/0]ip add 192.168.0.254 24
[R1-GigabitEthernet0/0]int g0/1
[R1-GigabitEthernet0/1]ip add 192.168.1.254 24
[R1-GigabitEthernet0/1]int g0/2
[R1-GigabitEthernet0/2]ip add 192.168.2.254 24
[R1-GigabitEthernet0/2]int g5/0
[R1-GigabitEthernet5/0]ip add 1.1.1.254 24
[R1-GigabitEthernet5/0]qu
[R1]time-range working-time 08:00 to 17:00 working-day    #时间段为工作日 8:00～17:00
[R1-acl-ipv4-adv-3000]rule permit ip source 192.168.0.0 0.0.0.255 destination 1.1.1.1 0
[R1-acl-ipv4-adv-3000]rule permit ip source 192.168.1.0 0.0.0.255 destination 1.1.1.1 0 time-range
working-time                    #财务部允许时间段访问
[R1-acl-ipv4-adv-3000]rule 6 deny ip source 192.168.1.0 0.0.0.255 destination 1.1.1.1 0
                     #财务部不允许访问
```

[R1-acl-ipv4-adv-3000]rule deny ip source 192.168.2.0 0.0.0.255 destination 1.1.1.1 0

[R1]int g5/0

[R1-GigabitEthernet5/0]packet-filter 3000 outbound

[R1]save

(4) 实验验证。

① 经理计算机可以访问服务器，如图 5-12-22 所示。

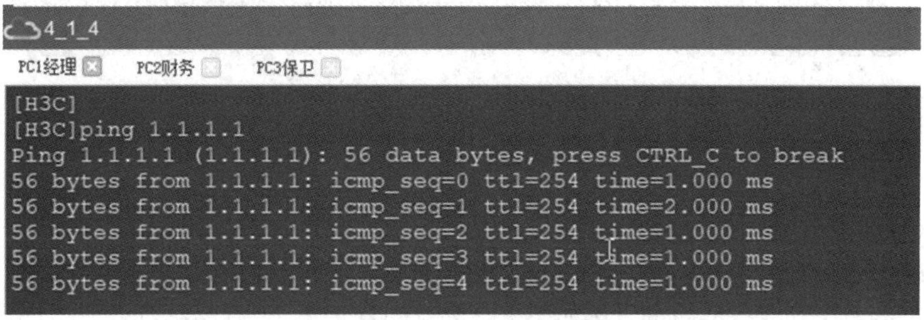

图 5-12-22　经理计算机可以 ping 通服务器

② 财务部计算机按时访问服务器。如图 5-12-23 所示，财务部计算机在工作时间能够 ping 通服务器，而在晚间则无法访问。

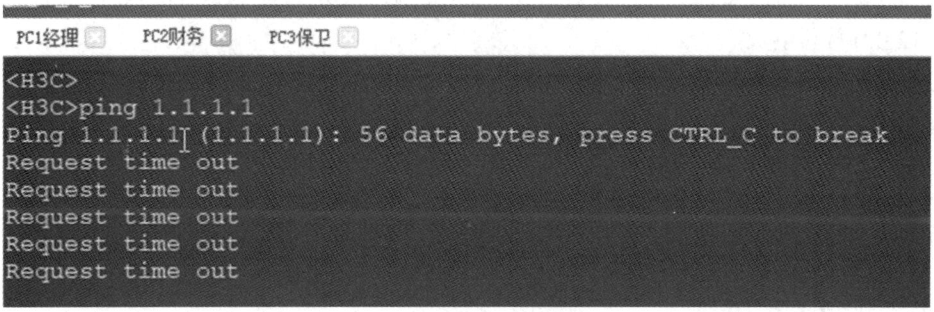

图 5-12-23　财务部计算机在非工作时间 ping 不通服务器

③ 保卫部计算机不能访问服务器，如图 5-12-24 所示。

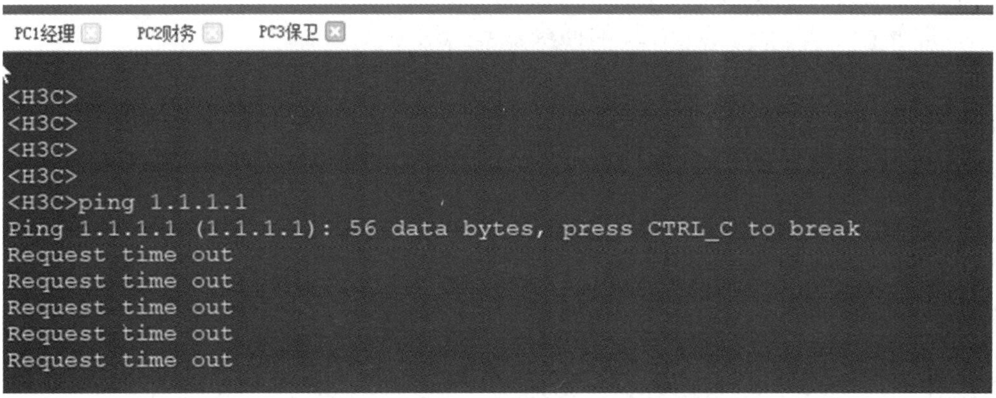

图 5-12-24　保卫部计算机 ping 不通服务器

④ 查看 ACL 配置。如图 5-12-25 所示，查看路由器 ACL 配置，可以发现共有 4 条规则，且能清楚地看到每条规则的编号。

图 5-12-25　查看路由器 ACL 配置

📖 总结与提高

默认情况下，ACL 一旦被应用到业务模块，就会一直生效。通过定义生效时间段，并将时间段与 ACL 规则关联，可以使 ACL 规则在某段时间范围内生效，从而达到使用基于时间的 ACL 来控制业务的目的。例如，在上班时间禁止员工访问互联网网站，避免影响工作；在网络流量高峰期限制 P2P/下载类业务的带宽，避免网络拥塞等。

在 ACL 规则中引用的生效时间段有如下两种模式：

(1) 周期时间段：以星期为参数定义时间范围，表示规则以一周为周期(如每周一的 8:00～12:00)循环生效。

(2) 绝对时间段：从某年某月某日的某一时间开始，到某年某月某日的某一时间结束，表示规则在这段时间范围内生效。

注意：删除生效时间段前，需要先删除关联生效时间段的 ACL 规则或者整个 ACL。

例如，在上述任务中 ACL 3000 中配置了 rule 5，该规则关联了时间段 working-time。如果需要删除时间段 working-time，则需先删除 rule 5 或者先删除 ACL 3000。

🐵 练习与巩固

1. 基于时间的 ACL 可以根据(　　)进行扩展 ACL 过滤。

A. 时间点　　　　　　　　　　B. 时间段

2. ACL 可以基于规则过滤数据包，对数据包进行(　　)操作。

A. 转发　　　　　　　　　B. 丢弃　　　　　　　　　　C. 转发或丢弃

3. 常规路由器容易遭受重定向攻击，应当在接口下配置 ACL 过滤相应报文，减少重定向攻击的影响。(　　)

A. True　　　　　　　　　B. False

项目 13　网络地址转换

随着计算机网络深入人们生活的各个领域，大型主机、个人计算机、笔记本、PDA、存储设备、路由器、交换机及各种网络设备都需要连接到 Internet 上，甚至有些家用电器也开始接入 Internet。IPv4 的地址空间严重不足，注册 IP 地址将要耗尽，而 Internet 的规模仍在持续增长。

解决 IPv4 地址空间不足的方案有多种，包括 VLSM、CIDR、NAT、DHCP 和 IPv6 等。其中，IPv6 被认为是解决 IP 地址不足的最终解决方案，NAT 转换技术是解决 IP 地址空间不足的暂时解决方案。

IETF 的建议是企业组网时不必申请内部公有地址，可以采用私有地址，在需要访问公网(Internet)时，采用 NAT 网关来掩蔽私有地址。

本项目在详细介绍 NAT 转换之前，首先简单介绍公有地址和私有地址。公有地址是指 Internet 上全局规划的 IP 地址，网段不能重叠，Internet 上的路由器可以转发目的地址为公有地址的报文。

在 IP 地址空间中，A 类、B 类、C 类的一些 IP 地址被保留为私有地址，私有地址不能在公网使用，只能在内网使用，Internet 上的路由器没有到私有地址的路由。

保留 A 类、B 类、C 类私有地址的范围如下：

A 类：10.0.0.0～10.255.255.255。

B类：172.16.0.0～172.31.255.255(16 个 B 类地址)。

C 类：192.168.0.0～192.168.255.255。

通过采用 NAT 转换技术，网络管理员能够在局域网内部使用私有地址空间，同时使用全球唯一的注册公有地址连接到 Internet 进行通信。在局域网内部通信使用私有地址，与 Internet 通信则通过 NAT 转换技术使用注册公有地址，既节省了注册公有地址，又能保证局域网与 Internet 的互联。

NAT 分类如图 5-13-1 所示，其中静态 NAT、动态 NAT、NAPT(Network Address Port Translation，网络地址端口转换)和 Easy IP 可以让用户从私网访问公网。

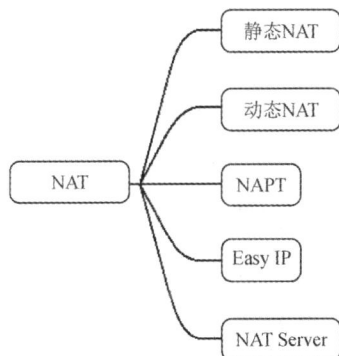

图 5-13-1　NAT 分类

任务 13.1   配置静态 NAT

学习目标

1. 知识目标

(1) 理解并掌握 NAT 的原理。

(2) 理解并掌握路由器静态 NAT 的特点。

2. 能力目标

(1) 能够熟练使用静态 NAT 的操作命令。

(2) 能够熟练配置静态 NAT。

3. 素养目标

(1) 培养网络安全意识。

(2) 培养在网络操作中认真仔细的好习惯。

任务描述

如图 5-13-2 所示，A 公司是一家小型企业，企业出口路由器 RTA 通过串口连接到电信运营商，电信运营商 ISP 给企业出口路由器接口分配的 IP 地址是 1.1.1.1/29，分配给企业用于地址翻译的地址段是 1.1.1.0/29，A 公司内部有 WWW、BBS 两台服务器需要对外提供服务。

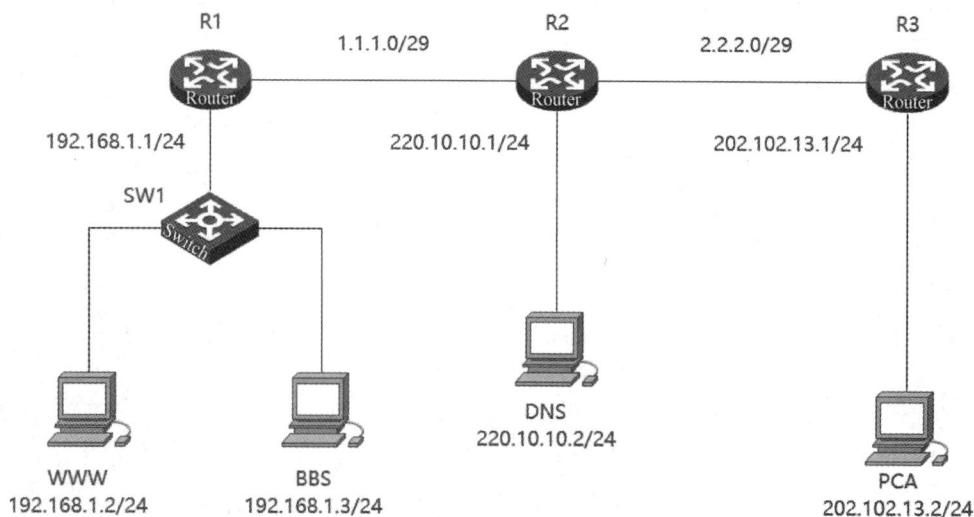

图 5-13-2   静态 NAT 系统

📄 知识引导

1. NAT 的作用和主要功能

NAT 是一个 IETF 标准，定义于 RFC 1631 文档，于 1994 年提出。

当在专用网内部的一些主机本来已经分配到了本地 IP 地址(仅在本专用网内使用的专用地址)，但又想和 Internet 上的主机通信(并不需要加密)时，就可使用 NAT 技术。

使用 NAT 技术时需要在专用网(私网 IP)连接到 Internet(公网 IP)的路由器上安装 NAT 软件。装有 NAT 软件的路由器称为 NAT 路由器，其至少有一个有效的外部全球 IP 地址(公网 IP 地址)。这样，所有使用本地地址(私网 IP 地址)的主机在和外界通信时，都要在 NAT 路由器上将其本地地址转换成全球 IP 地址，才能和 Internet 连接。

NAT 不仅能解决 IP 地址不足的问题，而且能够有效地避免来自网络外部的攻击，隐藏并保护网络内部的计算机。NAT 提供的主要功能如下：

(1) 宽带分享。NAT 主机的一项重要功能是允许用户通过将网络流量分配给多个网络设备来提高网络性能和可靠性。通过宽带分享，用户可以避免将网络流量汇聚在单个设备上，而是将它们分配给多个设备进行处理，从而减少网络拥塞和延迟。同时，宽带分享还可以提供更灵活的资源分配，满足不同用户的需求。通过宽带分享，NAT 主机可以实现高可用性和容错性，确保网络的安全和稳定。

(2) 安全防护。NAT 之内的 PC 联机到 Internet 中时，其所显示的 IP 是 NAT 主机的公共 IP，所以客户端的 PC 具有一定程度的安全性，外界在进行 portscan(端口扫描)时，将侦测不到源客户端的 PC。

2. NAT 技术的工作原理

当内部网络上的一台主机访问 Internet 上的一台主机时，内部网络主机发出的数据包的源 IP 地址是私有地址，该数据包到达某个路由器后，路由器使用事先设置好的注册公有 IP 地址替换私有地址。这样，该数据包的源 IP 地址就变成了互联网上唯一的公有 IP 地址，此数据包将被发送到互联网的目的主机处。互联网上的主机并不认为是内部网络中的主机在访问它，而认为是路由器在访问它，因为数据包的源 IP 地址是路由器的地址。

换句话说，在使用 NAT 技术之后，Internet 上的主机无法"看到"内部网络的地址，提高了内部网络的安全性。Internet 上的主机将把内部网主机所请求的数据以路由器的公有地址作为目的 IP 地址发送数据包，当该数据包到达路由器时，路由器再用内部网络主机的私有地址替换数据包的目的 IP 地址，并将该数据包发送给内部网络主机，实现内部网络主机和 Internet 主机之间的通信。

NAT 技术通过改变数据包中的 IP 地址，来实现内部网络使用私有地址的主机和 Internet 上使用公有地址的主机之间进行通信。

当内部网络有多台主机访问 Internet 上的多个目的主机时，路由器必须记住内部网络的哪一台主机访问 Internet 的哪一台主机，以防止在进行地址转换时将不同的连接混淆。所以，路由器将为 NAT 的众多连接建立一个表，即 NAT 表。

NAT 在进行地址转换时，依靠在 NAT 表中记录内部私有地址和外部公有地址的映射关系来保存地址转换的依据。当执行 NAT 操作时，路由器在进行某一个数据连接的第一个数据包的 NAT 操作时，将内部和外部地址的映射保留在 NAT 表中。在进行后续的 NAT 操作时，只需要查询该 NAT 表，就可以得知应该如何转换地址，而不会发生数据连接的混淆。

3. NAT 的实现方式

NAT 的实现方式分为静态 NAT、动态 NAT(只转换 IP 地址，不转换端口)、NAPT(同时转换 IP 地址和端口)、Easy IP(特殊的 NAPT)以及 NAT Server，这几种方式的对比如表 5-13-1 所示。

表 5-13-1　NAT 实现方式对比

地址转换方式	NAT 技术	转换地址是否一对一映射	是否有地址池	是否进行地址转换	是否进行端口转换
源 NAT	静态 NAT	是	否	是	否
源 NAT	动态 NAT	否	是	是	否
源 NAT	NAPT	否	是	是	是
源 NAT	Easy IP	否	否(使用出接口地址)	是	是
目的 NAT	NAT Server	不一定	否	是	不一定

4. 静态 NAT

静态 NAT 是指将内部网络的私有 IP 地址转换为公有 IP 地址，IP 地址对是一对一的，是一成不变的，某个私有 IP 地址只转换为某个公有 IP 地址。借助于静态转换，可以实现外部网络对内部网络中某些特定设备(如服务器)的访问。但是，在大型网络中，这种一对一的 IP 地址映射无法缓解公用地址短缺的问题。

静态 NAT 的工作原理如图 5-13-3 所示，源地址为 192.168.1.1 的报文需要发往公网地址 100.1.1.1。在网关 RTA 上配置了一个私网地址 192.168.1.1 到公网地址 200.10.10.1 的映射。当网关收到主机 A 发送的数据包后，会先将报文中的源地址 192.168.1.1 转换为 200.10.10.1，然后转发报文到目的设备，目的设备回复的报文目的地址是 200.10.10.1。当

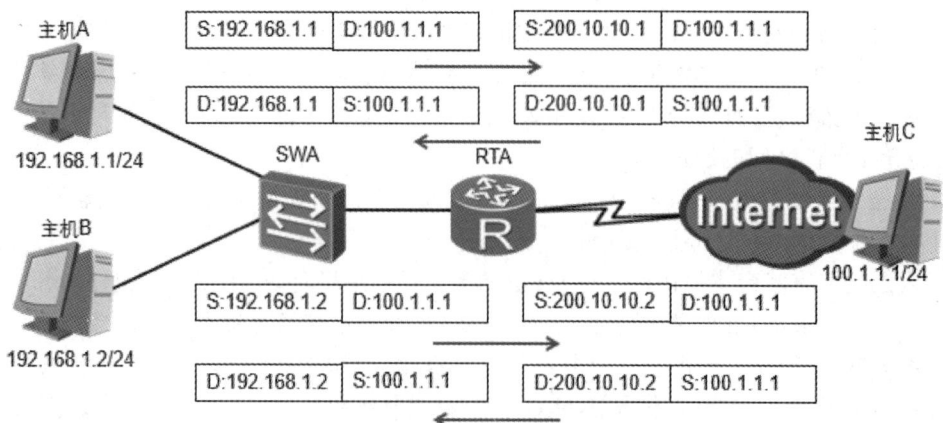

图 5-13-3　静态 NAT 的工作原理

网关收到回复报文后，也会执行静态 NAT，将 200.10.10.1 转换成 192.168.1.1，并转发报文到主机 A。和主机 A 在同一个网络中的其他主机，如主机 B，访问公网的过程也需要网关 RTA 进行静态 NAT。

注意：静态 NAT 以一对一的方式将私有地址映射到公有地址，因此，即使内网主机长时间离线或不发送数据，对应的公网地址仍然在使用。因此，静态 NAT 不保存 IP 地址。

5. 静态 NAT 配置步骤

(1) 数据包由内网向外网方向转换：

```
[system] nat static outbound ip-addr1 ip-addr2
```

其中，ip-addr1 为内网 IP 地址，ip-addr2 为外网 IP 地址。

(2) 数据包由外网向内网方向转换：

```
[system] nat static inbound ip-addr1 ip-addr2
```

(3) 端口使能 NAT：

```
[system -GigabitEthernet0/1]nat static enable
```

任务实施

(1) 参考图 5-13-4，使用 HCL 绘制网络拓扑。

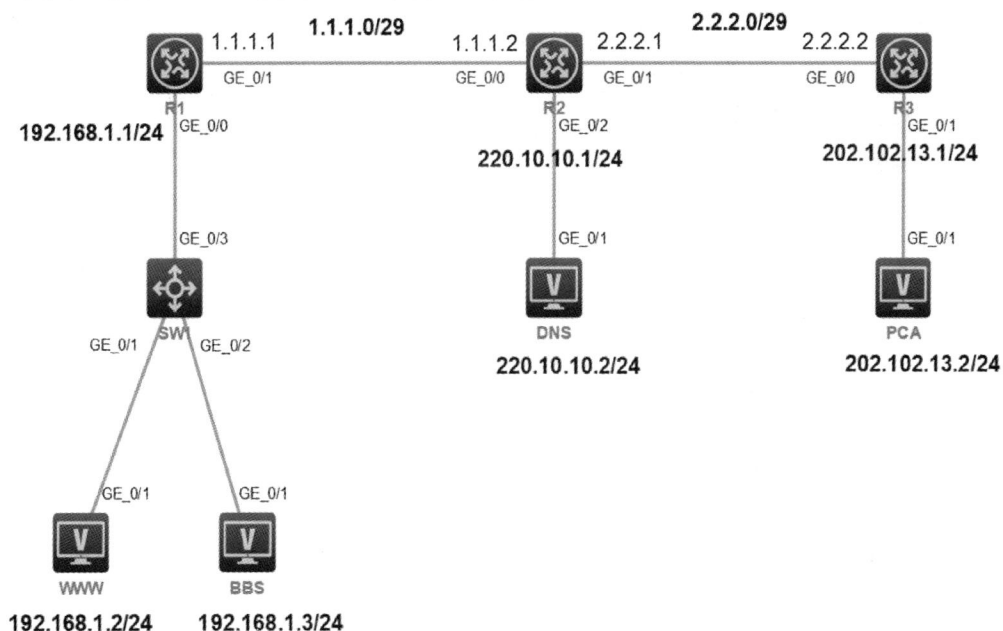

图 5-13-4　静态 NAT 拓扑

(2) PC 和服务器的 IP 地址配置由读者自行完成。

(3) 配置 R1 的 IP 地址和静态路由：

```
<H3C>u t m
The current terminal is disabled to display logs.
<H3C>sys
```

```
System View: return to User View with Ctrl+Z.
[H3C]sysname R1
[R1]int g0/0
[R1-GigabitEthernet0/0]ip add 192.168.1.1 24
[R1-GigabitEthernet0/0]int g0/1
[R1-GigabitEthernet0/1]ip add 1.1.1.1 29
[R1-GigabitEthernet0/1]qu
[R1]ip route-static 0.0.0.0   0   1.1.1.2
```

(4) 配置 R2 的 IP 地址和静态路由:

```
<H3C>u t m
The current terminal is disabled to display logs.
<H3C>sys
System View: return to User View with Ctrl+Z.
[H3C]sysname R2
[R2]int g0/0
[R2-GigabitEthernet0/0]ip add 1.1.1.2 29
[R2-GigabitEthernet0/0]int g0/1
[R2-GigabitEthernet0/1]ip add 2.2.2.1 29
[R2-GigabitEthernet0/1]int g0/2
[R2-GigabitEthernet0/2]ip add 220.10.10.1 24
[R2-GigabitEthernet0/2]qu
[R2]ip route-static 202.102.13.0 24 2.2.2.2
[R2]ip route-static 0.0.0.0 0 1.1.1.1
```

(5) 配置 R3 的 IP 地址和静态路由:

```
<H3C>u t m
The current terminal is disabled to display logs.
<H3C>sys
System View: return to User View with Ctrl+Z.
[H3C]sysname R3
[R3]int g0/0
[R3-GigabitEthernet0/0]ip add 2.2.2.2 24
[R3-GigabitEthernet0/0]int g0/1
[R3-GigabitEthernet0/1]ip add 220.102.13.1 24
[R3-GigabitEthernet0/1]qu
[R3]ip route-static   220.10.10.0 24 2.2.2.1
[R3]ip route-static   1.1.1.0 30 2.2.2.1
[R3]ip route-static   0.0.0.0 0 2.2.2.1
```

(6) 在 R1 上配置静态 NAT：

```
[R1]nat static outbound 192.168.1.2 1.1.1.3
[R1]nat static inbound   1.1.1.3   192.168.1.2
[R1]nat static outbound 192.168.1.3 1.1.1.4
[R1]nat static inbound   1.1.1.4   192.168.1.3
[R1] int g0/0
[R1-GigabitEthernet0/1]nat static enable
[R1-GigabitEthernet0/1]qu
[R1]qu
<R1>save
```

(7) 验证结果。

① PCA 可 ping 通 DNS 服务器，如图 5-13-5 所示。

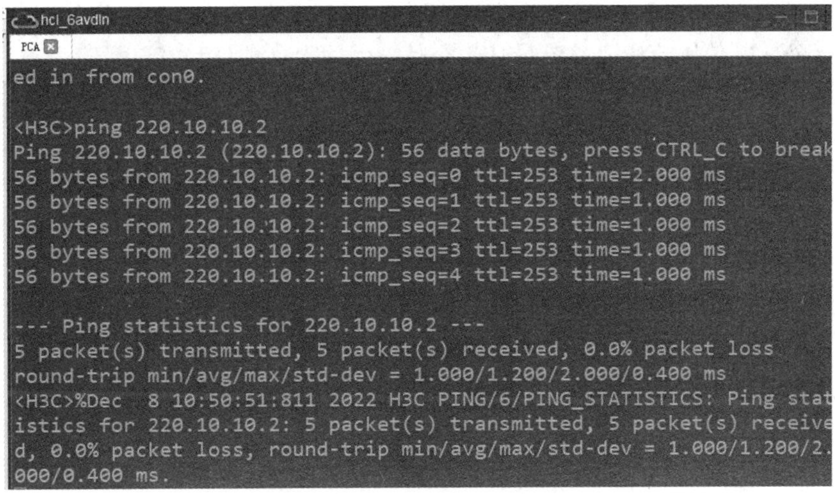

```
ed in from con0.

<H3C>ping 220.10.10.2
Ping 220.10.10.2 (220.10.10.2): 56 data bytes, press CTRL_C to break
56 bytes from 220.10.10.2: icmp_seq=0 ttl=253 time=2.000 ms
56 bytes from 220.10.10.2: icmp_seq=1 ttl=253 time=1.000 ms
56 bytes from 220.10.10.2: icmp_seq=2 ttl=253 time=1.000 ms
56 bytes from 220.10.10.2: icmp_seq=3 ttl=253 time=1.000 ms
56 bytes from 220.10.10.2: icmp_seq=4 ttl=253 time=1.000 ms

--- Ping statistics for 220.10.10.2 ---
5 packet(s) transmitted, 5 packet(s) received, 0.0% packet loss
round-trip min/avg/max/std-dev = 1.000/1.200/2.000/0.400 ms
<H3C>%Dec  8 10:50:51:811 2022 H3C PING/6/PING_STATISTICS: Ping stat
istics for 220.10.10.2: 5 packet(s) transmitted, 5 packet(s) receive
d, 0.0% packet loss, round-trip min/avg/max/std-dev = 1.000/1.200/2.
000/0.400 ms.
```

图 5-13-5　ping 通 DNS 服务器

② PCA 可 ping 通内网 BBS 服务器，如图 5-13-6 所示。在 5 个返回包中，有 4 个包来自 IP 地址 1.1.1.4，而该地址正是 192.168.1.3 NAT 转换后的地址。

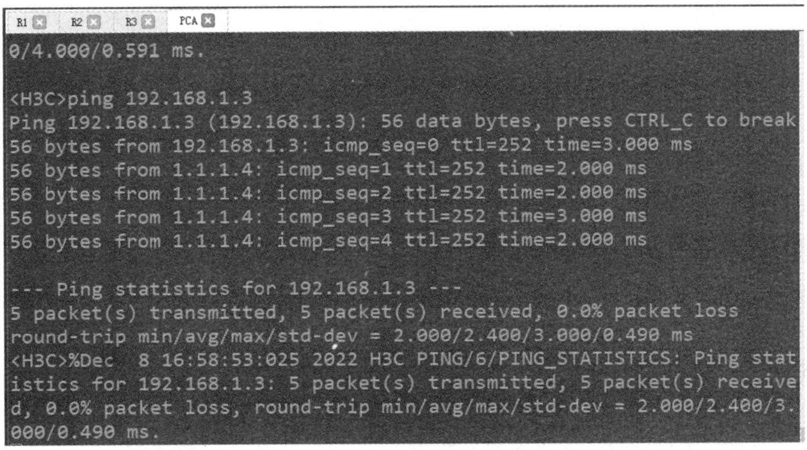

```
0/4.000/0.591 ms.

<H3C>ping 192.168.1.3
Ping 192.168.1.3 (192.168.1.3): 56 data bytes, press CTRL_C to break
56 bytes from 192.168.1.3: icmp_seq=0 ttl=252 time=3.000 ms
56 bytes from 1.1.1.4: icmp_seq=1 ttl=252 time=2.000 ms
56 bytes from 1.1.1.4: icmp_seq=2 ttl=252 time=2.000 ms
56 bytes from 1.1.1.4: icmp_seq=3 ttl=252 time=3.000 ms
56 bytes from 1.1.1.4: icmp_seq=4 ttl=252 time=2.000 ms

--- Ping statistics for 192.168.1.3 ---
5 packet(s) transmitted, 5 packet(s) received, 0.0% packet loss
round-trip min/avg/max/std-dev = 2.000/2.400/3.000/0.490 ms
<H3C>%Dec  8 16:58:53:025 2022 H3C PING/6/PING_STATISTICS: Ping stat
istics for 192.168.1.3: 5 packet(s) transmitted, 5 packet(s) receive
d, 0.0% packet loss, round-trip min/avg/max/std-dev = 2.000/2.400/3.
000/0.490 ms.
```

图 5-13-6　ping 通 BBS 服务器

③ 查看 R1 上的 NAT 会话，如图 5-13-7 所示，共有两条会话，都进行了 NAT 转换。

```
PCA X    R1 X
dis nat session brief
Slot 0:
Protocol    Source IP/port          Destination IP/port    Global IP/port
ICMP        192.168.1.3/161         202.102.13.2/0         1.1.1.4/2048
ICMP        1.1.1.4/161             202.102.13.2/0         192.168.1.3/2048

Total sessions found: 2
```

图 5-13-7　查看简要 NAT 会话

总结与提高

NAT 旨在通过将一个外部 IP 地址和端口映射到更大的内部 IP 地址集来转换 IP 地址。基本上，NAT 使用流量表将流量从一个外部(主机)IP 地址和端口号路由到与网络上的终节点关联的正确内部 IP 地址。NAT 不仅能解决 IP 地址不足的问题，而且能够有效地避免来自网络外部的攻击，隐藏并保护网络内部的计算机。

NAT 的优势如下：

(1) 增加了内网服务器的安全性。

(2) 节省了合法的公有地址消耗。

(3) 在网络发生变化时避免重新编址。在不使用 NAT 和私网的情况下，当公网地址发生变动时，需要对已经编址的所有服务器都重新进行编号，该过程十分烦琐，而 NAT 的存在可避免公网地址变动带来的这一负面效果。

NAT 的劣势如下：

(1) 影响性能：由于使用 NAT 时会进行地址转换，因此必然会导致信息和数据传输的延迟。

(2) 无法溯源：由于 NAT 对地址进行了转换，因此在进行端对端访问时，能获取到的只是 NAT 转换过来的地址，而不是对方的真实地址。

练习与巩固

1. 下面关于 IP 地址的说法，正确的是(　　)。

A. IP 地址由网络号和主机号两部分组成

B. A 类 IP 地址的网络号有 8 bit，实际的可变位数为 7 bit

C. D 类 IP 地址通常作为组播地址

D. NAT 技术通常用于解决 A 类地址到 C 类地址的转换

2. 使用 NAT 技术的两个好处是(　　)。

A. 可以节省公网 IP 地址

B. 可以增强网络的安全性和私密性

C. 可以增强路由性能

D. 可以降低路由问题故障排除的难度

3. 下列(　　)地址是内网地址。

A. 10.0.0.11

B. 192.168.10.23

C. 209.165.20.25

D. 网络 10.1.1.0 中的任意地址

4. 主管要求技术人员在尝试排除 NAT 连接故障之前总是要清除所有动态转换的理由是(　　)。

A. 主管希望清除所有的机密信息，以免被技术人员看见

B. 因为转换条目可能在缓存中存储很长时间，主管希望避免技术人员根据过时数据进行决策

C. 转换表可能装满，只有清理出空间后才能进行新的转换

D. 清除转换会重新读取启动配置，这可以纠正已发生的转换错误

5. 使用 HCL 搭建图 5-13-8 所示的拓扑，并配置实现内网到外网静态一对一转换。

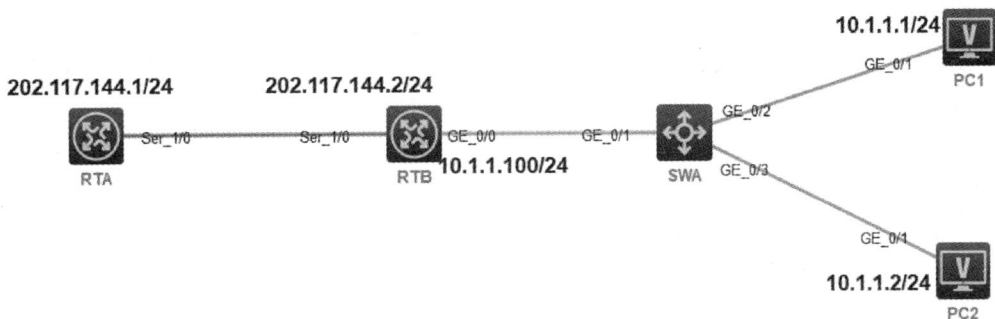

图 5-13-8　第 5 题图

任务 13.2　配置动态 NAT

学习目标

1. 知识目标

(1) 了解动态 NAT 的工作原理。

(2) 掌握动态 NAT 和静态 NAT 的区别。

2. 能力目标

(1) 能够配置 NAT 地址池。

(2) 能够将 ACL 和地址池关联。

(3) 配置出错后能够进行调试。

3. 素质目标

(1) 培养网络信息安全意识。

(2) 培养分析问题和解决问题的能力。

任务描述

如图 5-13-9 所示，某公司内网有 4 台 PC，通过交换机与路由器相连。公司网络使用光纤专线接入中国联通，联通分配的地址为 202.0.0.1～202.0.0.5，公司将其中的 202.0.0.5 作为出接口地址，将 202.0.0.1～202.0.0.4 作为联通地址池。要求内网的 PC 能够通过出口路由器访问公网的服务器。

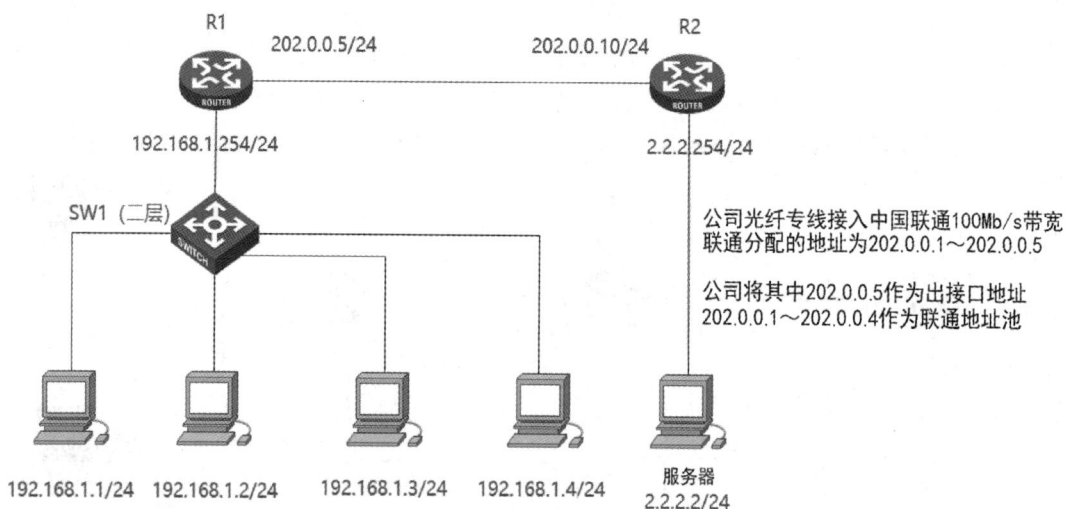

图 5-13-9　动态 NAT 拓扑

知识引导

1. 动态 NAT

为避免地址浪费，动态 NAT 提出了地址池，地址池中是所有可用的公共地址。动态 NAT 是指内部网络和外部网络之间的地址映射关系在建立连接时动态产生。该方式通常适用于内部网络有大量用户需要访问外部网络的组网环境。

动态 NAT 也被称为 No-PAT(Not Port Address Translation)模式，在该模式下，一个外网地址同一时间只能分配给一个内网地址进行地址转换，不能同时被多个内网地址共用。当使用某外网地址的内网用户停止访问外网时，NAT 会将其占用的外网地址释放并分配给其他内网用户使用。该模式下，NAT 设备只对报文的 IP 地址进行 NAT 转换，同时会建立一个 No-PAT 表项用于记录 IP 地址映射关系，并可支持所有 IP 协议的报文。

使用动态 NAT 后，公网地址和私网地址仍然是一一对应的，无法提高公网地址的利用率。

注意：公网地址和私网地址之间的一对一映射是临时建立的，PC 通过路由器翻译出来的公网 IP 地址是公网地址池中一个暂时空闲的公网 IP 地址。因此，动态 NAT 只支持单向访问，只能从内网访问公网。

动态 NAT 的工作原理如图 5-13-10 所示。源地址为 10.0.0.1 的报文需要发往公网地址 198.76.29.4。在网关 RTA 上配置了一个 NAT 地址表。当网关 RTA 收到主机 A 发送的数据包后，会先将报文中的源地址 10.0.0.1 转换为 198.76.28.11，然后将转换完的报文转发到目的设备，目的设备回复的报文目的地址是 198.76.28.11。当网关 RTA 收到回复报文后，也会查询 NAT 地址表，执行动态 NAT 转换，将 198.76.28.11 转换成 10.0.0.1，并转发报文到主机 A。和主机 A 在同一个网络中的其他主机，如主机 B，访问公网的过程也需要网关 RTA 进行动态 NAT 转换。

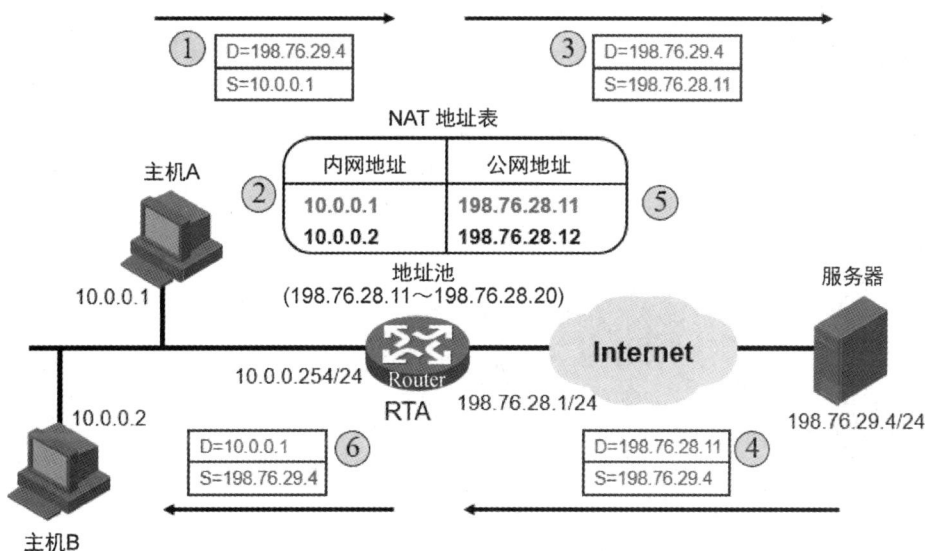

图 5-13-10　动态 NAT 的工作原理

2. 动态 NAT 配置步骤

(1) 配置 ACL：用于判断哪些数据包的地址应被转换。被 ACL 允许(permit)的报文将被进行 NAT 转换，被拒绝(deny)的报文将不会被转换。

(2) 配置地址池：

```
nat address-group group-number
address start-address end-address
```

(3) 配置 NAT 转换：

```
nat outbound acl-number address-group group-number no-pat
```

📝 任务实施

(1) 参考图 5-13-11，使用 HCL 绘制网络拓扑。

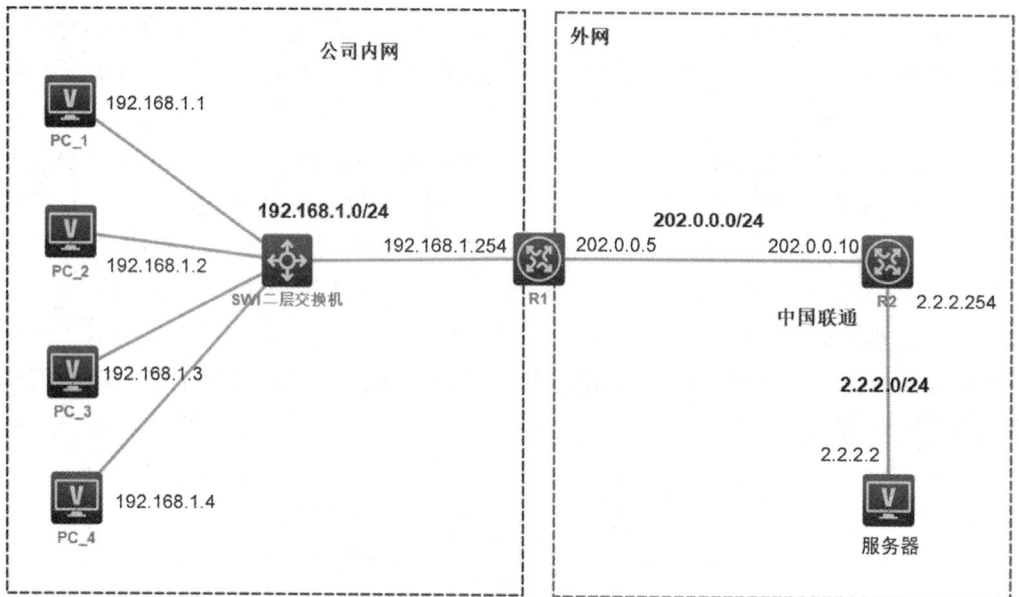

图 5-13-11　动态 NAT 拓扑

(2) PC 和服务器的 IP 地址配置由读者自行完成。

(3) 配置网关路由器 R1：

```
<H3C>sys

[H3C]sys R1

[R1]int g0/0

[R1-GigabitEthernet0/0]ip add 192.168.1.254 24

[R1-GigabitEthernet0/0]qu

[R1]acl basic 2000

[R1-acl-ipv4-basic-2000]rule permit source 192.168.1.0 0.0.0.255

[R1-acl-ipv4-basic-2000]qu

[R1]nat address-group 1                    #新建 NAT 地址池 1

[R1-address-group-1]address 202.0.0.1 202.0.0.4    #配置地址池范围

[R1]int g0/1

[R1-GigabitEthernet0/1]ip add 202.0.0.5 24

[R1-GigabitEthernet0/1]nat outbound 2000 address-group 1 no-pat

    #NAT 端口应用于出方向，并将 ACL 2000 和地址池 1 关联，转换模式为 no-pat

[R1-GigabitEthernet0/1]qu

[R1]ip route-static 0.0.0.0 0 202.0.0.10

[R1]save

The current configuration will be written to the device. Are you sure? [Y/N]:y
```

(4) 配置路由器 R2：

```
<H3C>sys
```

```
[H3C]sys R2
[R2]int g0/0
[R2-GigabitEthernet0/0]ip add 202.0.0.10 24
[R2-GigabitEthernet0/0]int g0/1
[R2-GigabitEthernet0/1]ip add 2.2.2.254 24
[R2-GigabitEthernet0/1]save
The current configuration will be written to the device. Are you sure? [Y/N]:y
```

(5) 实验验证。

① 抓包分析。用 PC1、PC2 和 PC3 ping 服务器，在 R1 的 g0/1 端口抓包，如图 5-13-12 所示，发现出接口的源地址为设置的联通地址池中的地址。

Time	Source	Destination	Protocol	Length	Info
70 2493.786209	202.0.0.4	2.2.2.2	ICMP	98	Echo (ping) request id=0x00ab, seq=4/1024, ttl=254 (reply in 71)
68 2493.583139	202.0.0.4	2.2.2.2	ICMP	98	Echo (ping) request id=0x00ab, seq=3/768, ttl=254 (reply in 69)
65 2493.379455	202.0.0.4	2.2.2.2	ICMP	98	Echo (ping) request id=0x00ab, seq=2/512, ttl=254 (reply in 66)
63 2493.175517	202.0.0.4	2.2.2.2	ICMP	98	Echo (ping) request id=0x00ab, seq=1/256, ttl=254 (reply in 64)
61 2492.971956	202.0.0.4	2.2.2.2	ICMP	98	Echo (ping) request id=0x00ab, seq=0/0, ttl=254 (reply in 62)
58 2491.793376	202.0.0.3	2.2.2.2	ICMP	98	Echo (ping) request id=0x00ab, seq=4/1024, ttl=254 (reply in 59)
56 2491.589615	202.0.0.3	2.2.2.2	ICMP	98	Echo (ping) request id=0x00ab, seq=3/768, ttl=254 (reply in 57)
53 2491.385835	202.0.0.3	2.2.2.2	ICMP	98	Echo (ping) request id=0x00ab, seq=2/512, ttl=254 (reply in 54)
51 2491.181260	202.0.0.3	2.2.2.2	ICMP	98	Echo (ping) request id=0x00ab, seq=1/256, ttl=254 (reply in 52)
49 2490.976175	202.0.0.3	2.2.2.2	ICMP	98	Echo (ping) request id=0x00ab, seq=0/0, ttl=254 (reply in 50)
46 2489.669335	202.0.0.2	2.2.2.2	ICMP	98	Echo (ping) request id=0x00ab, seq=4/1024, ttl=254 (reply in 47)
44 2489.465595	202.0.0.2	2.2.2.2	ICMP	98	Echo (ping) request id=0x00ab, seq=3/768, ttl=254 (reply in 45)
41 2489.261701	202.0.0.2	2.2.2.2	ICMP	98	Echo (ping) request id=0x00ab, seq=2/512, ttl=254 (reply in 42)
39 2489.057071	202.0.0.2	2.2.2.2	ICMP	98	Echo (ping) request id=0x00ab, seq=1/256, ttl=254 (reply in 40)
37 2488.849975	202.0.0.2	2.2.2.2	ICMP	98	Echo (ping) request id=0x00ab, seq=0/0, ttl=254 (reply in 38)
28 2486.848979	202.0.0.1	2.2.2.2	ICMP	98	Echo (ping) request id=0x00ad, seq=4/1024, ttl=254 (reply in 29)
26 2486.645361	202.0.0.1	2.2.2.2	ICMP	98	Echo (ping) request id=0x00ad, seq=3/768, ttl=254 (reply in 27)
24 2486.440824	202.0.0.1	2.2.2.2	ICMP	98	Echo (ping) request id=0x00ad, seq=2/512, ttl=254 (reply in 25)
22 2486.236096	202.0.0.1	2.2.2.2	ICMP	98	Echo (ping) request id=0x00ad, seq=1/256, ttl=254 (reply in 23)
19 2486.031579	202.0.0.1	2.2.2.2	ICMP	98	Echo (ping) request id=0x00ad, seq=0/0, ttl=254 (reply in 21)

图 5-13-12　抓包分析

② 在 R1 路由器输入命令 display nat session brief，查看 NAT 会话情况。如图 5-13-13 所示，可以看出共有 4 条会话，4 个源地址与 4 个公网地址一一对应。

```
<R1>display nat session brief
Slot 0: 协议        源IP/端口           目标IP/端口          全局IP/端口
Protocol   Source IP/port     Destination IP/port   Global IP/port
ICMP       192.168.1.1/183    2.2.2.2/2048          202.0.0.4/0
ICMP       192.168.1.2/182    2.2.2.2/2048          202.0.0.3/0
ICMP       192.168.1.3/181    2.2.2.2/2048          202.0.0.2/0
ICMP       192.168.1.4/181    2.2.2.2/2048          202.0.0.1/0
Total sessions found: 4
```

图 5-13-13　查看 NAT 会话情况

总结与提高

动态 NAT 是指将内部网络的私有 IP 地址转换为公用 IP 地址时，IP 地址对是不确定的，是随机的，所有被授权访问 Internet 的私有 IP 地址可随机转换为任何指定的合法 IP 地址。也就是说，只要指定哪些内部地址可以进行转换以及用哪些合法地址作为外部地址，就可以进行动态 NAT 转换。

使用公有地址池，并以先到先得的原则分配这些地址。当具有私有 IP 地址的主机请求访问 Internet 时，动态 NAT 从地址池中选择一个未被其他主机占用的 IP 地址，进行一对一的转换。当数据会话结束后，路由器会释放公有 IP 地址，回到地址池，以提供其他内部私有 IP 地址的转换。当同一时刻地址池中的地址被 NAT 转换完毕后，其他私有地址不能被 NAT 转换。

一般公司内网中有设备需要访问公网时，就必须要进行 NAT 转换，把内网的 IP 地址转换成公网的 IP 地址，这时就需要使用动态 NAT。

练习与巩固

1. 使用(   )命令查看 NAT 表项。

A. display nat table

B. display nat entry

C. display nat

D. display nat session

2. 在 MSR 路由器上，可以使用(   )命令清除 NAT 会话表项。

A. clear nat

B. clear nat session

C. reset nat session

D. reset nat table

3. 在配置完 NAPT 后，发现有些内网地址始终可以 ping 通外网，有些则始终不能，可能的原因有(   )。

A. ACL 设置不正确

B. NAT 的地址池只有一个地址

C. NAT 设备性能不足

D. NAT 配置没有生效

4. 使用 HCL 搭建图 5-13-14 所示的拓扑图，并进行动态 NAT 配置，用 PC1 测试是否可 ping 通外网，并查看 RTB 的 NAT 会话信息。

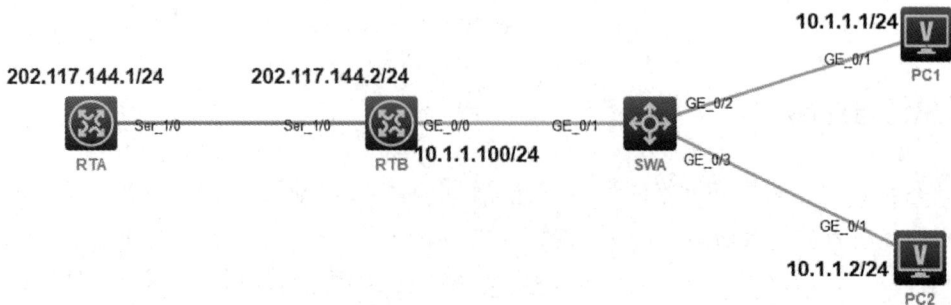

图 5-13-14   第 4 题图

任务 13.3　配置 NAPT

学习目标

1. 知识目标

(1) 了解 NAPT 的工作过程。

(2) 掌握动态 NAPT 和动态 NAT 的区别。

2. 能力目标

(1) 能够学会 NAPT 配置。

(2) 配置出错后能够进行调试。

3. 素质目标

(1) 培养网络信息安全意识。

(2) 培养分析问题和解决问题的能力。

任务描述

如图 5-13-15 所示，某公司内部有两个部门，分属于两个 VLAN，连接到三层交换机上。现设计网络，使得这两个部门的 PC 都能够通过联通运营商访问百度服务器。设计将公司路由器出接口地址设置为 202.0.0.5，地址池设置为 202.0.0.1，使用 NAPT 方式连接外网，其余地址保留。

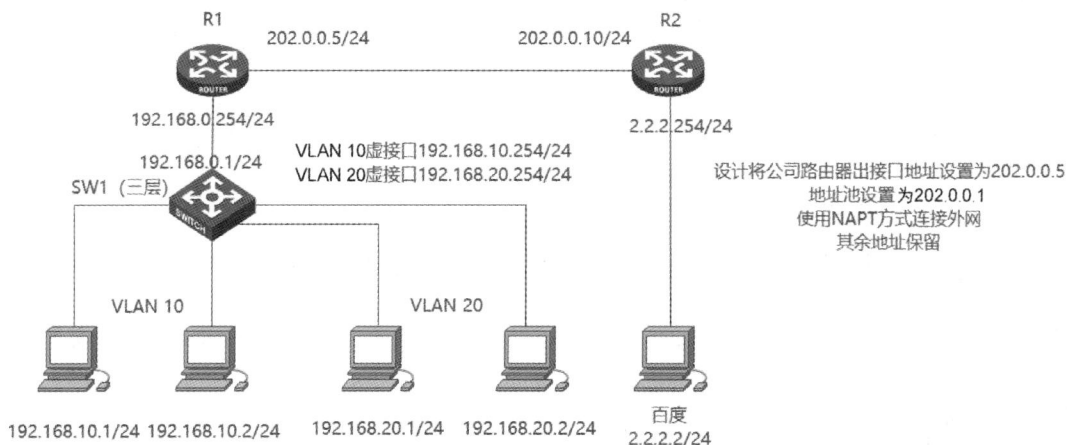

图 5-13-15　任务拓扑

▤ 知识引导

1. NAPT 的工作原理

NAPT 方式属于多对一的地址转换，其通过使用"IP 地址+端口号"的形式进行转换，使多个私网用户可共用一个公网 IP 地址访问外网，因此是地址转换实现的主要形式。

NAPT 的工作原理如图 5-13-16 所示。开启 NAPT 后，首先，路由器会生成动态地址和端口映射表。出口路由器的公网 IP 地址池只有一个公网 IP 地址。主机 A 访问 Internet 上的 Web 服务器时，数据包携带源端口、目的端口、源地址和目的地址参数到路由器。然后，路由器进行公网地址转换和源端口转换(198.76.28.11:2001)。另外，转换后的端口号和公网 IP 地址都记录在动态地址和端口映射表中。最后，主机 A 访问 Internet。

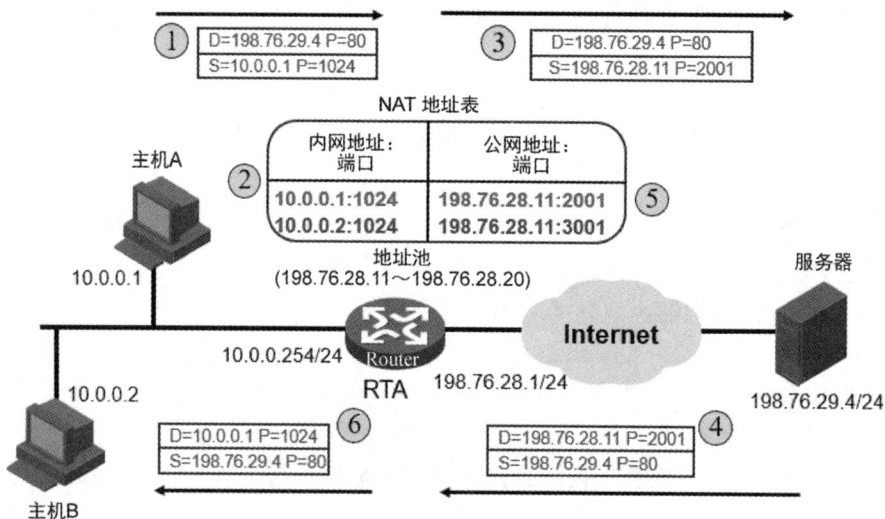

图 5-13-16   NAPT 的工作原理

当 Web Server 返回数据时，数据包也携带这些参数到路由器。路由器查询动态地址和端口映射表，将数据包发送给主机 A。

主机 B 访问 Web 服务器的过程与上述相同，它的源 IP 地址和端口被转换成 198.76.28.11:3001。

NAPT 翻译传输层端口号，区分内网终端，使多个私网 IP 地址共享一个公网 IP 地址，从而节省 IP 地址。

2. NAPT 配置步骤

NAPT 的配置步骤和动态 NAT 的配置步骤基本相同，唯一的区别是配置地址转换的命令不同，如下：

```
nat outbound acl-number address-group group-number
```

▤ 任务实施

(1) 参考图 5-13-17，使用 HCL 绘制网络拓扑。

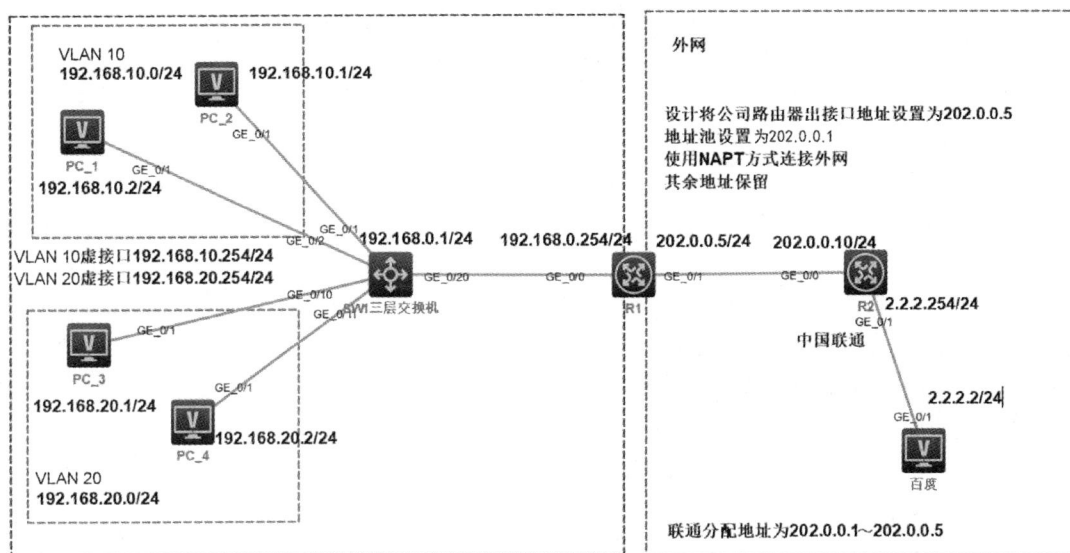

图 5-13-17　NAPT 网络拓扑

(2) PC 和服务器的 IP 地址配置由读者自行完成。

(3) 配置三层交换机 SW1：

```
<H3C>sys
[H3C]sys SW1
[SW1]vlan 10
[SW1-vlan10]port g1/0/1 g1/0/2
[SW1-vlan10]vlan 20
[SW1-vlan20]port g1/0/10 g1/0/11
[SW1-vlan20]qu
[SW1]int vlan 10
[SW1-vlan-interface10]ip add 192.168.10.254 24
[SW1-vlan-interface10]int vlan 20
[SW1-vlan-interface20]ip add 192.168.20.254 24
[SW1-vlan-interface20]int g1/0/20
[SW1-GigabitEthernet1/0/20]port link-mode route
[SW1-GigabitEthernet1/0/20]ip add 192.168.0.1 24
[SW1]ip route-static 0.0.0.0 0 192.168.0.254
[SW1]save
The current configuration will be written to the device. Are you sure? [Y/N]:y
```

(4) 配置网关路由器 R1：

```
<H3C>sys
[H3C]sys R1
[R1]acl basic 2000
```

```
[R1-acl-ipv4-basic-2000]rule permit source 192.168.10.0 0.0.0.255
[R1-acl-ipv4-basic-2000]rule permit source 192.168.20.0 0.0.0.255
[R1-acl-ipv4-basic-2000]qu
[R1]nat address-group 1
[R1-address-group-1]add 202.0.0.1 202.0.0.1      #在地址池中设置一个 IP 地址
[R1-address-group-1]qu
[R1]int g0/0
[R1-GigabitEthernet0/0]ip add 192.168.0.254 24
[R1-GigabitEthernet0/0]int g0/1
[R1-GigabitEthernet0/1]ip add 202.0.0.5 24
[R1-GigabitEthernet0/1]nat outbound 2000 address-group 1
                #在接口出方向关联 acl 2000 和地址池 1
[R1-GigabitEthernet0/1]qu
[R1]ip route-static 0.0.0.0 0 202.0.0.10
[R1]ip route-static 192.168.10.0 24 192.168.0.1
[R1]ip route-static 192.168.20.0 24 192.168.0.1
[R1]save
The current configuration will be written to the device. Are you sure? [Y/N]:y
```

(5) 配置路由器 R2：

```
<H3C>sys
[H3C]sys R2
[R2]int g0/0
[R2-GigabitEthernet0/0]ip add 202.0.0.10 24
[R2-GigabitEthernet0/0]int g0/1
[R2-GigabitEthernet0/1]ip add 2.2.2.254 24
[R2-GigabitEthernet0/1]save
The current configuration will be written to the device. Are you sure? [Y/N]:y
```

(6) 实验验证。

PC 可 ping 通地址 2.2.2.2，图略。

查看 NAT 会话，如图 5-13-18 所示，内网中的 4 个 IP 地址(Source IP)经过 NAT 后，全部转换成公网地址 202.0.0.1，该地址就是地址池中配置的唯一公网 IP 地址。

```
[R1]display nat session brief
Slot 0:
Protocol    Source IP/port        Destination IP/port    Global IP/port
ICMP        192.168.20.2/171      2.2.2.2/2048           202.0.0.1/0
ICMP        192.168.20.1/171      2.2.2.2/2048           202.0.0.1/0
ICMP        192.168.10.2/176      2.2.2.2/2048           202.0.0.1/0
ICMP        192.168.10.1/184      2.2.2.2/2048           202.0.0.1/0
Total sessions found: 4
```

图 5-13-18 查看 NAT 会话

任务拓展

1. Easy IP

Easy IP 方式是指直接使用接口的公网 IP 地址作为转换后的源地址进行地址转换，其可以动态获取出接口地址，从而有效支持出接口通过拨号或 DHCP 方式获取公网 IP 地址的应用场景。同时，Easy IP 方式也可以利用 ACL 控制哪些内部地址可以进行地址转换。Easy IP 的工作原理如图 5-13-19 所示。

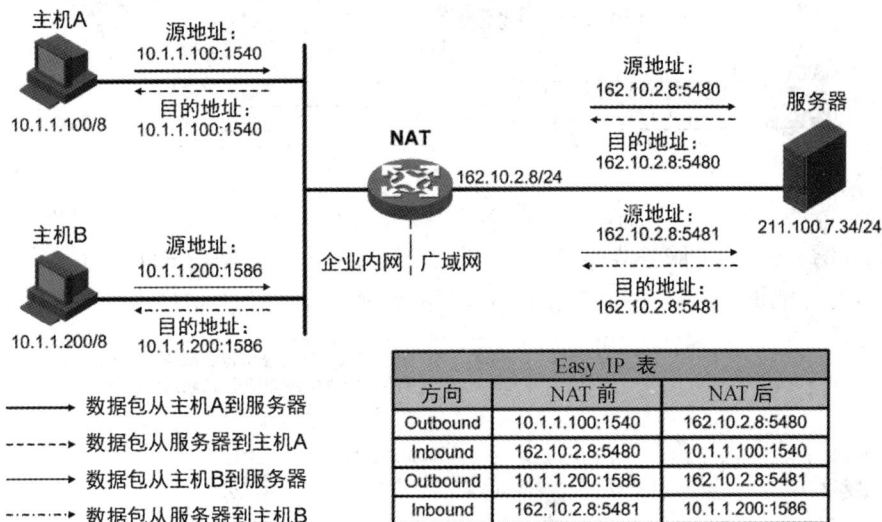

图 5-13-19　Easy IP 的工作原理

Easy IP 方式特别适合小型局域网访问 Internet 的情况。这里的小型局域网主要指中小型网吧、小型办公室等环境，一般具有以下特点：① 内部主机较少；② 出接口通过拨号方式获得临时公网 IP 地址，以供内部主机访问 Internet。对于这种情况，可以通过 Easy IP 方式使局域网用户都通过该 IP 地址接入 Internet。

2. NAT 服务器

出于安全考虑，大部分私网主机并不希望被公网用户访问。但在某些实际应用中，需要给公网用户提供一个访问私网服务器的机会。而在动态 NAT 或 NAPT 方式下，由于由公网用户发起的访问无法动态建立 NAT 表项，因此公网用户无法访问私网主机。

NAT Server(NAT 内部服务器)方式就可以解决这个问题。通过静态配置"公网 IP 地址+端口号"与"私网 IP 地址+端口号"间的映射关系，NAT 设备可以将公网地址"反向"转换成私网地址。

如图 5-13-20 所示，将 Web 服务器主机 A 的 IP 地址和服务端口号(10.0.0.1:8080)映射到边缘路由器的公共 IP 地址和端口号(198.76.28.11:80)。当 Internet 上的计算机主机 C 访问内网的 Web 服务时，数据包的目的 IP 地址和端口号就是映射到 NAT 服务器上的 IP 地址和端口号(198.76.28.11:80)。企业边缘路由器收到报文后，查找 NAT 映射表，将目的 IP 地址和端口号翻译成 Web 服务器的 IP 地址和端口号(10.0.0.1:8080)，这样就可以通过公网访问私有网络上的服务。

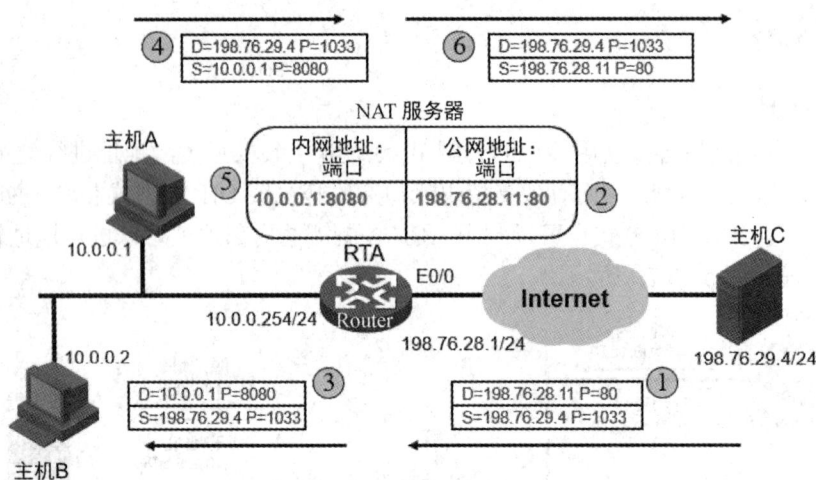

图 5-13-20   NAT 服务器的工作原理

下面介绍一个 NAT 服务器的实例。如图 5-13-21 所示，内网的 FTP 服务器使用一台路由器代替。通过配置，实现外网的 PC(用一台路由器模拟代替)能够访问内网的 FTP 服务器。

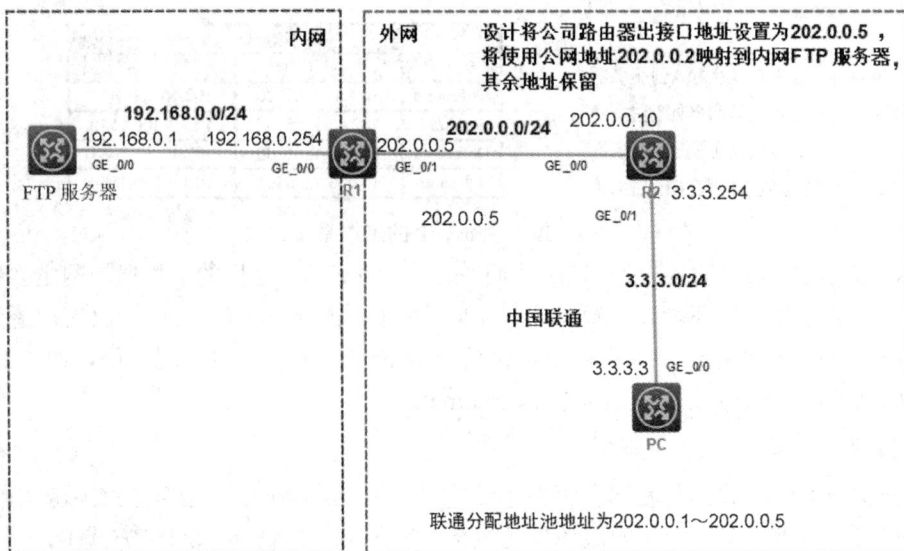

图 5-13-21   NAT 服务器配置

部分配置命令如下：

FTP 服务器：

```
<H3C>sys
[H3C]sys FTP Server
[FTP Server]int g0/0
[FTP Server-GigabitEthernet0/0]ip add 192.168.0.1 24
[FTP Server-GigabitEthernet0/0]qu
[FTP Server]ip route-static 0.0.0.0 0 192.168.0.254
[FTP Server]ftp server enable
```

```
[FTP Server]local-user admin
[FTP Server-luser-manage-admin]password simple 123456
[FTP Server-luser-manage-admin]service-type ftp
[FTP Server-luser-manage-admin]authorization-attribute user-role network     -admin
[FTP Server-luser-manage-admin]save
The current configuration will be written to the device. Are you sure? [Y/N]:y
```

R1：

```
<H3C>sys
[H3C]sys R1
[R1]ip route-static 0.0.0.0 0 202.0.0.10
[R1]int g0/0
[R1-GigabitEthernet0/0]ip add 192.168.0.254 24
[R1-GigabitEthernet0/0]int g0/1
[R1-GigabitEthernet0/1]ip add 202.0.0.5 24
[R1-GigabitEthernet0/1]nat server protocol tcp global 202.0.0.2 ftp inside 192.168.0.1 ftp
#将该接口配置为 NAT 服务器模式，将内网的 FTP 服务器的 IP 地址 192.168.0.1 映射为公网的
#地址 202.0.0.5，端口都是 21(ftp)
```

总结与提高

NAPT 使用不同的端口映射多个内网 IP 地址到一个指定的外网 IP 地址，为多对一关系。

NAPT 采用端口多路复用方式，内部网络的所有主机均可共享一个合法外部 IP 地址，实现对 Internet 的访问，从而可以最大限度地节约 IP 地址资源。同时，又可隐藏网络内部的所有主机，有效避免来自 Internet 的攻击。因此，目前网络中应用最多的就是端口多路复用方式。

NAPT 的主要优势在于能够使用一个全球有效的 IP 地址获得通用性，主要缺点在于其通信仅限于 TCP 或 UDP。当所有通信都采用 TCP 或 UDP 时，NAPT 允许一台内部计算机访问多台外部计算机，并允许多台内部计算机访问同一台外部计算机，相互之间不会发生冲突。

NAT 的主要优势如下：

(1) 企业内网使用私网 IP 地址，减少了公网 IP 地址的占用。NAT 一般应用于边界路由器，如连接到 Internet 的路由器。

通过 NAPT 技术，企业可以使用公网 IP 地址从私网访问 Internet，节省公网 IP 地址。如果不同的企业或学校不需要相互通信，它们的私有地址可以重叠。如果不同学校或企业的内网通过 VPN 或专线相互通信，不同学校或企业使用的私网地址不能重叠。

(2) 更换 ISP 后，内网地址无须更改，增强了上网的灵活性。

(3) 私网不能直接在 Internet 上访问，增强了内网的安全性。

NAT 的主要缺点如下：

(1) 在路由器上进行 NAT 或 NAPT 时，需要修改数据包的网络层和传输层，保留端口

和地址转换的映射关系并记录在路由器中。路由数据包会造成较大的交换延迟，消耗路由器上的大量资源。

(2) 使用私有 IP 地址访问 Internet，源 IP 地址被替换为公共 IP 地址。如果某学校的学生在论坛上发帖，论坛只能记录发布者的公网 IP 地址，而无法追踪到内网 IP 地址，即无法进行端到端的 IP 追踪。

(3) 公网不能访问私网，要访问私网，需要执行端口映射。

(4) 某些应用程序无法在 NAT 网络上运行。例如，IPSec 不允许修改中间数据包。

练习与巩固

1. (多选)下面关于 Easy IP 的说法中，正确的是(　　)。

A. Easy IP 是 NAPT 的一种特例

B. 配置 Easy IP 时，不需要配置 ACL 来匹配需要被 NAT 转换的报文

C. 配置 Easy IP 时，不需要配置 NAT 地址池

D. Easy IP 适用于 NAT 设备拨号或动态获得公网 IP 地址的场合

2. (单选)若 NAT 设备的公网地址是通过 ADSL 由运营商动态分配的，则可以使用(　　)。

A. 静态 NAT　　　　　　　　　　　B. 地址池的 NAPT

C. 动态 NAT　　　　　　　　　　　D. Easy IP

3. (多选)NAPT 主要对数据包的(　　)信息进行转换。

A. 数据链路层　　　　　　　　　　B. 网络层

C. 传输层　　　　　　　　　　　　D. 应用层

4. (单选)在配置完 NAPT 后，发现有些内网地址始终可以 ping 通外网，有些则始终不能，可能的原因是(　　)。

A. ACL 设置不正确　　　　　　　　B. NAT 的地址池只有一个地址

C. NAT 设备性能不足··　　　　　　D. NAT 配置没有生效

5. 使用 HCL，绘制图 5.13.17 所示的拓扑，完成 NAT 服务器的配置，并进行验证测试。

拓展阅读

网络安全法及事故案例分析

《中华人民共和国网络安全法》(以下简称《网络安全法》)于 2017 年 6 月 1 日正式实施，是我国首部网络空间管辖基本法，对于建设国家网络安全体系、维护网络空间主权、发展网络强国战略、贯彻依法治国基本方针具有重大意义。

2023 年 8 月 28 日，中国互联网络信息中心(China Internet Network Information Center, CNNIC)在北京发布第 52 次《中国互联网络发展状况统计报告》(以下简称《报告》)。《报告》显示，截至 2023 年 6 月，我国网民规模达 10.79 亿人，较 2022 年 12 月增长 1109 万人，互联网普及率达 76.4%。

数字基础设施建设进一步加快，资源应用不断丰富。

《报告》显示，在网络基础资源方面，截至 2023 年 6 月，我国域名总数为 3024 万个；IPv6 地址数量为 68055 块/32，IPv6 活跃用户数达 7.67 亿；互联网宽带接入端口数量达 11.1

亿个；光缆线路总长度达 6196 万千米。在移动网络发展方面，截至 2023 年 6 月，我国移动电话基站总数达 1129 万个，其中累计建成开通 5G 基站 293.7 万个，占移动基站总数的 26%；移动互联网累计流量达 1423 亿吉字节，同比增长 14.6%；移动互联网应用蓬勃发展，国内市场上监测到的活跃 App 数量达 260 万款，进一步覆盖网民日常学习、工作和生活。在物联网发展方面，截至 2023 年 6 月，3 家基础电信企业发展蜂窝物联网终端用户 21.23 亿户，较 2022 年 12 月净增 2.79 亿户，占移动网络终端连接数的比例为 55.4%，万物互联基础不断夯实。

各类互联网应用持续发展，网约车、在线旅行预订、网络文学等实现较快增长。

《报告》显示，2023 年上半年，我国各类互联网应用持续发展，多类应用用户规模获得一定程度的增长。一是即时通信、网络视频、短视频用户规模仍稳居前三。截至 2023 年 6 月，即时通信、网络视频、短视频用户规模分别达 10.47 亿人、10.44 亿人和 10.26 亿人，用户使用率分别为 97.1%、96.8% 和 95.2%。二是网约车、在线旅行预订、网络文学等用户规模实现较快增长。截至 2023 年 6 月，网约车、在线旅行预订、网络文学用户规模较 2022 年 12 月分别增长 3492 万人、3091 万人、3592 万人，增长率分别为 8.0%、7.3% 和 7.3%，成为用户规模增长最快的三类应用。

以上各项数据表明，作为全球网民基数最大、网络应用普及最广的国家，网络信息化已经和人们的政治、经济和生活密不可分。大到国家建设发展，小到出行买菜，网络为人们的生活提供了前所未有的便利，也为社会经济发展带来了全新的动力。

2023 年 6 月 1 日是《网络安全法》正式实施 6 周年。《网络安全法》为我国网络空间建设治理提供了坚实的基础，是维护网络权利与义务的最重要的法律依据。没有网络安全就没有国家安全，维护网络安全，就是维护我们的切身利益。网络空间不是法外之地，我们应学法、知法、守法，做新时期中国好网民。下面介绍两个违反《网络安全法》的案例。

《网络安全法》第二十一条规定，国家实行网络安全等级保护制度。网络运营者应当按照网络安全等级保护制度的要求，履行安全保护义务，保障网络免受干扰、破坏或者未经授权的访问，防止网络数据泄露或者被窃取、篡改。

案例一：2019 年 2 月，南京某研究院、无锡某图书馆因安全责任意识淡薄、网络安全等级保护制度落实不到位、管理制度和技术防护措施严重缺失，导致网站遭受攻击破坏。南京、无锡警方依据《网络安全法》第二十一条、第五十九条规定，对上述单位分别予以 5 万元罚款，对相关责任人予以 5000 元、2 万元不等罚款，同时责令限期整改安全隐患，落实网络安全等级保护制度。

案例二：2019 年 3 月，泰州某事业单位集中监控系统遭黑客攻击破坏。经查，该单位网络安全意识淡薄，曾因存在安全隐患、不落实网络安全等级保护制度被责令整改。整改期满后，该单位未采取有效管理措施和技术防护措施。泰州警方依据《网络安全法》第二十一条、第五十九条规定，对该单位予以 6 万元罚款，对相关责任人予以 2 万元罚款，同时责令该单位停机整顿，开展定级备案、测评整改等网络安全等级保护工作。

参 考 文 献

[1]   杭州华三通信技术有限公司. 路由交换技术：第 1 卷(下册)[M]. 北京：清华大学出版
社，2011.

[2]   沈鑫剡，魏涛，邵发明. 路由和交换技术[M]. 2 版. 北京：清华大学出版社，2018.

[3]   孙良旭. 路由交换技术概述[M]. 北京：清华大学出版社，2010.

[4]   王达. 路由器配置与管理完全手册：H3C 篇[M]. 武汉：华中科技大学出版社，2011.

[5]   李丙春. 路由与交换技术[M]. 2 版. 北京：电子工业出版社，2020.